カレント

基礎栄養学

編著：木元幸一・中島　滋

共著：花井美保・向井友花・藤田修三・中村　強
鈴木和彦・林あつみ・目加田優子

CURRENT

建帛社
KENPAKUSHA

はじめに

管理栄養士国家試験出題基準に準拠して，基礎栄養学は栄養学という学問として成り立っていなくてはならない。近年の栄養学の進歩と発展は著しく，その原因は３つに分けられる。１つ目は，生化学・生命化学の進歩によって栄養学が生物学的にも化学的にもきわめて高い水準で解明され，深く学ぶことができるようになったこと。２つ目は，栄養学の内容がより深まるとともに領域が広がってきたために細分化され，基礎栄養学の後には応用栄養学が，さらに臨床栄養学，公衆栄養学が続き，病態やアセスメントなども対象となり，栄養学が貢献する学問分野がますます充実してきていること。３つ目は，近年における国民の健康・栄養への関心の高さと，食育基本法や栄養教諭，特定保健指導などの大きな社会の流れである。以上のことにより，栄養学は，学術的にも実践的にも，進歩の著しい大変な興味と関心の的となっている。特に実践面では，管理栄養士・栄養士の求められる資質などを厚生労働省が提議し，学術団体が追随している。

本書は，管理栄養士国家試験出題基準（平成22年，厚生労働省）の基礎栄養学（大項目）に沿って作成した。また，日本栄養改善学会が平成21年に提示した，「管理栄養士養成課程におけるモデルコアカリキュラム」を参考とした。並べてみるとわかるように，その構成と順序は同じではない。厚生労働省の出題基準「基礎栄養学」では，「栄養の基本的概念及びその意義についての理解を問い，エネルギー，栄養素の代謝とその生理的意義についての基礎的な理解を問う」と述べられ，日本栄養改善学会のモデルコアカリキュラム「栄養素等の働きを理解する」では，「栄養素等の生体内での働き，それらの相互作用について理解し，その成果を個人および集団の健康維持・増進，疾病予防の活用に発展させることができるようにする」と述べられている。

本書では，基本的に管理栄養士国家試験出題基準に沿って項目立てを行い，３つだけは変更した。１つ目は，消化吸収で消化器系の構造と機能という臓器の解剖生理学的説明と消化過程の概要を一緒にして，「第３章１．消化器系の構造と消化機能」とし，例えば，小腸の解剖生理学的説明と小腸での消化が並行して理解できるようにするなど，消化システムが一括して学べるようにまとめた。同様に，ビタミンの栄養についても，中項目の「構造と機能」，「栄養学的機能」，「生物学的利用度」を用いず，ビタミンごとに項目立てをし，それらの内容を含ませることとした。もう１つは，ミネラルの章についても同様とした。いずれも，学生にとって学びやすく，基礎栄養学として理解しやすいものとなっている。

多くの管理栄養士養成校では，１年次で人体の構造や機能についての系統的な理解を学ぶ解剖生理学・生化学を先に学ぶか同時に学ぶかであり，相互に連絡・連携は必要である。同じような内容でも教科としての説明と解釈は微妙に違うので繰り返し講義を行うことは悪いことではない。特に，基礎栄養学は，専門科目の入口に位置し，管理栄養士となるための基本的な考えと知識基盤を形成する基となるので学生の受講意欲も高く，教える側も熱が入るものと期待している。

最後に，本書の編集にあたり，各執筆者には編者のさまざまな要求を快く受け入れていただきましたことを心から感謝いたします。また，本書の出版にあたり，建帛社編集部の皆様には多大なご助力をいただきましたことを深謝いたします。さらに，本書を利用していただく読者諸氏の忌憚ないご意見をいただけましたら幸いです。

2014年３月

木元幸一
中島　滋

目　次

第1章　栄養の概念　1

1．栄養の定義……1

（1）生命の維持……1

（2）健 康 保 持……2

（3）食物摂取と栄養……3

2．栄養と健康・疾患……4

（1）栄養学の歴史……4

（2）食事摂取基準について……7

（3）過剰症と欠乏症……7

（4）生活習慣病とその予防……12

（5）健康増進関連法規の変遷……12

3．遺伝形質と栄養の相互作用……13

（1）栄養素に対する応答の個人差……13

（2）生活習慣病と遺伝子多型……16

（3）倹約（節約）遺伝子仮説……17

（4）後天的遺伝子変異と食事……18

第2章　食物の摂取　22

1．空腹感と食欲……22

（1）摂食量（食欲）の調節……22

2．食事のリズムとタイミング……25

（1）日内リズムと栄養補給……26

（2）夜食，欠食……27

第3章　消化・吸収と臓器のはたらき　29

1．消化器系の構造と消化機能……29

（1）消化管の構造……29

（2）口腔と唾液腺……30

（3）食　　道……32

（4）胃……32

（5）小　　腸……34

（6）膵　　臓……35

（7）胆　　囊 …… 36
（8）大　　腸 …… 38
（9）肝　　臓 …… 38
2．消化管管腔内消化の調節 …… 40
（1）３つの消化方式 …… 40
（2）脳相・胃相・腸相 …… 41
（3）自律神経による調節 …… 43
（4）消化管ホルモンによる調節 …… 43

第４章　栄養素の消化・吸収と体内動態　46

1．栄養素の定義と構造および栄養価 …… 46
（1）炭水化物（糖質）…… 46
（2）脂質の定義と構造および栄養価 …… 47
（3）たんぱく質の定義と構造および栄養価 …… 47
（4）ミネラル（無機質）の定義と栄養価 …… 48
（5）ビタミンの定義と栄養価 …… 48
2．栄養素別の消化・吸収 …… 49
（1）炭水化物（糖質）…… 49
（2）脂　　質 …… 52
（3）たんぱく質 …… 57
（4）ビ タ ミ ン …… 63
（5）ミネラル（無機質）…… 65
3．膜消化，吸収 …… 66
（1）膜 の 透 過 …… 66
4．栄養素の体内動態 …… 70
（1）門　脈　系 …… 70
（2）リ ン パ 系 …… 70
（3）細胞外液による栄養素の移動 …… 72
5．食物繊維／難消化性糖質の発酵と吸収 …… 72
（1）難消化性糖質 …… 72
（2）短鎖脂肪酸 …… 75
（3）プロバイオティクス，プレバイオティクス …… 75
（4）レジスタントスターチ …… 77
6．生物学的利用度 …… 77
（1）消化吸収率 …… 77
（2）栄　養　価 …… 78

第５章　糖質の栄養　79

1．糖質の体内代謝……79

（1）食後・食間期の糖質代謝……79

（2）糖質代謝の臓器差……81

2．血糖とその調節……82

（1）インスリンの作用……82

（2）血 糖 曲 線……83

（3）肝臓の役割……84

（4）筋肉・脂肪組織の役割……86

（5）コリ回路，グルコース・アラニン回路……87

3．糖質のエネルギー源としての作用……88

（1）解　糖　系……89

（2）クエン酸回路……89

（3）ペントースリン酸回路……89

4．糖質エネルギー比率……90

5．糖質や脂質によるたんぱく質節約作用……91

6．糖質と脂質の相互変換……91

7．糖新生とたんぱく質・アミノ酸代謝……92

8．ビタミンB_1必要量の増加……93

第６章　脂質の栄養　95

1．脂質の体内代謝……95

（1）食後・食間期の脂質代謝……95

（2）脂質代謝の臓器差……99

2．脂質の臓器間輸送……100

（1）血清リポたんぱく質……100

（2）遊離脂肪酸……102

3．貯蔵エネルギーとしての作用……103

（1）トリアシルグリセロールの合成……103

（2）脂肪酸の役割……105

4．コレステロール代謝の調節……107

（1）コレステロールの合成・輸送・蓄積……108

（2）コレステロール生合成のフィードバック制御……109

（3）ステロイドホルモンの合成……109

（4）胆汁酸の腸肝循環……110

5．摂取する脂質の量と質の評価……111

（1）脂肪のエネルギー比率……111

（2）必須脂肪酸……111
（3）$n-3$系，$n-6$系不飽和脂肪酸比……111
（4）飽和脂肪酸，一価・多価不飽和脂肪酸……113
（5）脂肪酸由来の生理活性物質（エイコサ（イコサ）ノイド）……114

第7章　たんぱく質の栄養　117

1．たんぱく質・アミノ酸の体内代謝……117
（1）食事成分組成と体たんぱく質組成……117
（2）たんぱく質の動的状態……117
（3）たんぱく質節約作用……119
（4）血清中のたんぱく質成分……119
2．アミノ酸の臓器間輸送……122
（1）アミノ酸プール……122
（2）分枝（分岐鎖）アミノ酸の特徴……122
3．摂取するたんぱく質の量と質の評価……123
（1）アミノ酸の重要性……123
（2）たんぱく質の栄養価判定法……125
（3）アミノ酸の補足効果……129
4．ほかの栄養素との関係……130
（1）エネルギー代謝とたんぱく質……130
（2）糖新生とたんぱく質代謝……132
（3）ビタミンとたんぱく質代謝……132
5．たんぱく質の摂取不足……132

第8章　ビタミンの栄養　135

1．ビタミンの構造と栄養学的機能……135
2．脂溶性ビタミン……135
（1）ビタミンA（レチノール）……135
（2）ビタミンD（カルシフェロール）……138
（3）ビタミンE（トコフェロール）……140
（4）ビタミンK（フィロキノン，メナキノン）……142
3．水溶性ビタミン……144
（1）ビタミンB_1（チアミン）……144
（2）ビタミンB_2（リボフラビン）……146
（3）ナイアシン（ニコチン酸，ニコチンアミド）……147
（4）ビタミンB_6（ピリドキシン）……149
（5）ビタミンB_{12}（コバラミン）……151

（6）葉酸（プテロイルグルタミン酸）……153
（7）パントテン酸……155
（8）ビ オ チ ン……156
（9）ビタミンC（アスコルビン酸）……157
4．ほかの栄養素との関係……159
（1）エネルギー代謝とビタミン……159
（2）糖質・脂質代謝とビタミン……159
（3）たんぱく質・核酸代謝とビタミン……160
（4）カルシウム代謝とビタミン……160

第9章　ミネラル（無機質）の栄養　162

1．ミネラルの分類と栄養学的機能……162
（1）多量ミネラルと微量ミネラル……162
（2）栄養学的機能……163
2．個々のミネラルの機能……163
（1）カルシウム……163
（2）リ　　ン……166
（3）マグネシウム……167
（4）ナトリウム……168
（5）カ リ ウ ム……168
（6）鉄……169
（7）亜　　鉛……171
（8）銅……172
（9）マ ン ガ ン……172
（10）ヨ　ウ　素……173
（11）セ　レ　ン……173
（12）ク　ロ　ム……174
（13）モリブデン……174
（14）その他のミネラル……175
3．ほかの栄養素との関係……176
（1）ビタミンCと鉄吸収……176
（2）ビタミンDとカルシウム吸収……176
（3）ビタミンKとカルシウム……176

第10章　水・電解質の栄養的意義　177

1．水 の 出 納……177

（1）体液の分布……177

（2）体水分の出納……177

（3）水分必要量……179

（4）体水分調節の異常……179

2．電解質代謝と栄養……180

（1）水・電解質・酸塩基平衡の調節……181

（2）高血圧とナトリウム・カリウム……183

第11章　エネルギー代謝の概念　185

1．エネルギー代謝の概念……185

（1）物理的燃焼値……185

（2）生理的燃焼値……186

2．エネルギー消費量……186

（1）基礎代謝と除脂肪体重……186

（2）安静時代謝量……188

（3）睡眠時代謝量……188

（4）活動時代謝量……188

（5）活動強度の指数……189

（6）食事誘発性体熱産生……191

3．臓器別エネルギー代謝……191

（1）筋　　肉……191

（2）肝　　臓……192

（3）脂 肪 組 織……192

（4）脳……192

4．エネルギー代謝の測定法……192

（1）直接法と間接法……192

（2）呼　吸　商……193

（3）呼気ガス分析……194

（4）二重標識水法……194

■資　　料……197

■索　　引……199

第1章 栄養の概念

栄養学というのは応用の科学であり，実際にその効果が期待されることに価値がある。栄養学は，摂食する食品成分の理解と，摂食後，ヒトの体内で消化・吸収・代謝されていく過程の解明という２つの領域を含む。栄養を支える食と人体を学ぶことは，栄養を生命科学的に広く深くとらえ探究していくことで，実際，近年の栄養学は，高度で多岐にわたっている。しかし，栄養の現実は満足という感動を抜きには考えられない。また，食は薬ではないということも忘れてはいけない。本章では，栄養というものの概念を正しくとらえて，これから栄養学を学ぶことの大切さと意義を理解する。

1. 栄養の定義

（1）生命の維持

栄養学というのは，医学・生物学・化学などの複合領域の応用分野で，その内容は今も日々進歩している。基礎栄養学の最初の項目が**生命の維持**であり，次の項目が**健康の保持**であることは，現在の栄養学がどこまで来ているかを考えるうえでは大きな意味がある。栄養とは，生体の**ホメオスタシス**（恒常性）を維持するために生体が必要とする物質（**栄養素**）を，外から摂り入れ，体内で**代謝**し，不要となったものを排泄するという一連の現象をいう（図１-１）。その収支は，バランスが取れていることが肝心で，不足しても過剰摂取でもよくない。医学・生物学・化学の進歩と並んで栄養学の進歩により，ヒトという**個体**としての活動はほとんど観察されなくなっても，組織・器官・臓器あるいは細胞に栄養素（物質・分子）を補給することが可能で，生命を維持できる（図１-２）。摂食行動がなく，消化・吸収活動もない人の血管へ注入する**静脈栄養**から，軽い消化ないしは吸収がある胃あるいは腸への**経腸栄養**（胃瘻など）までその対処療法には幅がある。

栄養の本丸である食をめぐる生死にもつながることがいくつかある。例えば拒食症と過食症が繰り返される摂食障害の場合，栄養学の知識はほとんど通用せず，生命活動を否定するような行動に走る。すなわち，生命維持のための栄養補給が拒否されるか逆に過剰となる。原因究明には生理・生化学的探究とともに臨床心理学・社会学的解析も必要で，複雑で困難な課題である。また，栄養学と美容文化との価値観における違いと対立もあり，栄養学の知識の一部を都合よく利用したダイエッ

ホメオスタシス（homeostasis）
恒常性のこと。見た目には昨日，今日，明日と変化がなくても私たちの身体内部は日々刻々と新陳代謝を行っており，外部環境の変化にも対応して恒常性を維持している。

栄養素
三大栄養素としてのたんぱく質，脂質（脂肪），炭水化物（糖質）のほかにビタミン，ミネラルが含まれる。

パイオニア11号
1973年4月6日，木星･土星探査のために，アメリカ航空宇宙局（NASA：National Aeronautics and Space Administration）が打ち上げた惑星探査機。地球外生命へ向けたメッセージとして，人類や太陽系を描いた金属板が取り付けられている。

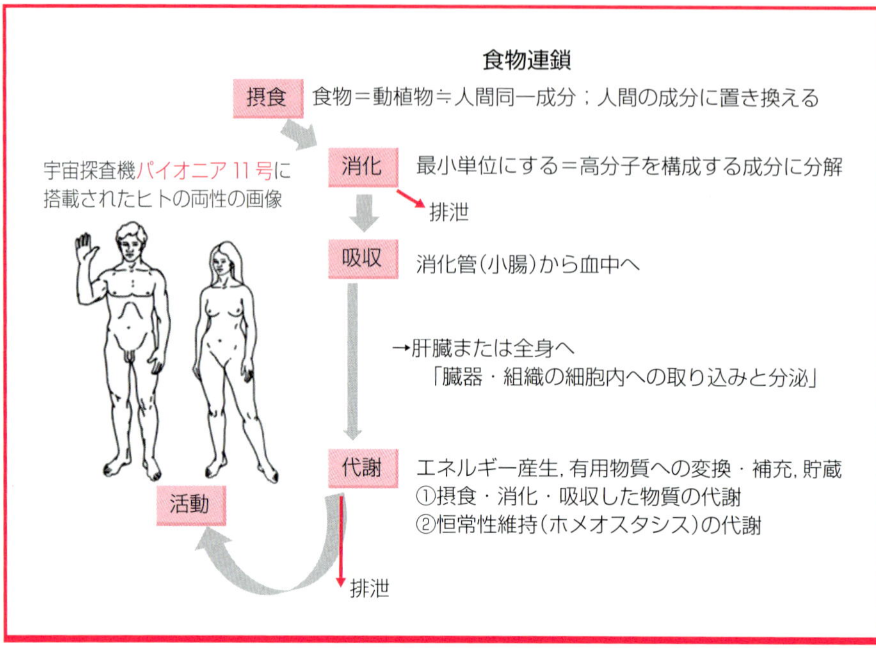

図1-1　栄養の概念

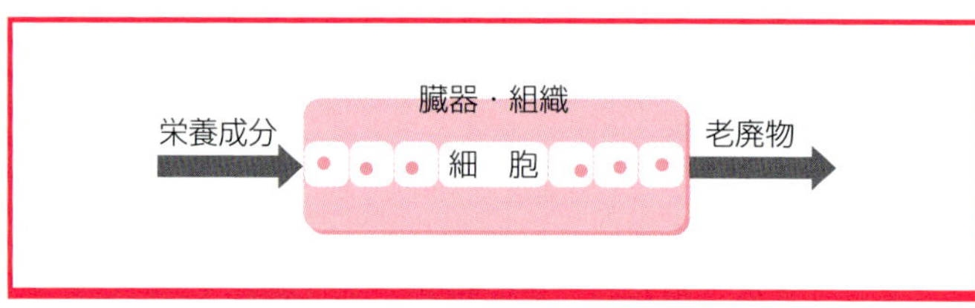

図1-2　生命維持としての成分栄養

トの流行があげられる。日本の若い女性におけるやせすぎの傾向は高くなっている。栄養と食をめぐる状況の中で，わが国では2005（平成17）年に**食育基本法**が制定され，同年に**栄養教諭制度**がスタートした。

食とアレルギー症状も生命維持にかかわる大きな課題となっている。**食物アレルギー**は，食事をしたときに，身体が食物に含まれるたんぱく質を異物として認識し，自分の身体を防御するために過敏な反応を起こす。主な症状は，「皮膚がかゆくなる」「せきが出る」などであるが，症状が重い場合には，「意識不明」「血圧低下によるショック状態」ということもあり，非常に危険である。

食物アレルギー
厚生労働省によると，わが国における何らかの食物アレルギー体質をもつ者は，全人口の1～2％（乳児に限定すると約10％）と考えられている。

栄養と生命維持の関係はさまざまな場面で現れ，考える課題は多面的で深刻な問題を包含している。

（2）健康保持

国連の報告では，2013年**栄養不良**の人々は世界で8億7,000万人に達しており，世界の8人に1人は健康で活動的な暮らしを営むための十分な食糧を得られてない。飢餓の主な原因としては，自然災害，紛争，貧困，未整備な農業基盤，環境の乱開発などで，財政・経済危機によって飢餓に苦しむ人々の数はさらに増加し続けている。空腹という飢餓の症状に加え，ビタミン・ミネラルなどの微量栄養素が不足することで，感染症にかかりやすくなり，身体および精神の発達を妨げられ，死亡する場合もある。発展途上国において，栄養失調により5歳になる前に命を落とす子どもの数は1年間で500万人と報告されている。鉄欠乏症は，世界で最も罹患率の高い栄養不良の一種で，約20億人が罹患している。ヨウ素欠乏症は，知的障害と脳障害の最大の原因で，世界で約19億人が罹患している。

栄養学における健康の保持とは，QOLを保ち，生きる意欲をもたせるとともに疾病を予防することである。QOLとは，科学的には恒常性の維持であり，社会的には快適な日常生活を満喫でき，生きることへの意欲にみなぎっている状態を指す。恒常性の維持とは，必要とされる食材料を補給することによって，身体中のあらゆる活動（反応）のエネルギーを供給するとともに，新陳代謝によって失われる部分を補給し，成長あるいは老化への進行を無理なく起こしていくことである。人間は生まれて成長するとともに一定状態を維持しつつ次の段階へ向かっていく。心理学では，エリクソン（E. H. Erikson，アメリカ）が，人生を8つの発達段階（乳児期，幼児期初期，幼児期，学童期，青年期，成人初期，成人後期，高齢期）に分けて，それぞれで解決すべき発達課題があるとしている。栄養学的視点からは，人生の前半を成長，後半を老化とするライフスパンの中に，妊娠期・授乳期の母性の栄養から新生児の母乳や人工乳に始まる乳幼児期の栄養，学童期・思春期の栄養，青年期，高齢期の栄養へと変化していく。

また，活動・労作の程度によっても違いがあり，一様な栄養では当てはまらない特別な場合がある。アスリートの栄養には人並み外れた運動量と体力を維持するための栄養学が要求される。しかし，現実にはポパイのほうれんそうはないのである。

（3）食物摂取と栄養

栄養士・管理栄養士が行う栄養指導においては，厚生労働省から発表されている日本人の食事摂取基準を基本とし，文部科学省から発表されている日本食品標準成分表を参考とする。微生物や培養細胞の栄養培地とは異なり，栄養素の組み合わせを考えるだけではなく，必要な栄養成分を有する食品を選び，組み合わせを考慮し，好まれる食味を考えて食事とする献立を作成する。今や食物は，栽培・収穫・保存・加工などの処置を経るものがほとんどで，食品の化学的性質と衛生学など食品に関する広く正確な知識が必須である。食品学・調理学は，栄養学必須の知識・技術であり，健康・保健にかかわる職種の中で唯一栄養士・管理栄養士が，最も得意とし，責任をもって担当する分野でなくてはならない。

QOL
クオリティ・オブ・ライフ（QOL：quality of life）のこと。単に肉体的な健康だけではなく，社会的にみてもその人の生活が満足できる状態であること。病気を治すために，一方的に非人間的な状態にさらされたり，病気は治ったが，患者は死んだなどという極端なことがないように，治療を実施する。患者の人間としての尊厳を保ち，生活の質を維持できる援助を行う。

E. H. エリクソン
精神分析家。「心理社会的発達理論」において，アイデンティティの概念を提唱。発達心理学者としては，幼児の心理の研究から始め，青年期，成人期，老年期へとその関心を移していった。エゴ・アイデンティティ（自我同一性）・基本的信頼（感）という概念を提唱したことで知られる[1]。

ポパイのほうれんそう
アメリカのテレビアニメで主人公が缶詰のほうれんそうを食べると超人的無敵の力がみなぎる。子どもたちのほうれんそう嫌いをなくすためにつくられた作話であった。

PFCエネルギー比
三大栄養素の頭文字P，F，Cをとり，PFCエネルギー比と言い，たんぱく質は推奨量，脂質は20～25％程度で残りの炭水化物エネルギー比55～70％となる。

ヒトに必要なエネルギーは食品中のたんぱく質（protein），脂質（fat），炭水化物（carbohydrate）の三大栄養素によって供給されている。日本人の食生活は，摂取する不飽和脂肪酸の割合や，たんぱく源の魚介類と植物性たんぱく質も適当であり，それらが世界一の長寿国の秘訣のひとつと考えられている。しかし，日本でも最近は，欧米型の食生活に近づいてきており，鳥獣肉の摂取量が増え，飽和脂肪酸比率が上昇し，**肥満**や**心臓病**が増加し，また，**動脈硬化**の増加にもつながっている。**生活習慣病**の中で最もおそろしいのは**がん**であるが，タバコと食事の影響が大きいとみられている。塩分の摂りすぎは胃がんの原因となっており，かつて日本人に胃がんが多かった。近年になって日本人に大腸がんや乳がんが増えてきた原因のひとつには，食生活の欧米化による**動物性脂肪**の摂取量増加と**食物繊維**の摂取不足が指摘されている。

宗教と食事
特定の食品を食べることに厳しい宗教があり，イスラム教では現在も豚を食べることが禁じられている。反対にヒンドゥー教では，牛を神聖なものとして食べることを禁じている。**仏教**にも精進料理というものがある。

今では多くの国で１日３回の食事が基本となっているが，ヨーロッパでは1800年頃まで，日本では江戸時代中期まで１日２食であったという。イギリスのディナーは１日のメインとなる食事を指し，19世紀中頃には昼食のことであった。

生活を規則正しくするというのは食事摂取に現れ，日本では**朝食**を毎日とる子どもたちの**成績が良い**傾向にあるというデータが報告されている[2)]。食物摂取というのは，栄養学のフィールド以外にも社会学的にも興味の対象である。

2. 栄養と健康・疾患

（1）栄養学の歴史

1）エネルギーの概念

ラボアジエ
近代化学の父として知られる。科学実験研究費用を稼ぐために徴税組合に所属していたことが災いした。フランス革命において彼は糾弾されたが姑息な言い逃れはせず，「共和国に科学者はいらない」とまで言われ，断頭台にて処刑された。当時の数学者ラグランジュは「彼らは一瞬で彼の頭を切断したが，同じようなものが現れるのに100年では足りないだろう」と言った。

近代化学の父とよばれる**ラボアジエ**（A. L. Lavoisier，フランス）は，1790年に物質の燃焼が酸素による酸化であることを発見した。ラボアジエは続いて，動物は酸素のないところでは生きていけないことに着目し，呼吸によって取り込まれた酸素が体内の物質を燃焼していると考え，二酸化炭素を生成し熱を発生させていることを証明した。酸素を取り入れ，二酸化炭素を生成する過程は代謝経路の解明に進むもので，発生するエネルギーはいわゆる栄養のエネルギー計算へとつながる。

1860年頃ペッテンコーファー（M. V. Pettenkofer，ドイツ）とフォイト（C. V. Voit，ドイツ）は，密閉した部屋に被験者を置き，一定量の空気を送り込んでエネルギー出納を研究した。

アトウォーター（W. O. Atwater，アメリカ）は，1890年にヒトが栄養素を燃焼し，必要なエネルギーを発生させていることを証明した。また，食品の燃焼計算をボンブ熱量計を用いて行い，たんぱく質，脂質，糖質の物理的燃焼熱を求め，消化吸収率を加味し，たんぱく質4 kcal，脂質9 kcal，糖質4 kcalの換算係数を示した。

ルブナー（M. Rubner，ドイツ）は，19世紀末に鳥や哺乳類のような恒温動物の代謝量がその動物の体の表面積に比例することを示した。

2）栄養素の発見

たんぱく質の存在を示唆してプロテイン（ギリシャ語で最も重要なものの意）と名づけたのはムルダー（G. Mulder, オランダ）である。

リービッヒ（J. V. Liebig, ドイツ）は，1842年食品の主成分としてたんぱく質，脂質，糖質を明らかにした。現在の三大栄養素である。

船乗りの病気として歯茎が壊死し，歯が抜け長引けば死ぬという今でいう壊血病は，ギリシャ・ローマ時代から知られていた。16世紀には，みかんを食べることにより治癒することも見出されていた。また，イギリス東インド会社のみかんやレモンを積んだ船では壊血病が発生していなかった。しかし当時はコッホ（H. H. R. Koch, ドイツ）やパスツール（L. Pasteur, フランス）によって多くの感染症の病原菌が発見され，病気の原因は病原菌の存在によるものであるとの考えが信じられていた。本格的に取り組んだのは**リンド**（J. Lind, イギリス）で，柑橘類の果物が壊血病の予防と治癒に有効であることを1753年の論文で発表している。しかし，イギリス海軍が実際に船員の食事に柑橘類を取り入れたのは，それから50年後のナポレオンとの戦いにおいてであった。ネルソン提督率いるイギリス海軍は，相変わらず壊血病発症の多いナポレオン率いるフランス軍を倒す結果になった。ビタミンを単離し構造を明らかにしたのはセント・ジョルジュ（S. Györgyi, ハンガリー）で，1932年にスワーベリとの共同でヘキスウロン酸が壊血病に有効な物質であることを英科学誌Natureに発表した。

ナイアシン欠乏症であるペラグラは，皮膚粘膜上皮に炎症を起こし，さらに消化不良，貧血，下痢，精神障害などを起こす。1915年に**ゴールドバーガー**（J. Goldberger, アメリカ）は，ペラグラは伝染病ではなく，不適切な食事が原因であることを証明した。その証明として，囚人をグループに分けて内容を変えて食事を摂取させた。しかし，これも伝染病を主張する考えにより，すぐには認められなかった。ゴールドバーガーは1914年には，犬の黒舌病を治す物質を肝臓から取り出し，さらにはヒトにもある程度有効であることを示した。

脚気（かっけ）に対する有効成分は，1897年にエイクマン（C. Eijkman, オランダ）が，米ぬか中の成分が脚気を治すことを最初に発見した。しかしエイクマンは，それは脚気の毒を消す成分としてとらえていた。**鈴木梅太郎**は1912年に，米ぬかから取り出した抗脚気因子を，稲の学名オリザ（oryza）にちなんでオリザニンと命名した。後にこれは混合物と判明した。**フンク**（C. Funk, ポーランド）は，ほぼ同じ時期に抗脚気因子を単離結晶化し，鳩の脚気症状を治癒してみせ，“生命のアミン”という意味で“Vitamin”（ビタミン）と名づけた。フンクは，鈴木梅太郎の論文を引用せず，欧米では鈴木の成果は無視されてしまった。

1914年にマッカラム（E. McCallum, アメリカ）は，バターから脂溶性A因子（後のビタミンA）の存在を示した。さらにマッカラムは，1922年にたらの肝油から抗

リービッヒ

学生実験室を設立し，大勢の学生に一度に実験させて薬学や化学を教えるという新しい教育方式を始めた。ここでは学生は定性分析と定量分析，化学理論を系統立てて学び，最後に自ら研究論文を書くことを求められた。実験から化学を学びたい学生が国中から集まり，化学教育のメッカとなり，リービッヒの教育手法は各国に広まっていった。ドイツが世界の有機化学の中心地となる礎となった。

ビタミンの発見と受難

ナポレオンを破ったのはネルソン提督の艦隊とリンド（レモン）が海軍を救ったことにあるとまでいわれながらも，ビタミン欠乏症への研究は，あまり進まなかった。感染症が突如発症し蔓延（まんえん）しても，ビタミンの欠乏症状はゆっくりと進むのでそれが食物の一成分の欠乏によるものとは考えにくかった。

ニコチン酸の単離

1935年にヴェルブルグ（Velburg, ドイツ）とエルビーエム（C. Elvehjem, アメリカ）が，ニコチン酸がペラグラに有効であることを証明した。

くる病の因子を発見し，単離脂溶性D因子（ビタミンD）とした。

ローズ（W. C. Rose，アメリカ）は，1949年にシロネズミを使った実験で，投与アミノ酸種の欠乏と成長障害の実験から必須アミノ酸を明確にした。

3）消化と代謝経路の発見

栄養学にとって代謝経路は飽きることのない興味の対象である。生化学の父とよばれる**マイヤーホフ**（O. Meyerhof，ドイツ）は，1922年に，グリコーゲンまたはグルコースから乳酸が生成する反応過程にあることを見出し，解糖系に存在する反応を明らかにした。次いで**エムデン**（G. Emden，ドイツ）が，フルクトース-1,6-二リン酸が炭素数3個の2つの物質に分けられ進むことを発見したことから，解糖系はエムデン・マイヤーホフ経路とよばれるようになった。つまり1分子のグルコースから2分子のピルビン酸ないしは乳酸が生じる。

次にアデノシン5'-三リン酸（ATP）は，フィスケ（C. H. Fiske，アメリカ）が1927年～1928年に発見していた。

コエンザイムA（補酵素A，CoA）は，1947年にリップマン（F. A. Lipmann，アメリカ）が発見し命名した。リネン（F. Lynen，ドイツ）は，1951年にアセチルCoAを取り出すことに成功した。

クレブス（H. Krebs，ドイツ）が最初に発見したのは尿素回路で，**オルニチン回路**ともいっていた。**クエン酸回路**の反応は，クレブスの発見より先に半分ずつ別々に解明されていたが結びつかなかった。クレブスは，1937年にピルビン酸に着目し，ピルビン酸がオキサロ酢酸とクエン酸をつなぐ役割を果たすことを明らかにし，輪になったクエン酸回路（クレブス回路，TCA回路）を確立した。

4）日本の栄養学

a．江戸患い　江戸時代に脚気が大流行し，脚気による死亡者が多数出たことから，脚気はこのようによばれた。脚気は米を主食とするアジアで多くみられた。紀元前1000年の周の時代の古書にそれらしき症状が出てくる。唐代の医書には脚気の名前で症状が記載。源氏物語，宇津保物語，枕草子では“カクビョウ，アシノケ”の名で散見される。

b．高木兼寛（かねひろ）　1884（明治17）年に海軍兵食を洋食に近いメニューに変え，脚気を防いだ。

c．高峰譲吉　麹菌からジアスターゼを抽出し，自身の姓の“タカ”を冠してタカジアスターゼと命名して1894年に特許を申請した。

d．鈴木梅太郎　1910（明治43）年に米ぬかよりアベリ酸を発見。1911（明治44）年に精製してオリザニンを発見。

e．佐伯　矩（ただす）　栄養学の創始者ともいわれる。北里柴三郎の門下で1914（大正3）年に栄養研究所を創設，1918（大正7）年には“営養”を“栄養”に改める。栄えるには健康を増進する意味があるからとの由来である。1920（大正9）年には内務省の栄養研究所初代所長。同年，私財で栄養学校を設立し，卒業生に栄養

ビタミンの命名
ビタミン（オリザニン）は最終的にウィリアムズ（R. R. Williams）が1937年に構造決定し，サイアミン（チアミン）と命名された。vitaminは最初生命に必須のアミンを示す「e」が入ったが，後にアミン以外のビタミンが見つかりなくなった。

消化酵素の発見
1800年前後，鳥の胃を用いて，胃での消化（食塊が溶ける）が観察され，1820年頃には医者が患者の胃で消化が起こっていることを観察した。1830年に入ってデンプン，たんぱく質，脂質の消化酵素が発見された。

養生訓
江戸時代（1713年）に儒学者であり医学者であった貝原益軒（えきけん）による著作。養生訓は貝原益軒が亡くなる1年前の著作で，彼が高弟にまとめさせた中国の伝統医学である「養生学」の抜粋である。

大根ジアスターゼ
佐伯が1905（明治38）年に発見した大根ジアスターゼは，夏目漱石の『我輩は猫である』という小説に登場し，消化を促進するという機能が広く知られ用いられることとなった。

士と名づけた。

（2）食事摂取基準について

食事摂取基準とは，「わが国の健康な個人または集団に対して，国民の健康維持・増進，エネルギー・栄養素欠乏症の予防，過剰摂取による健康障害の予防を目的としたエネルギーおよび栄養素摂取量の基準」である。従前の「栄養所要量」に代わり2004年11月に制定され，2005年度から５年間適用された。2009年には2010年度から５年間適用の2010年版が，さらに2014年には2015年度から5年間適用の2015年版が発表され，現在使用されている。

（3）過剰症と欠乏症

栄養素には，過剰症や欠乏症がある。特にミネラルやビタミンの欠乏は，骨軟化症や脚気などの重大な疾患の原因となる。この項では，各栄養素の栄養価（はたらき）と過剰症および欠乏症との関係について解説する。

１）炭水化物（糖質）の過剰と不足の影響

炭水化物はエネルギー源であるが，過剰摂取するとエネルギー源として使われない炭水化物が多くなり，それらは体内で脂質に変換されて体脂肪として蓄積されるので，肥満の原因となる。また，この際に生成される脂肪酸は飽和脂肪酸と一価の不飽和脂肪酸であり，多価不飽和脂肪酸（リノール酸，EPAなど）は生成されない。したがって，多価不飽和脂肪酸比率が下がり，循環器系疾患の危険性が高まるおそれがある。炭水化物はエネルギー源として使われる場合，グルコースが解糖経路に入り，生じたピルビン酸がアセチルCoAに変化する必要がある（図1－3）。したがって，炭水化物を過剰摂取すると，**ピルビン酸脱水素酵素**の補酵素の成分であるビタミンB_1の必要量が増加する。

炭水化物摂取量が不足しているときは，総摂取エネルギー量も不足しがちになる。また，エネルギー源としての炭水化物が不足すると脂質をエネルギー源として

●高木兼寛●

高木兼寛は，海軍の食事の白米に麦を加え，たんぱく質を増やし脚気を海軍から一掃した。一方陸軍は，海軍のこの結果を無視し続けた。陸軍は当時コッホが伝染病の病原菌を発見したドイツ医学を信望し，イギリス留学の高木を信用しなかった。当時森林太郎（森鷗外）もかたくなに無視した。日清戦争では，戦闘の死傷者より多い4,000人以上の脚気による死者が出たが，森はさらに無視し続けた。日露戦争でも陸軍では脚気による死者が27,800人を数えた。森は，両戦争で陸軍第二軍軍医部長の要職を勤め，後に軍医総監まで登りつめた。高木が脚気から海軍を救った功績は，森が死去するまで公にならなかった。

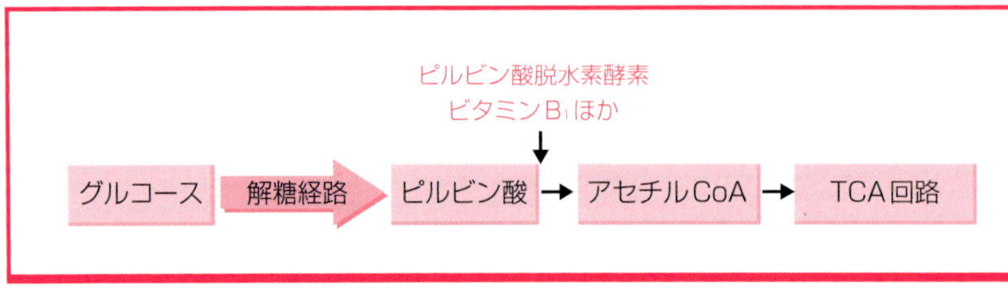

図1-3　グルコース代謝の略図

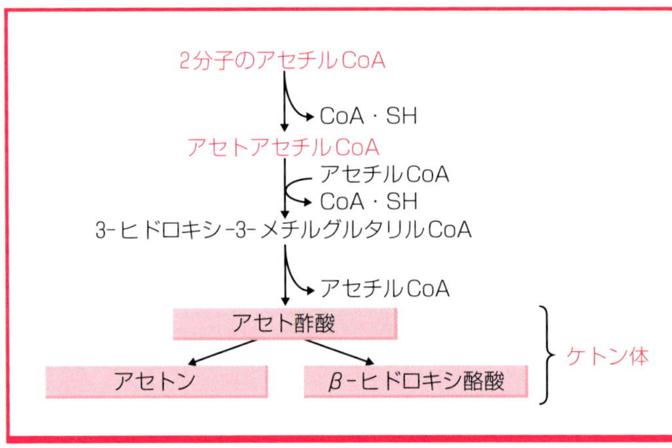

図1-4　ケトン体の生成

利用する比率が高くなり，β酸化が盛んに起こりケトン体が蓄積しケトーシスを起こす危険性が高くなる。

2）脂質の過剰と不足の影響

脂質は効率のよいエネルギー源であるが，脂質を過剰摂取すると脂肪酸のβ酸化が盛んに起こり，ケトン体が蓄積しケトーシスを起こす危険性が高くなる（図1-4）。したがって脂質エネルギー比は成人の場合，20～25%が適正である。

脂質は適切な摂取量とともに脂肪酸摂取量の比率も大切である。

3）たんぱく質の過剰と不足の影響

たんぱく質は身体構成たんぱく質の材料およびエネルギー源となるが，たんぱく質を過剰摂取すると，生成した尿素の排泄のため腎臓に負担を与え，水の必要量を増加させる。特に乳児では，高濃度たんぱく質のミルクを投与すると脱水症状を起こすことがある。

たんぱく質摂取が不足すると成長障害が起こる。また細菌感染に対する抵抗性が低下する。

4）カルシウム（Ca）の不足の影響

カルシウムは無機塩として骨や歯の成分となる。またカルシウムイオンとして，筋肉の収縮，血液の凝固，**神経興奮の鎮静**に関与している。カルシウム摂取量が不足し，血清カルシウム濃度が低下すると，これを正常に保つために骨のカルシウム

神経興奮の鎮静
カルシウムが不足すると落ち着きがなくなったり怒りっぽくなることが知られている。

が動員され，新しい骨の形成が阻害される。骨へのカルシウムの出入が負の状態でのカルシウム欠乏症としては，子どもではくる病，成人では骨軟化症，骨粗鬆症（こつそしょうしょう）が知られている。これらの欠乏症はビタミンDの不足によっても起こる。また，血清カルシウムイオンが減少すると**テタニー**を起こす。テタニーはカルシウム摂取不足よりも，骨の脱灰に必要な副甲状腺ホルモン（パラトルモン）の分泌低下によって起こる場合が多い。

テタニー
筋肉に硬直が起こる状態で，ひどいときには全身にけいれんが起こる。

5）マグネシウム（Mg）の不足の影響

マグネシウムはカリウムとともに細胞内液に多く存在し，細胞内液の浸透圧を上昇させる作用がある。一方，細胞外液にはカルシウムとナトリウムが多く存在し，細胞外液の浸透圧を上げる作用がある。したがって，カルシウム・マグネシウム比が大きいと虚血性心疾患の死亡者が多いといわれている[3]（図1-5）。またマグネシウムは，糖代謝，たんぱく質や核酸の合成など，多くの代謝に関与する酵素の成分となっており，筋肉の収縮，神経機能において重要な役割を果たしている。マグネシウムが不足すると抑うつ症，筋無力症，目まい，けいれんなどの症状を示すが，通常不足することはない。

6）ナトリウム（Na）の過剰の影響

ナトリウムは細胞外液に多く存在し，細胞外液の浸透圧を上昇させる作用がある。近年，ナトリウムの過剰摂取が高血圧の原因となることが問題となっている（表1-1）。主として食塩（塩化ナトリウム；NaCl）として摂取される。そこで**食塩摂取量**（g）（Na摂取量（g）×2.54）の摂取基準（目標量）が設けられている。日本人の1日当たりの摂取目標量は，成人で男性8.0g/日未満，女性7.0g/日未満である。

食塩摂取量

$$\text{Na} \times \frac{\text{NaClの式量}}{\text{Naの原子量}} = \text{Na} \times \frac{(23.0+35.5)}{23.0}$$

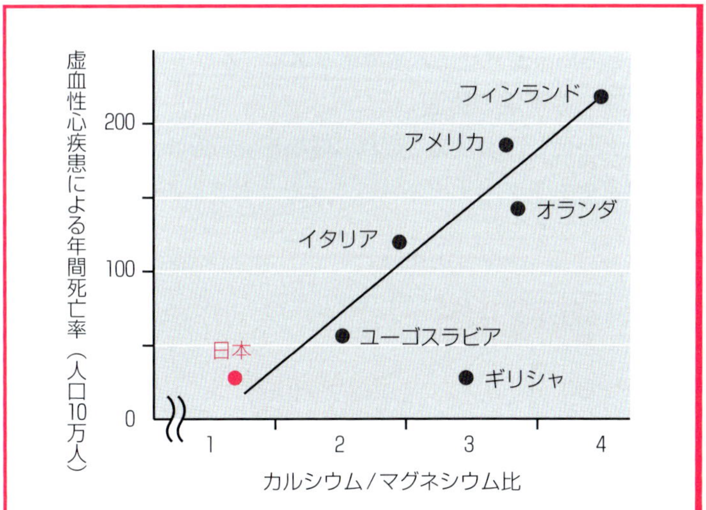

図1-5　虚血性心疾患と食事中カルシウム/マグネシウム比との関係

出典）H. Karppanen, R. Pennanen, L. Passinen et al : Minerals, coronary heart disease and sudden coronary death, adv Cardiol ; 25 : 9 -24, 1978

表1-1　食塩摂取量と高血圧発生頻度との関係

1日のNa（食塩）摂取量	高血圧発生率
10mEq（0.5g以下）	0
10～70mEq（0.5～4g）	3%
70～350mEq（4～20g）	15%
350mEq以上（20g以上）	30%

E. D. Freis（1976）

7）鉄（Fe）の不足の影響

鉄は，酸素を運搬するはたらきがあるヘモグロビンと，酸素を貯蔵するはたらきがあるミオグロビンの成分である。また，チトクローム，カタラーゼ，パーオキシダーゼなどの酵素の成分となっており，生体内の酸化還元に関与している。欠乏症としては貧血がある。鉄欠乏性貧血の原因としては，鉄供給の不足のほかに，胃腸障害による鉄の吸収不全，月経による出血，妊娠などがある。予防法としては，鉄摂取量の増加，特に吸収率の高いヘム鉄摂取量の増加があげられる。鉄吸収を促進する因子（ビタミンB_6，B_{12}，葉酸，ビタミンC）の摂取も重要である。

8）銅（Cu）の不足の影響

銅はヘモグロビンの合成に必要であり，欠乏すると貧血を起こす。

9）亜鉛（Zn）の不足の影響

亜鉛は赤血球中に含まれる脱炭酸酵素をはじめ，多くの酵素に含まれている。欠乏すると，食欲不振，成長障害，創傷治癒の遅延が起こる。また近年，亜鉛は活性酸素を処理するスーパーオキシドジスムターゼ（SOD）の成分であり，生体内酸化や老化の防止に重要であることが注目されている。活性酸素の処理には，SODを中心とするSOD系という酵素による処理法がある（図1-6）。

10）セレン（Se）の不足の影響

SODの作用により生じた過酸化水素は，時間が立つとラジカルに変わる。セレンはSOD系の酵素であるグルタチオンペルオキシダーゼの成分であり，過酸化水

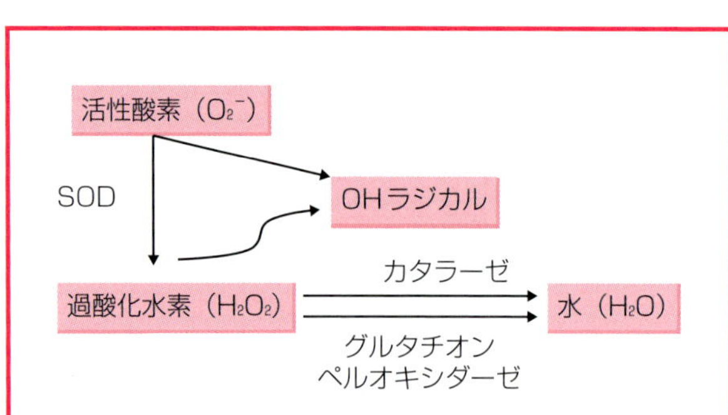

図1-6　SOD系による活性酸素の処理

素を水に変えて無毒化するはたらきがある。セレンの欠乏症としては克山病(けしゃんびょう)がある。克山病は1950年代に中国東北部で多くみられたセレン欠乏症である。グルタチオンペルオキシダーゼが不足したために，処理されない過酸化水素からラジカルが生じて酸化が起こり，心筋梗塞の発症率が高まる症状である。

11）クロム（Cr）の不足の影響

クロムは血糖をグリコーゲンに変えるインスリンの補助因子である。したがって，欠乏すると耐糖能障害を起こす可能性がある。

12）フッ素（F）の過剰と不足の影響

フッ素は骨や歯に多く含まれており，虫歯の発症を予防するが，多すぎると斑状歯という疾患が起こる。

13）ビタミンA（レチノール）の不足の影響

ビタミンAは目の網膜で光を感じる色素であるロドプシンを合成する（ロドプシンが分解して生じたオプシンをロドプシンに再合成する）はたらきがあるビタミンで，視覚生理作用を有している。したがって，欠乏すると暗順応が低下し，夜盲症になる。夜盲症は暗くなると視力が落ちる疾患であり，1960年代までは日本でも多くの罹患者がいた。

14）ビタミンD（カルシフェロール）の不足の影響

ビタミンDは肝臓で25位が水酸化されることで，25-(OH)Dとなり，次いで腎臓で1α位で水酸化されて活性型の1α,25-$(OH)_2$Dとなり，カルシウムやリンの吸収促進および骨形成促進作用を有する。したがって，ビタミンDの欠乏は，成長期では骨の発育が悪くなり，くる病になる。また，成人では骨軟化症や骨粗鬆症の原因となる。

15）ビタミンB_1（チアミン）の不足の影響

ビタミンB_1はチアミンピロリン酸（TPP : thiamine pyrophosphate）の成分であり，TPPはピルビン酸がアセチルCoAになる反応や，α-ケトグルタル酸がスクシニルCoAになる反応を触媒する酵素の補酵素としてはたらく。したがって，特に炭水化物（グルコース）からのエネルギーの供給（ATP産生）が悪くなる。ビタミンB_1の欠乏症は脚気であり，食欲不振，便秘，倦怠感，感覚異常，運動障害，心臓障害，浮腫などが起こる。

16）ビタミンB_2（リボフラビン）の不足の影響

ビタミンB_2はFADおよびFMNの形となり，フラビン酵素の構成成分となっている。フラビン酵素は生体内酸化還元，特に電子伝達系に関与している。したがって，ビタミンB_2が欠乏するとエネルギー供給（ATP産生）が悪くなる。ビタミンB_2の欠乏症としては口角炎，口唇炎，舌炎，皮膚炎がある。

17）ナイアシン（ニコチン酸）の不足の影響

ナイアシンはNADおよびNADPの形で脱水素酵素の構成成分となっており，FADとともに生体内酸化還元，特に電子伝達系に関与している。要求量に応じて，

FAD
フラビンアデニンジヌクレオチド（flavin adenine dinucleotide）

FMN
フラビンモノヌクレオチド（flavin mononucleotide）

NAD
ニコチンアミドアデニンジヌクレオチド（nicotinamide adenine dinucleotide）

NADP
ニコチンアミドアデニンジヌクレオチドリン酸（nicotinamide adenine dinucleotide phosphate）

必要量が増大する。ナイアシンの欠乏症としてはペラグラがある。ペラグラの症状としては，発赤や色素沈着などの皮膚症状，食欲不振，口内炎，下痢などの胃腸障害，神経痛，麻痺，精神異常などの神経症状がある。

18）ビタミンC（アスコルビン酸）の不足の影響

ビタミンCはコラーゲンの生成に必要なビタミンである。また近年，抗酸化作用があることも注目されている。ビタミンCの欠乏症として壊血病があげられる。壊血病は骨質の脆弱化，毛細血管の抵抗減退による出血傾向（内出血），細菌感染に対する抵抗力減退，創傷治癒遅延などの症状が現れる。また，ビタミンCが不足すると主に細胞内での抗酸化力が弱まる，酸化による疾患（悪性腫瘍の増殖など）や老化の促進のおそれがある。

（4）生活習慣病とその予防

生活習慣病とは，食事や運動などの生活習慣が原因で発症する疾病である。日本における主な**生活習慣病**としては悪性腫瘍，脳血管疾患，心臓疾患があげられる。これらは近年まで日本人の三大死因となっていた。また，２型糖尿病，脂質異常症，高血圧なども生活習慣病としてあげられる。西欧諸国に多かった生活習慣病の動脈硬化症，糖尿病や虚血性心疾患などの疾患が，わが国でも増加してきた。この現象は，動物性脂肪，砂糖およびエネルギーの摂取量増加に伴う血中コレステロール量や中性脂肪量の増加によると考えられる。

生活習慣病は以前，**成人病**といわれていた。しかし近年，成人になっていない世代においても２型糖尿病の発症率が増えてきたことなどから，成人病は生活習慣病と改められた。

肥満，特に内臓脂肪が増加した内臓脂肪肥満（**メタボリックシンドローム**）はこれらの生活習慣病の危険因子である。したがって，肥満の予防は生活習慣病の予防に重要な役割を演じる。

１）食欲の調節

肥満の成因としては，①過食，②運動不足，③代謝異常などがあげられるが，最も起こりやすい成因は過食である。では，なぜ過食が起きるのだろうか。

食欲の調節は脳の中枢核で行われている。その重要な役割を担っているのが間脳視床下部である[4~6]。視床下部は環境変化の情報を収集し，適切な食行動を促している[7]。視床下部が食欲の調節に関与していることが，動物を用いた脳の特定部位の刺激または破壊による行動変化から解明された。この機序については，「第２章１節（１）摂食量（食欲）の調節」（p.22参照）で解説する。

栄養改善法（昭和27年）
この法律は，国民栄養調査の実施，自治体による栄養指導，食品の栄養成分の検査，栄養成分の表示などについて規定している。健康増進法の公布に伴い廃止された。

（5）健康増進関連法規の変遷（表１-２）

１）健康増進法（平成14年8月2日法律第103号）

健康増進法が制定された背景にはわが国における高齢化の進展や疾病構造の変化

表1-2　主な制度の変遷

1947年	日本人の栄養所要量策定，栄養士法（栄養士を公的な名称とする）
1950年	日本食品標準成分表発表
1954年	アメリカ農産物食糧援助　学校給食法
1962年	管理栄養士制度　2002年国家試験制度，2005年改訂実施
1978年	社会保険診療報酬点数表の給食料の中に医療食加算制度が設けられる
1986年	病院における給食業務の外部委託が可能となる
2003年	健康増進法施行　2000年健康日本21〈2012年まで〉
2005年	栄養教諭制度　食育基本法の制定
2013年	健康日本21（第2次）〈2022年まで〉

に伴い，国民の健康増進の重要性が増大し，健康づくりや疾病予防を積極的に推進するための環境整備がなされる必要が出てきたためである。そこで，2000（平成12）年に国民健康づくり運動として「健康日本21」が開始された。また，2001（平成13）年には「医療制度改革大綱」が策定され，その中で「**健康寿命**の延伸，生活の質の向上を実現するため，健康づくりや疾病予防を積極的に推進し，早急に法的基盤を含め環境整備を進める」と指摘された。健康増進法では，「国民は…生涯にわたって…健康の増進に努めなければならない」とするなど，健康維持を国民の義務としており，自治体や医療機関などに協力義務を課しているなどの特徴がある。第25条では，受動喫煙を防止するために必要な措置を講ずるよう求めており，罰則こそないものの努力義務を負う必要があるとしている。

こうした法律の主旨に則（のっと）って，健康診断事業の再編が進んでいる。従来の老人保健法に基づく健康診断事業が廃止され，代わって，65歳以上を対象にした介護予防健診が2006（平成18）年度から開始され，市町村の新しい義務として，特定高齢者把握事業を行い，国の基準に該当するものに対して介護予防事業を行うことが定められた。また，65歳未満の国民に対しては，2008（平成20）年度から，特定健診事業が開始され，メタボリックシンドローム該当者ないしは予備群として選び出すことと，これらの者に特定保健指導を行うことの2点を，医療保険者に義務づけている。

健康寿命
自立して日常生活を送れる期間のこと。2010年で男性70.4歳，女性73.6歳であった。平均寿命との差は，男性9歳，女性12歳以上の開きがある。

介護が必要となった要因
介護が必要になった要因は生活習慣病が3割，認知症や，高齢による衰弱，関節疾患，骨折・転倒で5割。

「二十一世紀における第二次国民健康づくり運動」(健康日本21（第2次))
2013（平成25）年度から2022（平成34）年度までの「二十一世紀における第二次国民健康づくり運動」（健康日本21（第2次））が始まった。

3. 遺伝形質と栄養の相互作用

（1）栄養素に対する応答の個人差

1）栄養と遺伝子

栄養素が，分子レベルである遺伝子のはたらきに影響を及ぼし，一連の代謝調節にかかわっている場合がある。ビタミンDは，腸管からカルシウムの吸収を促進するが，ビタミンDそのものがカルシウムの吸収メカニズムに直接かかわっているわ

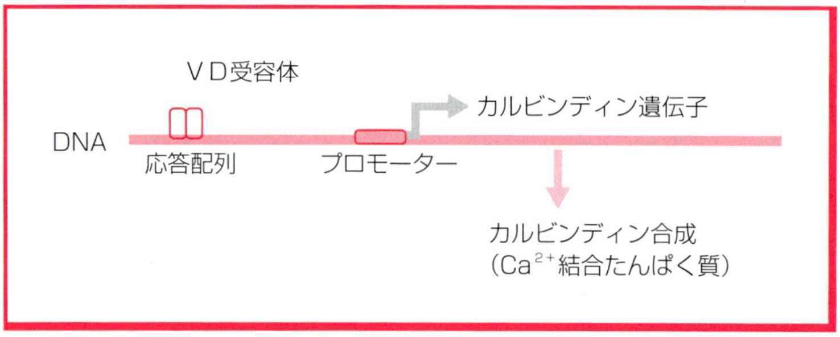

図1-7　ビタミンDとD受容体による遺伝子レベルからの腸管からのカルシウム吸収促進

受容体（レセプター）
ホルモンは，単独ではたらくというよりも，ホルモン受容体と一体となってはたらくので，ホルモンとその受容体が作用のセットになっている。どちらかが欠けてもホルモンの作用は発揮されない。

フェニルケトン尿症
フェニルケトンがチロシンに変換され，最終的にアドレナリンやノルアドレナリンのような有用物質がつくられる。チロシンへの変換酵素が欠損するとアドレナリンなどの合成が阻害される。

ゲノム
遺伝子を含む全DNAの塩基配列。

けではない。**ビタミンD**によって誘導されるカルビンディンというたんぱく質がカルシウムと結合し腸管からの吸収を促進する。このカルビンディンというたんぱく質の遺伝子が，ビタミンD・ビタミンD受容体によってその転写活性を調節されているのである（図1-7）。また，**フェリチン**という鉄貯蔵たんぱく質のmRNAは，普段はリプレッサーたんぱく質が結合していてはたらかないが，鉄過剰になるとそのリプレッサーである鉄結合たんぱく質に鉄が結合しmRNAから離れることによってフェリチンの合成を開始する。これは**mRNA**レベルでの**ネガティブ調節因子**としてよく知られている。このように多くの栄養素は，DNA（deoxyribonucleic acid）やmRNAの活性を調節していることが次第に明らかになってきている。栄養のエビデンスとしては，ビタミンDの摂取は腸管からのカルシウム吸収を促進するということになるのだが，遺伝子レベルでの解釈を知ることはグループ医療のアセスメントによる患者の治療工程では共通の知識として必要なことである。**フェニルケトン尿症**は，必須アミノ酸であるフェニルアラニンからチロシンへの転換を行う酵素の遺伝子が変異し，正常な酵素が欠損しているために起こる疾病である。生後すぐの検診で発見し，フェニルアラニンを除いたミルクを用いて正常になるまで注意深く育てることによって発症を防ぐことができるもので，新生児のミルク摂取への栄養学解決の代表といえる。

2）ゲノムとSNP

食べたものは，消化され，吸収され，代謝されるが，同じ種類と量の栄養素を摂取して，太る人もいれば，太らずにほぼ平均を保っている人もいる。エネルギーの必要量は，基礎代謝基準値から導き出される。全体の平均的なエビデンスは存在するが，エネルギー収支に対する応答の個人差というものが説明できない。ヒトゲノム遺伝子の違いによるものとする考えがある。**ゲノム**とは，その生物がもっている細胞の中のDNAとそれに書き込まれた遺伝情報のことを指す。ヒトゲノムは，30億のDNA塩基対からなるが，遺伝子は，約30,000個程度とみられており，30億の塩基対の中に点在して，合計でも全DNAの3～5％ほどで，DNAの大部分は遺伝情報をもたないといわれている。**ヒトとチンパンジー**のゲノムの違いは約1.37％，ヒトとゴリラでは，1.75％とみられている。ヒトの遺伝子を比較すると約300万か所，1,000塩基対に1か所程度の頻度という約0.1％程度の個人差があり，これが薬物に対する応答や太りやすさなどの体質に影響しているとみなされている。そのような個人差は，ゲノムの中での応答の違いにより生じるとする見方である。その塩基の違いを**1塩基多型**（**SNPまたはSNPs**）とよぶ。たんぱく質をコードするエクソンはわずかゲノム中の1.5％程度である。SNPの見出される場所は，たんぱく質をコードする位置にあっても，アミノ酸を変更してしまう場合もあれば，構成アミノ酸に影響しない場合もある。非翻訳領域やイントロンに見出されながら，何らかの影響を予想されているものもあり，遺伝子発現調節にかかわる場所に見出され，発現に影響することが期待されているものもある。まったく，遺伝子に影響しない位置に見出されるSNPもある。SNPは，必ずしも遺伝子欠損による場合と異なり，病気への危険因子，あるいは薬の効果の度合いや副作用への感受性など幅のある中で個人差に対応するので，**オーダーメイド医療**あるいはもっと高級な仕立屋を意味する**テーラーメイド医療**が提唱された[8]。

◘ヒトとゴリラ
ゴリラの全遺伝情報（ゲノム）を，イギリスサンガー研究所など欧米の国際研究チームが解読し，英科学誌Natureに発表した。

◘遺伝子，エクソン，イントロン，プロモーター
エクソンの塩基配列は，アミノ酸配列に翻訳されたんぱく質となる。イントロンは，mRNAから外され，転写されない。プロモーターは，遺伝子発現を調節する部位。ヒト遺伝子は，ゲノム上に2003年4月に解読が完了し，この時点でのヒトの遺伝子推定数は約3万2,600個であった。しかし，その後の解析により，新たな推定数は約2万1,800個であると2004年10月の英科学誌Natureに掲載された。

3）アルコール代謝

飲酒により摂取されたアルコールは，アセトアルデヒドになり，アセトアルデヒドは**アセトアルデヒド脱水素酵素**（**ALDH**）によりさらに代謝される。ALDH2は，活性の高いN型と活性の低いD型に分かれる[9]。このうち487番目のアミノ酸を決める塩基配列の違いにより，3つの遺伝子多型に分かれる。グアニンを2つもっている正常なGGタイプ（遺伝子対が両方ともGタイプ：ホモ，NN型ともいう）と，グアニンの1つがアデニンに変化したAGタイプ（遺伝子対のうち片方がAタイプで他方がGタイプ：ヘテロ。ND型ともいう），2つともアデニンになったAAタイプ（DD型ともいう）である。GGタイプのALDHに対し，AGタイプ型は約1/16の代謝能力しかなく，AA型にいたっては代謝能力を失っている。アセトアルデヒドは毒性が強く，悪酔い・二日酔いの原因となる。

◘アルコール代謝
アルコール（エタノール）はアルコール脱水素酵素でアセトアルデヒドに代謝される。アセトアルデヒドは，続いてアセトアルデヒド脱水素酵素により，酢酸と水になる。酢酸は，アセチルCoAとなってエネルギー消費される。

4）SNPの実験例

その他にもいくつかSNPの報告がなされているが，表1-3のようになる場合が多い。表では，グアニン（G）がトレオニン（T）に変異したケースである。SNP-Xは，病気の発症とは無関係。SNP-Yは，**ヘテロ**の変異，SNP-Zとの**ホモ**の

表1-3　関連解析の例

SNP-X

	正　常	患　者
G/G	250	250
G/T	500	500
T/T	250	250

SNP-Y

	正　常	患　者
G/G	250	180
G/T	500	550
T/T	250	270

SNP-Z

	正　常	患　者
G/G	750	30
G/T	150	580
T/T	100	390

3つのSNP（いずれもG/Tの多型）を1,000人ずつの患者および正常コントロール集団を用いて解析したと仮定する。

出典）中村祐輔：先端のゲノム医学を知る，羊土社，p.46，2001

変異で患者が多く発症しており，Tをもつと病気にかかりやすいことを示している。しかし，こういう場合はまれで実際にはSNP-Yのケースが多く，解析結果をもとにさらに関連遺伝子，病因因子を探究しなければならない[10]。表現型の遺伝子異常に比べて確率が低く，判定は総合的に行う必要がある。

（2）生活習慣病と遺伝子多型

高血圧や糖尿病を始めとして疾病の発症原因とその発症メカニズムの研究は進展しており，それに関連する分子レベル（遺伝子，たんぱく質など）での因子解明と作用機構が日々明らかになっている。医学的な治療方法は病気の治癒に貢献するが，発症そのものや再発を防止するのは医学的治療よりも食生活を中心とした生活環境である。生活習慣病は，環境因子と遺伝因子が関与しているといわれている。どういうものをどの程度食べてエネルギーを摂取するか。どの程度の活動をして（身体を動かして），エネルギーを消費しているのか。ミネラル，ビタミンなど他の栄養素も重要であり，喫煙やアルコール，ストレスも関係してくるのでエネルギーだけが原因のすべてではないが，エネルギー収支がプラスで続くのであれば，生活習慣病にかかる可能性が高い。可能性が高いのであって，あるラインをこえれば，全員が生活習慣病になるわけではないので，残りの要因は遺伝子（ゲノム）の違いによるものと推定する考えがある。同じものを食べて，似たような動きをしているのになぜ？　というわけで，これまでに，肥満，高血圧症，脳卒中，心血管疾患，糖尿病および脂質異常症の発症にかかわる候補遺伝子の多型性（遺伝子マーカー）について多くの報告がなされてきた。しかしながら，これらの多くは疾病発症との関連性が期待したほどの成果にいまだつながっていない。生活（運動，喫煙，ストレス）に対する応答の程度もあり，両方の因子が解明するまでは，生活習慣病の全貌が明らかにならない。また，感受性が明らかになったとしても，食事摂取を一層気をつけることが疾患を防ぐことができることに変わりない。

ホモシスティン
メチオニンは，生体中でメチル基供与反応を行い，ホモシスティンを生じる。ホモシスティンは，ビタミンB_{12}と葉酸により，メチオニンに再生される。

レニン・アンギオテンシン系
肝臓でつくられたアンギオテンシノーゲンは，腎臓からのレニンにより分解されアンギオテンシンⅠとなる。アンギオテンシンⅠは変換酵素によりアンギオテンシンⅡとなる。アンギオテンシンⅡは，血管を収縮するとともにアルドステロンによるナトリウム貯留を促進し，血圧を上昇させる。年齢を経るとこの系の活性が上昇し，血圧が上昇する。

a．葉酸　葉酸の代謝に関係する**メチレンテトラヒドロ葉酸還元酵素**（MTHFR：methylenetetrahydrofolate reductase）の遺伝子は，677番目の塩基がシトシンからチミンに変わった（アミノ酸のアラニンがバリンへ変わった）SNPは，その活性が30％低下した[11]。その結果，血中の**ホモシスティン**が増加し，動脈硬化のリスクが上がるとみなされる。より多くの葉酸を摂取することによりこのMTHFRの活性低下が抑制される。このSNPをもつ人は，ほかの人よりも葉酸の摂取量を増やす必要があるということになり，葉酸摂取は，個人対応の栄養学（personalized nutrition またはオーダーメイド栄養，テーラーメイド栄養）が必要と報告されている。

b．本態性高血圧　本態性高血圧に関与している，**レニン・アンギオテンシン系**の**アンギオテンシン遺伝子**の変異による235番目のメチオニンがトレオニンに変異したヒトは，血圧が高い傾向にあり，減塩による効果も受けやすいとの報告もある[12)]。内臓脂肪のマーカーとなるアディポネクチン遺伝子の45番目の変異（チミン/グアノシン）は２型糖尿病発症のリスクが高いとみられている[12)]。茶カテキンを含む機能性食品の効果は，このアディポネクチンの分泌を促進したもの。また，β-カロテン摂取が多いヒトにもアディポネクチンの分泌傾向がみられたとの報告もある。

糖尿病などは，多因子関連による発症とみられている。

（3）倹約（節約）遺伝子仮説

人類学者ニール（J. V. Neel，アメリカ）によって提唱された仮説「倹約遺伝子」は，地球上の生物は氷河期も含めて食物摂取において常に飢餓との闘いであり，食事のエネルギーを体内に蓄えておく必要があった。人類は進化とともにその必要がなくなり，かつてエネルギー蓄積のために必要であった因子とそれに関連する遺伝子を，“倹約遺伝子”とよんだ[13)]。アメリカアリゾナ州のピマ・インディアンには，糖尿病患者や肥満者の多いことが知られている。一方，中南米の高地に住み，酪農や農業をしているピマ・インディアンにはその傾向がみられないことから，注目を浴びた（表１-４）。β_3アドレナリン受容体は，脂肪組織で多く発現し，脂肪分解や熱産生に関与している。アドレナリンのβ_3受容体遺伝子の変異を検索したところ，64番目のトリプトファン（Trp）がアルギニン（Arg）に変異している多型が見出された。ピマ・インディアンではアルギニン型の72%が糖尿病を発症し，変異率は，白人が0.08なのに対してピマ・インディアンの変異率は0.31と４倍高かった。また，アルギニン型の安静時代謝熱量は，トリプトファンに対して82 kcal/日低下しており，“エネルギー倹約”が推察された。日本人のアルギニン型の遺伝子頻度は，中間の0.19である。

ほかには，脂肪蓄積にかかわるペルオキシソーム増殖活性化受容体遺伝子（PPARγ遺伝子）の12番目Pro（プロリン）からAla（アラニン）への多型は，２型糖尿病発症のリスクが低いと報告されており，日本人にはPro型が欧米人より多いと認められている。ほかにも，ミトコンドリアの熱産生の脱共役たんぱく質UCP1なども候

表１-４　β_3アドレナリン受容体遺伝変異（Trp64Arg）の頻度

人　　種	サンプル	Trp/Trp	Arg/Trp	Arg/Arg
モンゴロイド	ピマ族（アメリカ先住民）	46	45	9
モンゴロイド	日本人	61	34	5
ネグロイド	アメリカ在中	75	24	1
コーカソイド	アメリカ在中	89	10	1

TGGからCGGへの一塩基置換SNP頻度が高い。
欧米人では10人に１人の変異が日本人では３人に１人。
変異の保有とNIDDM，肥満の出現の相関。

出典）J. V. Neel : Diabetes mellitus : a “thrifty” genotype rendered detrimental by “progress” ? Am J Hum Genet ; 14 : 353-362, 1962

脱共役たんぱく質（UCP）
ミトコンドリア内膜に存在し，内膜腔からのプロトン（H^+）の流入により熱を発生し，ATPを合成しないのでエネルギーをため込まない。

がんの発症
イニシエーション
↓　数年～数十年
プロモーション
↓
プログレッション

補遺伝子となっている。

（4）後天的遺伝子変異と食事（発がん，促進因子，予防と食事）

後天的遺伝子変異とは，食物成分・添加物を含む種々の化学物質などの環境因子による遺伝子変異（遺伝子の損傷）で，がんを発症する場合が多い。喫煙者の肺がん発症リスクが高いことや日本人に多い胃がんへのヘリコバクターピロリ菌と高食塩摂取の関係もよく知られるところである。正常細胞がもともと有しているがん遺伝子もしくはがん抑制遺伝子に損傷が起こり，活性化もしくは不活性化が起こると，その細胞はがん化すると考えられている。DNA損傷で変異が生じる初期段階（**イニシエーション**），それに続く増殖・促進段階（**プロモーション**）を経て発がんし，さらに浸潤，転移と進む（**プログレッション**）と悪性化したがん細胞となる[14]。イニシエーションからプロモーションまでには数年～数十年かかるといわれており，その間に阻止できればがんは発症しない。一次予防を，イニシエーションとプロモーションの阻止として，食品成分の効用が研究されてきたが，プログレッションの阻止を目指す二次予防への効用も注視されている。

1990年アメリカでは，国家プロジェクトとして，アメリカ国立がん研究所（NCI: National Cancer Institute）によって2,000万ドルの予算でがんを予防するために**デザイナーフーズ計画**が，植物性食品成分解析から提唱された。重要度の高い（がん予防に効果が高い）順にピラミッド型で示し，最も効果のあるものとしてにんにく，キャベツ，だいず，しょうが，せり科（セロリー，にんじん）など野菜40種があげられた（図1-8）。アメリカ人の野菜摂取量は増え，がん患者数は減少した。デザイナーフーズ計画は10年ほどでなくなった。その後は，野菜などの有効成分の探

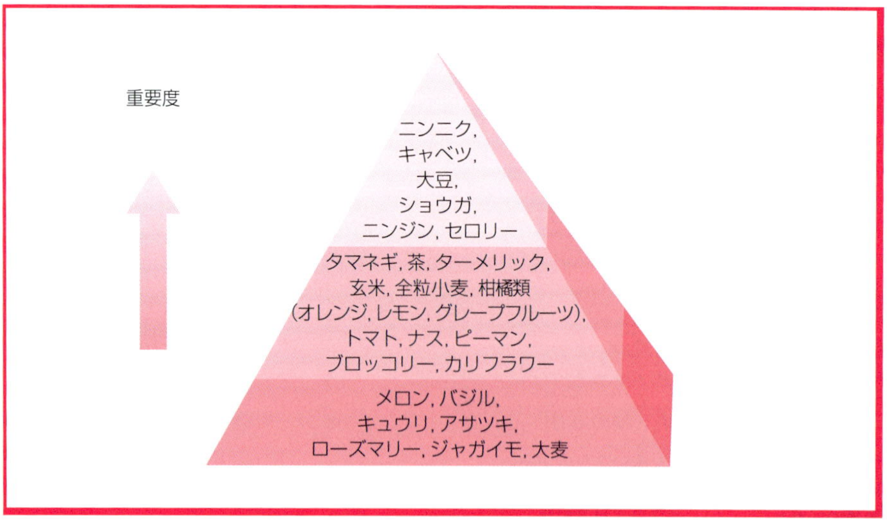

図1-8　デザイナーフーズ・ピラミッド
出典）アメリカ国立がん研究所：デザイナーフーズより

1. **基礎代謝**
   異化亢進状態
   安静時代謝率上昇
   エネルギー必要量増加

2. **糖代謝**
   耐糖能低下
   インスリン分泌異常

3. **たんぱく質･アミノ酸代謝**
   筋でのたんぱく質異化作用の促進
   肝臓でのたんぱく質合成の亢進

4. **脂質代謝**
   脂質異常症
   脂肪分解の亢進
   貯蔵脂肪の減少

図1-9　がん患者の代謝・栄養学的特性
出典）矢ヶ崎一三他：栄養とがん，建帛社，2009

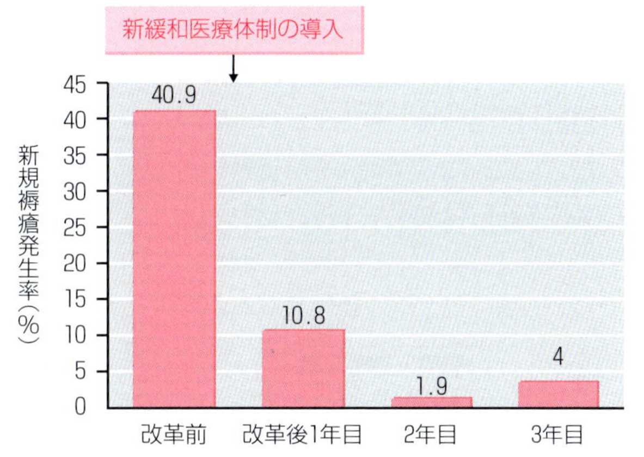

図1-10　終末期患者における新規褥瘡発生率の推移（藤田保健衛生大学外科・緩和医療学講座）
出典）矢ヶ崎一三他：栄養とがん，建帛社，2009

索に進み，日本でも同じ頃，抗酸化性物質の発がん，促進の予防効果と検索が行われポリフェノール成分，カロテノイドなどを含む食品が有効とされている。これらの成分はお茶，赤ワインなどに含まれる。

一方で，がん患者特に**終末期がん患者**は，栄養障害を示しており，適切な栄養補給とQOLの保持を目的とする栄養管理が必須となっている[16]（図1-9）。近年，栄養サポートチーム（NST：nutrition support team）が発展普及し，医学的治療に加えて，身体と心を合わせての「**緩和ケア**」の中で栄養管理が進められているところも増えてきている[17]（図1-10）。がんの発症を予防する食品・栄養とともに，がん患者に対しても，**感動を与え生きる意欲**を喚起する栄養管理も重要となってきている。

食品とがん
がん予防に期待される食品素材[15]と食品成分[15]も報告されている。ここでは文献紹介にとどめる。

褥瘡
長い間病床についていたために，骨の突出部の皮膚や，皮下組織が圧迫されて壊死になった状態。床ずれと言うこともある。

演習課題

❶ 栄養学の知識だけでは，栄養指導が通用しない場合はどんな時か。

❷ 栄養学を構成するエネルギー，栄養素，消化・代謝について簡単に説明せよ。

❸ 糖質の過剰摂取の影響について説明せよ。

❹ ビタミンB_1の欠乏症について説明せよ。

❺ 生活習慣病に影響すると予想される遺伝子にはどんな場合があるか。

引用・参考文献

1）E. H. エリクソン：ライフサイクル，その完結（村瀬孝雄・近藤邦夫訳），みすず書房，1989
2）国立教育政策研究所：平成21年度　全国学力・学習状況調査　調査結果のポイント，p.18，2009
3）H. Karppanen, R. Pennanen, L. Passinen, *et al.* : Minerals, coronary heart disease and sudden coronary death, adv Cardiol ; 25 : 9-24, 1978
4）L. L. Bernardis and L. A. Frohman : Effect of lesion size in the ventromedial hypothalamus on growth hormone and insulin levels in weanling rats, Neuroendocrinology ; 6（5）: 319-328, 1970
5）S. Inoue, G. A. Bray, Y. S. Mullen : Effect of transplantation of pancreas on development of hypothalamic obesity, Nature ; 266（5604）: 742-744, 1977
6）S. Inoue, G. A. Bray, Y. S. Mullen : Transplantation of pancreatic beta-cells prevents development of hypothalamic obesity in rats, Am. J. Physiol. ; 235（3）: E266-E271, 1978
7）大村裕，坂田利家，中川八郎：脳と食欲，共立出版，pp.18-42，1996
8）中村祐輔：先端のゲノム医学を知る，羊土社，pp.37-47，2001
9）日本栄養・食糧学会監修，小川　正，河田照雄，寺尾純二責任編集：栄養学研究の最前線，建帛社，p.196，2008
10）前掲8），p.46
11）合田敏尚，岡﨑光子責任編集：テーラメード個人対応栄養学，建帛社，pp.131-157，2009
12）前掲9），pp.68-69
13）J. V. Neel : Diabetes mellitus : a "thrifty" genotype rendered detrimental by "progress"? Am J Hum Genet ; 14 : 353-362, 1962
14）矢ヶ崎一三，大東　肇，東口高志：栄養とがん，建帛社，p. 3，2009
15）前掲14），pp.44-45
16）前掲14），p.56
17）前掲14），p.63

・国際連合食糧農業機関（FAO）：新しい飢餓報告は，世界では約8.7億人が慢性的に栄養不足である旨報告，http://www.fao.or.jp/detail/article/944.html
・World Health Organization：WHO Global Database on Anaemia, http://www.who.int/vmms/anaemia/en/
・United Nations system standing committee on nutrition : 5th report on the world

nutrition situation, 2004
・林　淳三編著：Nブックス 改訂 基礎栄養学，建帛社，2010
・杉　晴夫：栄養学を拓いた巨人たち，講談社，2013
・Water Gratzer（水上茂樹訳）：栄養学の歴史，講談社，2008
・林　淳三，高橋徹三：Nブックス 改訂 栄養学総論，建帛社，2010
・上原真理子，真鍋裕之，鈴木和春：基礎栄養学，第一出版，2010
・林　淳三監修：木元幸一，後藤　潔編：Nブックス 生化学，建帛社，2012
・日本ビタミン学会監修，香川靖雄，四童子好廣編著：ゲノムビタミン学，建帛社，2008
・石崎泰樹，丸山　敬監訳：イラストレイテッド ハーパー・生化学 原書３版，丸善，2005
・合田敏尚，岡﨑光子責任編集：テーラメード個人対応栄養学，建帛社，2009

第2章 食物の摂取

ヒトは空腹感を感じると食欲が湧いてくる。食欲とは食物を食べたいという欲望であり，食事を取ると空腹感は減少する。しかし，食事を取ってもその内容によって満腹感に差があり，空腹感が減少しないと過食になり，肥満の原因となる。料理が提供されたとき，多すぎて食べられないと思っても，食べてみると意外と食べられたり，少なすぎると思っても，食べてみると意外と満足感が得られた経験はないだろうか。本章の目的は，空腹感や満腹感はどのように調節され，食欲に影響しているかを理解することである。

1. 空腹感と食欲

（1）摂食量（食欲）の調節

食欲の調節は脳の中枢核で行われている。その重要な役割を担っているのが間脳**視床下部**である[1〜3]。視床下部は環境変化の情報を収集し，適切な食行動を促している[4]。動物を用いた脳の特定部位の刺激，または破壊によって起こる行動変化から，視床下部が食欲の調節に関与していることが明らかになっている。すなわち，視床下部の内側部を破壊すると，動物は過食し肥満となる。一方，視床下部の外側部を破壊すると，動物は摂食行動ができずにやせる。このことから視床下部腹内側核（VMH：ventromedial hypothalamic nucleus）は**満腹中枢**であり，視床下部外側野（LHA：lateral hypothalamic area）は**摂食中枢**であることが知られている。そのほか食欲を調節する中枢核としては，視床下部背内側核（DMH：dorsomedial hypothalamic nucleus）が摂食中枢的に，室傍核（PVN：paraventricular nucleus）が満腹中枢的にはたらくことが知られている[4, 5]。また近年，弓状核（ARC：arcuate nucleus）が両方の機能をもつ複合中枢であることも明らかになった[6]。このように食欲は満腹中枢と摂食中枢だけでなく，多くの視床下部神経核の多層なネットワークによって調節されているのである（図2-1）。

食欲を調節しているのは，満腹中枢と摂食中枢のバランスである。食欲は，満腹中枢が刺激されると低下し，摂食中枢が刺激されると亢進する。またこの２つの中枢は，膵臓，甲状腺，副腎のホルモン合成・分泌にも影響を及ぼし，エネルギーバランスと代謝調節を行っている。

満腹中枢，摂食中枢に対する調節因子として，①血中グルコース量，②脂肪分解

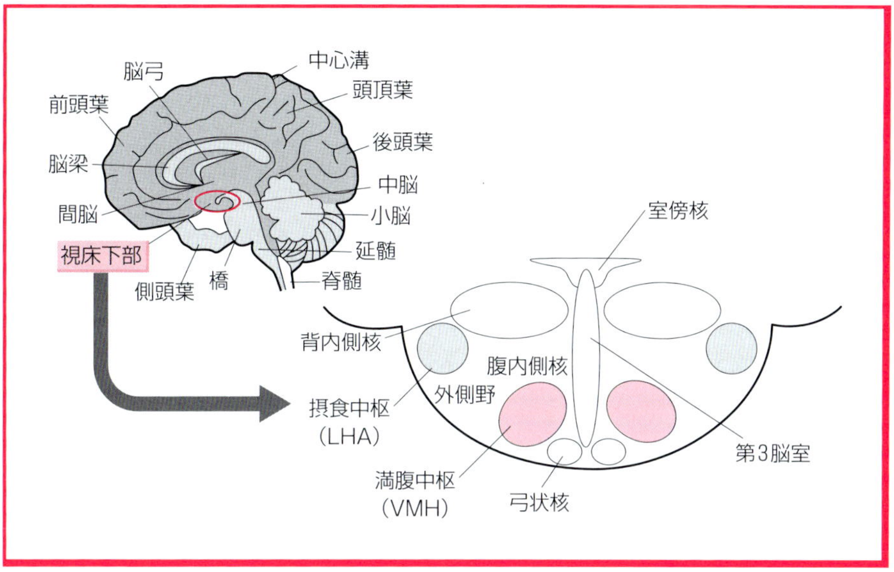

図2-1　脳の構造と食欲調節

により生じた血中遊離脂肪酸量，③胃の内容物量，④体温，⑤感覚を通した大脳からの刺激があげられる。

①**血中グルコース量**：食欲は，血中グルコース量が増加すると満腹中枢がはたらいて低下するが，減少すると摂食中枢がはたらいて亢進する。

②**血中遊離脂肪酸量**：食欲は，血中遊離脂肪酸量が増加すると摂食中枢がはたらいて亢進する。

③**胃の内容物量**：食欲は，胃の内容物量が増加すると満腹中枢がはたらいて低下し，減少すると摂食中枢がはたらいて亢進する。

④**体温**：食欲は，体温が上昇すると満腹中枢がはたらいて低下し，体温が低下すると摂食中枢がはたらいて亢進する。

⑤**感覚を通した大脳からの刺激**：感覚（味覚，嗅覚，視覚，聴覚など）を通した大脳からの刺激は，どちらの中枢にも作用し，食欲の低下および亢進が起こる。

前述したように，満腹中枢が刺激されると満腹感を感じる。したがって，満腹中枢の刺激は，肥満の防止および解消に重要である。**レプチンニューロンとヒスタミンニューロンは代表的な満腹中枢である**。レプチンニューロンがレプチンにより活性化されると，その下流にあるヒスタミンニューロンが活性化される。また，ヒスタミンニューロンが活性化されると，エネルギー代謝を亢進し体脂肪量が減少する。**レプチンは脂肪組織で特異的に合成される**[7]。その結果，**レプチンは脳内で満腹中枢を介して摂食抑制およびエネルギー代謝亢進をもたらし，肥満防止に寄与すると考えられる**。すなわち，肥満（体脂肪蓄積量が増加）の状態ではレプチンの生産量が増え，脳内でレプチンニューロンが活性化され，満腹感を感じて摂食量が減ると考えられる。

ところが，血中レプチン濃度が増加しても肥満は発症する。このことから，レプチン抵抗性が生じていると推定される。レプチン抵抗性の原因としては，①レプチンの**血液脳関門**（BBB：blood-brain barrier）通過障害，②レプチン受容体の発現低下，③レプチン受容体以降の細胞内シグナル伝達系の障害などが考えられる[8]。しかし，ヒスタミンニューロンの活性化はレプチンニューロンの下流で行われるため，レプチン抵抗性が生じてもヒスタミンニューロンを活性化すれば，肥満の防止および解消が可能である（図2-2）。

脳内のヒスタミンには，脳視床下部で満腹中枢のひとつであるヒスタミンニューロンを刺激して満腹感を感じさせるとともに，脂肪分解を促進する抗肥満作用がある[9]。しかし，ヒスタミンの経口摂取はできない。なぜならば，ヒスタミンは食中毒およびアレルギーの原因物質であるからである。また，ヒスタミンはBBBを通過して脳内に入ることができない（図2-2）。そこで，ヒスタミンの前駆体であるヒスチジンが注目された。

ヒスチジンは必須アミノ酸であり，ヒスタミンのような毒性（食中毒やアレルギーの原因物質）がない。また，ヒスチジンはBBBを通過できるうえ，視床下部にはヒスチジンをヒスタミンに変換するヒスチジン脱炭酸酵素（HDC）が多く分布してい

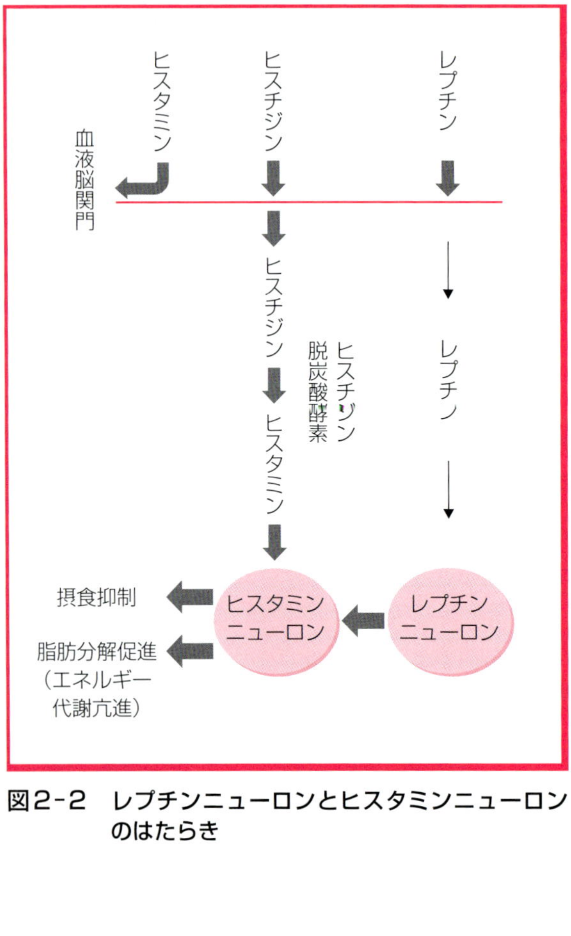

図2-2　レプチンニューロンとヒスタミンニューロンのはたらき

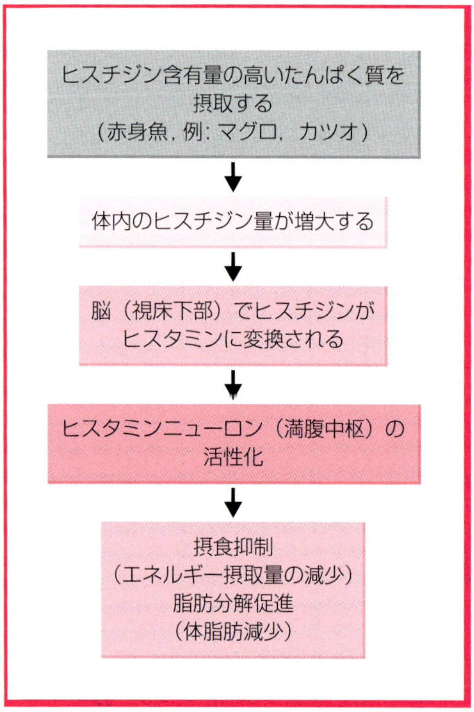

図2-3　ヒスチジンの抗肥満作用

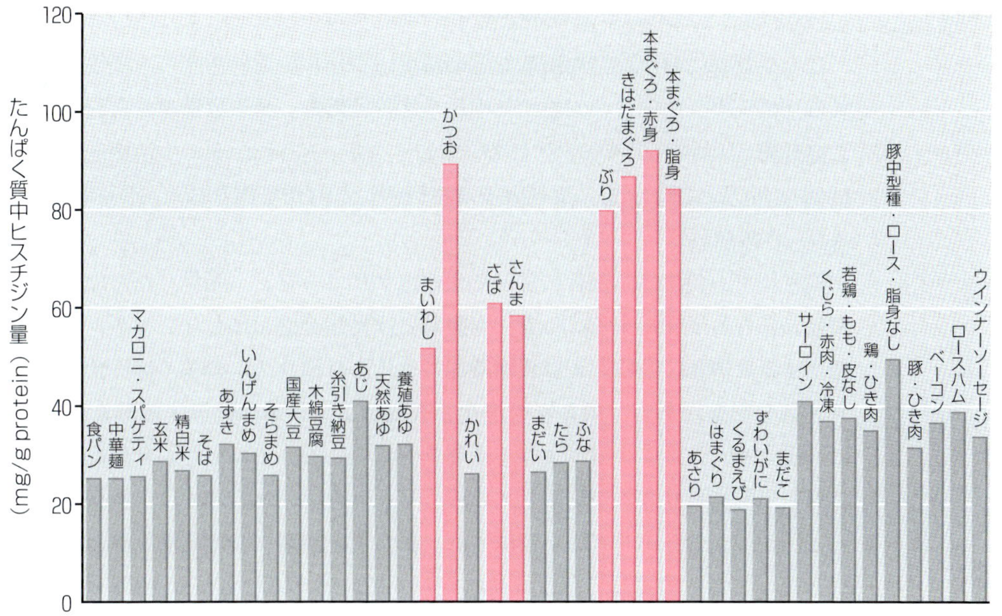

注1）：グラフの赤の部分はたんぱく質中ヒスチジン含有量が50 mg/g protein 以上の食品を示している。

図2-4　食品たんぱく質中ヒスチジン量

出典）中島　滋，田中　香，笠岡誠一他：タンパク質を供給する食品群別にみたヒスチジン摂取量に関する調査研究，肥満研究：10(1)：70，2004

る。したがって，ヒスチジン含有量の高い食品を摂取すると，脳内のヒスタミン量が増加し，ヒスタミンニューロンの活性化が起こる。その結果，摂食抑制および脂肪分解促進作用が生じ，肥満が抑えられると考えられた（図2-3）。筆者らはこれまでに，ヒトを対象とした栄養調査[10,11]とラットを用いた動物実験[12,13]により，「ヒスチジン摂取による抗肥満作用とその作用機序」を報告している。これらの研究結果より，ヒスチジンの作用機序は図2-2のように考えられる。

ヒスチジンは赤身魚（まぐろ，かつおなど）や多獲性赤身魚（さば，あじなど）およびそれらの加工品に多く含まれている[14]（図2-4）。したがって，それらを多く摂取できる和食は肥満防止および解消に寄与すると考えられる。

2. 食事のリズムとタイミング

規則正しい食事は，健康の維持・増進に重要な役割を演じている。エネルギー出納（すいとう）が正になると，過剰なエネルギーから脂質が生成され肥満となる。一方，エネルギー出納が負になると，体内のエネルギー源（たんぱく質，脂質，炭水化物）がエネルギー源として使われるため，体重が減少する。また食事は，適切な摂取量だけでなく，リズムとタイミングも重要である。

(1) 日内リズムと栄養補給

ヒトや動物における光や温度などの環境因子から周期性を除いた状態でも観察されるリズムが，生体リズムまたは生物リズムである。ヒトは地球の自転周期に同調して昼間（活動期）と夜間（休息期）が交互に繰り返され，その生活機能の変動はほぼ24時間（25時間に近い）周期となっている。これが日内リズム（サーカディアンリズム）である。

エネルギー代謝は，摂食によって生体内グリコーゲン，脂質，たんぱく質の合成が盛んになると亢進する。一方，空腹時には異化が盛んになり，エネルギー代謝も低下する。消化・吸収および代謝機能における日内リズムの多くは，食事摂取により大きな影響がある。栄養素の消化・吸収および代謝に関与する酵素系のリズムは，摂食パターンによって大きく影響を受けている。すなわち，食事摂取の周期性に対して酵素系リズムが同調している。ラットを用いた実験では，摂食時刻に対応して消化酵素の分泌リズムが形成され，摂食予定時刻になると消化酵素の活性が増加した。また，絶食しても2日間はそのリズムが持続していた（図2-5）。この消化酵素活性の日内リズム変動が，生物時計によって引き起こされる摂食予知反応である。さらに，ラットの視交叉上核を破壊するとこのリズムが消失することから，視床下部外側野の摂食中枢，腹内側核の満腹中枢などの食欲中枢は生物時計の制御化にあると考えられる。ヒトでは毎日同じ時刻に食事を取るとインスリンの分泌が良くなる（図2-6）。また，ヒトに経管栄養を行う場合，昼間のみ栄養液を投与すると体温は夕方に高く明け方に低い正常リズムを示すが，連続して経管栄養を受けているヒトでは，体温やホルモン分泌の24時間リズムが消失してしまう。したがっ

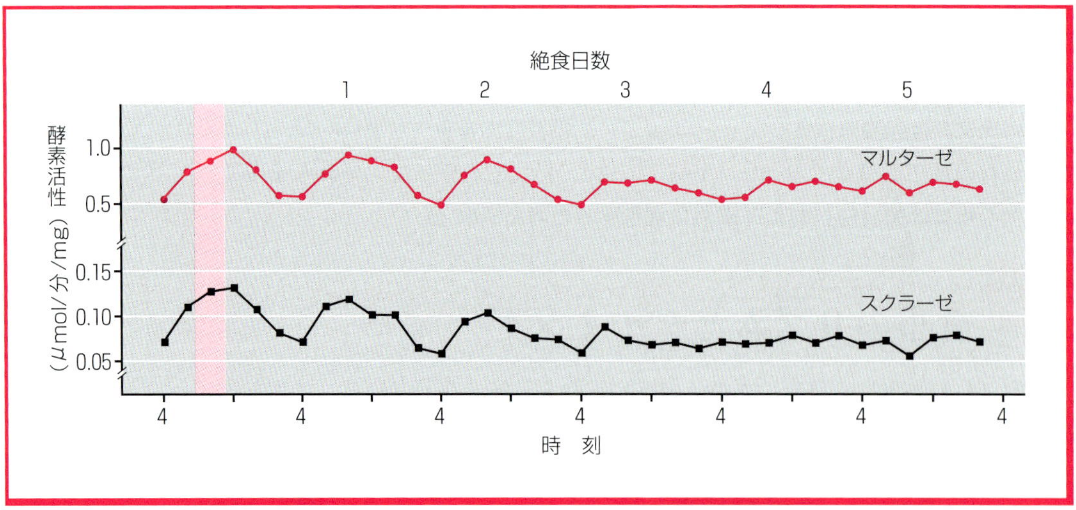

図2-5　ラットの消化酵素リズムに対する絶食の影響
出典）斉藤昌之，加藤秀夫：摂食予知行動と代謝リズム，蛋白質・核酸・酵素：27：138，1982

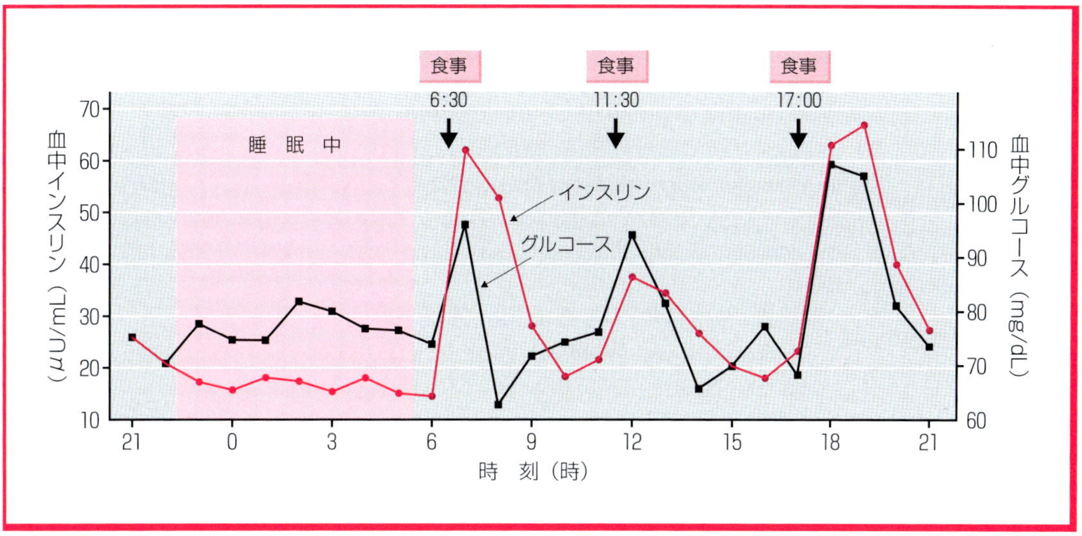

図2-6　食事の血液中グルコースおよびインスリン濃度の日内リズムに及ぼす影響

出典）森本靖朗：代謝；8：82，1971

て，経管栄養はできるだけ実施しないほうがよいという考え方が生まれている。ヒトの一般的な食習慣として，食事は１日３食である。

（2）夜食，欠食

生活や仕事が多様化した現代では食事のリズムが乱れることが多くなった。また，朝食の欠食や夜食の増加も健康を損なう大きな問題である。夜食や欠食などの食生活のリズムの乱れは，消化・吸収および代謝機能における日内リズムに悪影響を及ぼし，食欲不振，胃腸障害，体内代謝不調の原因となる。

夜食を摂取した後睡眠に入ると消費エネルギー量が少なくなり，摂取エネルギー量と消費エネルギー量のバランス（エネルギー摂取量－エネルギー消費量）が正となり，体内に余剰のエネルギーが生じる。このエネルギーは体脂肪として蓄積される可能性が高く，肥満の原因となる。また，朝食の欠食では，午前中の消費エネルギー量が不足し，思考力や活動力が低下する。これまでの調査で，朝食の欠食は学業成績の低下を招くことが報告されている[15]。

演習課題

❶ 脳と食欲の関係について説明せよ。

❷ 摂食時刻と消化酵素の分泌との関係について説明せよ。

❸ 朝食の欠食の悪影響について説明せよ。

引用・参考文献

1）L.L. Bernardis, L.A. Frohman : Effect of lesion size in the ventromedial hypothalamus on growth hormone and insulin levels in weanling rats, Neuroendocrinology ; 6（5）: 319–328, 1970
2）S. Inoue, G. A. Bray, Y. S. Mullen : Effect of transplantation of pancreas on development of hypothalamic obesity, Nature ; 266(5604) : 742–744, 1977
3）S. Inoue, G. A. Bray, Y. S. Mullen : Transplantation of pancreatic beta-cells prevents development of hypothalamic obesity in rats, Am. J. Physiol ; 235（3）: E266–E271, 1978
4）大村　裕，坂田利家：脳と食欲，共立出版，pp.18–42，1996
5）M. W. Schwartz, S.C. Woods, D. Porte Jr., *et al.* : Central nervous system control of food intake, Nature ; 404(6778) : 661–671, 2000
6）K. A. Takahashi, R. D. Cone : Fasting induces a large, leptin-dependent increase in the intrinsic action potential frequency of orexigenic arcuate nucleus neuropeptide Y / Agouti-related protein neurons, Endocrinology ; 146（3）: 1043–1047, 2005
7）Y. Zhang, R. Proenca, M. Maffei, *et al.* : Positional cloning of the mouse obese gene and its human homologue, Nature ; 372(6505) : 425–432, 1994
8）日高周次，小川佳宏，海老原健他：肥満におけるレプチン抵抗性の病態とその意義，日本臨牀；56：472–480，2001
9）T. Sakata, H. Yoshimatsu, M. Kurokawa : Hypothalamic neuronal histamine : implication of its homeostatic control of energy metabolism, Nutrition ; 13（5）: 403–411, 1997
10）中島　滋，濱田　稔，土屋隆英他：低エネルギー摂取者に観察されたヒスチジン高含有タンパク質摂取による摂食抑制，日本栄養・食糧学会誌；53(5)：207–214，2000
11）中島　滋，田中　香，濱田　稔他：瀬戸内海浜地区の女性におけるエネルギー摂取量とヒスチジン摂取量との相関，肥満研究；7(3)：276–282，2001
12）S. Kasaoka, N. Tsuboyama-Kasaoka, Y. Kawahara, *et al.* : Histidine supplementation suppresses food intake and fat accumulation in rats, Nutrition ; 20 : 991–996, 2004
13）S. Kasaoka, Y. Kawahara, S. Inoue, *et al.* : Gender effects in dietary histidine-induced anorexia, Nutrition ; 21（7–8）: 855–858, 2005
14）中島　滋，田中　香，笠岡誠一他：タンパク質を供給する食品群別にみたヒスチジン摂取量に関する調査研究，肥満研究；10(1)：66–72，2004
15）香川靖雄：朝食と成績との関係は？朝食を食べると成績はよくなりますか？，Q&Aでわかる肥満と糖尿病；6(5)：749–750，2007

・林　淳三，高橋徹三：Nブックス 改訂 栄養学総論，建帛社，2010
・上原真理子，真鍋裕之，鈴木和春：基礎栄養学，第一出版，2010
・坂田利家，正木孝幸：肥満と摂食調節，臨床と研究；84(8)：2007
・奥田拓道，前田　浩，高田明和編：病気を理解するための生理学・生化学，金芳堂，1985

第3章 消化・吸収と臓器のはたらき

私たちが普段摂取している食事中の栄養成分は，そのままのサイズでは大きすぎて，消化管（主に小腸）表面の細胞を通過することはできないので，細胞を通過できるサイズにまで栄養成分を細分化する過程を“消化”，細分化された栄養素が身体に入る過程を“吸収”という。本章では，消化器系の構造とはたらきを学び，消化・吸収の過程を理解する。

1. 消化器系の構造と消化機能

消化管は「管」とあるように，口から食道，胃，小腸，大腸，肛門までの一本の管であり，この管を食物が通過する間に，食物は消化され，必要な成分が吸収される。消化されなかった食物残渣は糞便として排泄される。消化器系とは消化管と消化を助ける付属器（肝臓，膵臓，胆嚢，唾液腺など）を合わせたものをいう（図3-1）。

（1）消化管の構造

消化管の壁は，内側から外側に向かって，粘膜，筋層，漿膜（しょうまく）（外膜）の3層になっている（図3-2）。

粘膜は内側から粘膜上皮，粘膜固有層，粘膜筋板，粘膜下組織からなっている。粘膜には消化液や粘液を分泌する腺があり表面は絶えず潤っている。粘膜上皮の組織は，消化管の部位で異なっており，口腔，食道や肛門は摩擦などの刺激に強い丈夫な重層扁平上皮でおおわれている。一方，胃や小腸などは，物質の吸収や分泌に適した単層円柱上皮となっている（図3-2）。

筋層は消化管の軸に対して垂直に走る輪走筋層と平行に走る縦走筋層の2種類の層からなる。2種類の筋層が縦横に走っているため，消化管は蠕動（ぜんどう）運動や分節運動などの複雑な運動が可能である。胃では最内層にさらに斜め方向に走る筋層（斜走筋層）もあり3層となっている。

漿膜（外膜）は消化管の外側をおおう薄い膜である。常に潤っており，ほかの組織との摩擦を少なくして，スムーズな消化管運動ができるようになっている。

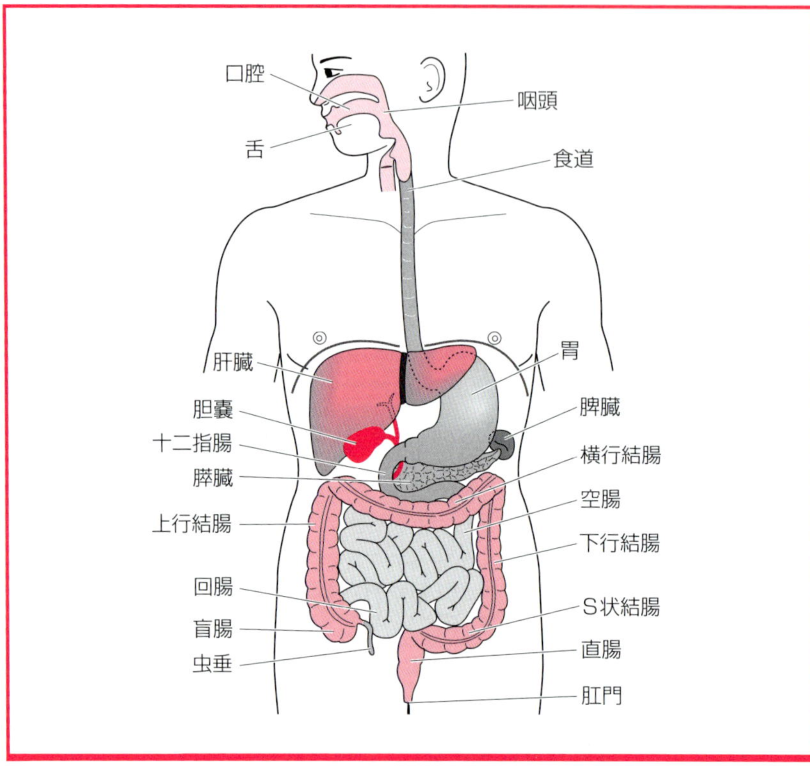

図３-１　消化器系の構造

出典）井上　肇責任編集：新医療秘書医学シリーズ２ 基礎医学，建帛社，p.76，2012

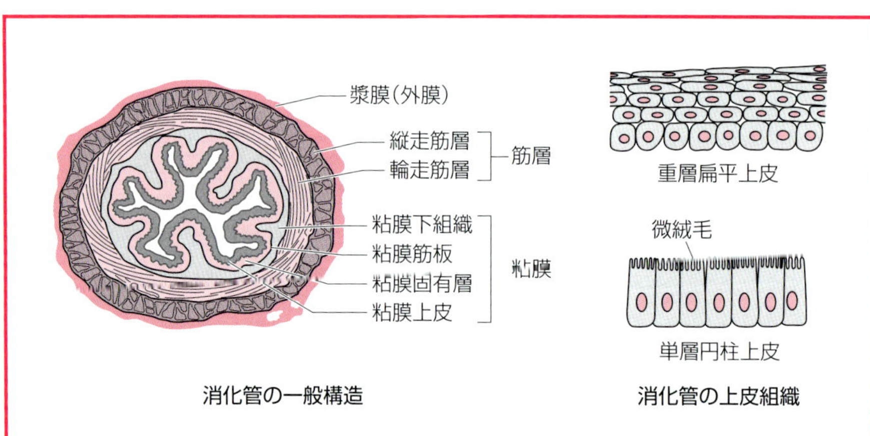

図３-２　消化管の一般構造と上皮組織

出典）井上　肇責任編集：新医療秘書医学シリーズ２ 基礎医学，建帛社，p.７，2012より一部改変

（２）口腔と唾液腺

１）構　　造

食物を摂取するとき，最初に接するのが口腔であり，ここから消化の第１段階が

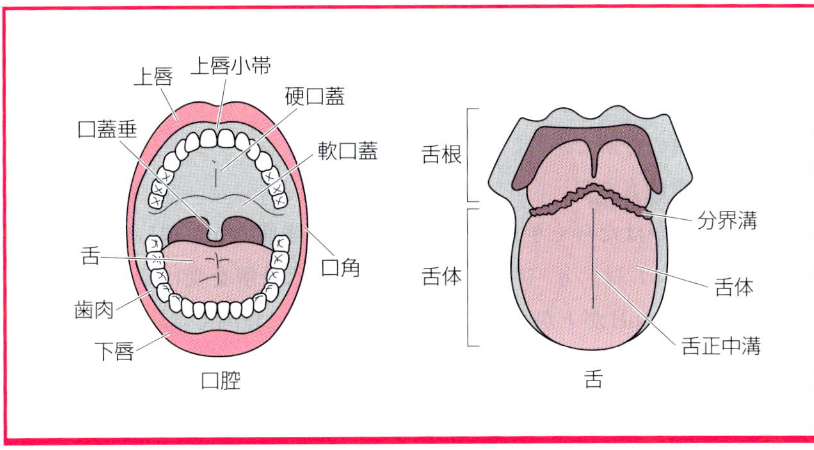

図3-3　口腔と舌の構造

出典）サンスター歯科保健振興財団：介護に役立つ 口腔ケアの基本，中央法規出版，p.16，18，2009

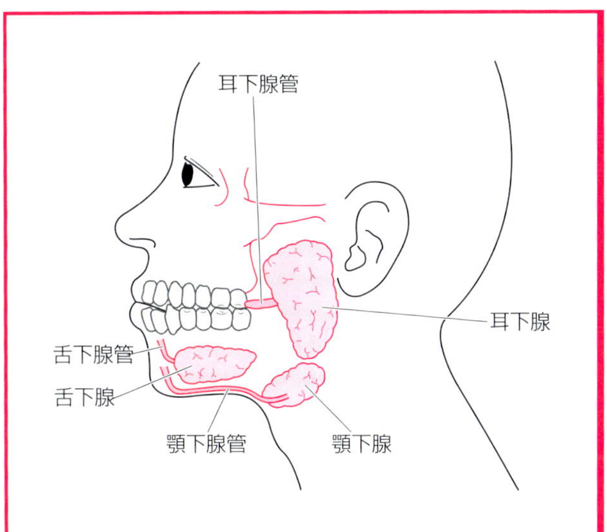

図3-4　唾液腺

出典）竹田津文俊：基礎からわかる解剖学，ナツメ社，p.87，2009

始まる。口の中の空間である口腔は，口唇を閉じると外部から閉ざされる（図3-3）。口腔内に入った食物は，咀嚼（そしゃく）によって噛み砕かれ，すり潰されながら唾液と混合され，飲み込みやすい食塊となる。咀嚼は上下に並ぶ歯列と舌，口唇，頬，咽頭などが連携した高度な運動により成立する。う歯や歯槽膿漏による歯の欠損や加齢により舌や咽頭がうまく動かなくなると，咀嚼が困難となる。

2）唾液と唾液腺

口腔内には，唾液を分泌する3対の大唾液腺（耳下腺，舌下腺，顎下腺）がある（図3-4）。また，小さな唾液腺も舌の表面や口腔粘膜に散在している。耳下腺からの唾液はサラサラしており，糖質の消化酵素である α-アミラーゼに富んでいる。

ぱく質はペプチドとなる。

胃リパーゼ
胃の主細胞から分泌される脂肪分解酵素。

脂質の消化は，弱酸性下でも活性をもつ**胃リパーゼ**により行われる。胃リパーゼはトリアシルグリセロールの3位の脂肪酸を加水分解する。胃リパーゼにより，トリアシルグリセロールは，脂肪酸と1,2-ジアシルグリセロールとなる。口腔内の舌腺から分泌される舌リパーゼも弱酸性下で作用するため，食塊が入り部分的に弱酸性になった胃内ではたらく。

炭水化物の消化は，食塊のpHが低下しない間は，唾液中のα-アミラーゼにより消化が進む。しかし，胃酸と食塊が混和しpHが低下するとα-アミラーゼは失活する。

一般に胃内滞留時間は，食物の種類により異なり，液状の食物は食後10分程度で胃から十二指腸に送られる。固形物では時間が長くなり，普通，1食分の食事は約4時間で十二指腸に送られる。また，糖質，たんぱく質，脂質の順で時間が長くなる。脂質は胃の蠕動運動を抑制するため，脂質の多い食事を摂取したときは，6時間以上，胃にとどまることもある。

(5) 小　　腸

1) 構　　造

上皮細胞の入れ替わり
新しくつくられた細胞は，上部へと移動していき，古い細胞は絨毛の先端から脱落し，糞中へ排泄される。約1週間で絨毛上の上皮細胞は新しいものに入れ替わる。

小腸は幽門に続く直径3～4 cm，長さ6～7 mの管である（図3-7）。明確な境界はないが，上部約25 cmを十二指腸，残り2/5を空腸，3/5を回腸という。

小腸の粘膜は輪状ひだになっており，その輪状ひだは絨毛（じゅうもう）におおわれてビロードのようになっている。さらに絨毛表面の上皮細胞には微絨毛があり，これらを広げると小腸の表面積は200 m^{2}もの広さになる。

絨毛と絨毛の間には，腸陰窩というくぼみがあり，内部にある腸腺からは粘液が分泌される。腸陰窩では上皮細胞の細胞分裂が活発で新しい細胞が次々につくられ

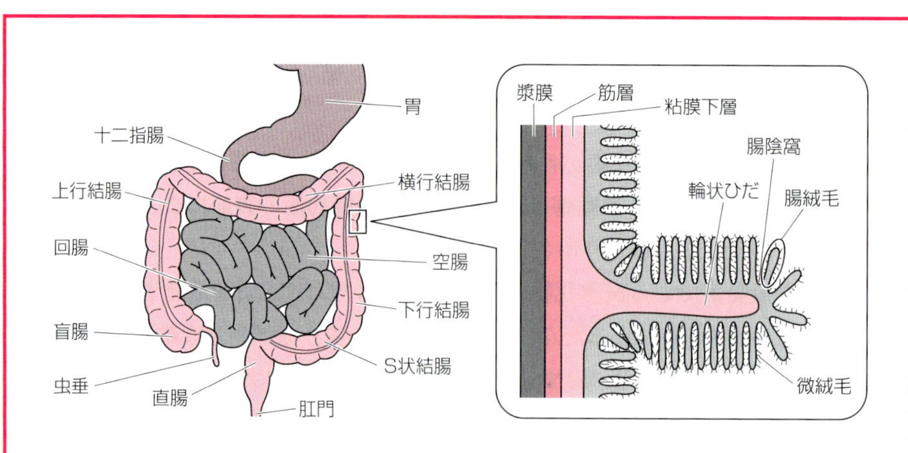

図3-7　小腸・大腸の構造

ている。

絨毛の中心部には毛細血管とリンパ管（中心乳糜管）があり，吸収された栄養素は，これらを通って体内へ入る。

小腸の筋層は，内側の輪走筋と外側の縦走筋の２層からなる。筋層の間には，ウエルバッハ神経叢があり，筋層に指令を送り腸の運動を調節している。

2）消　化

胃の幽門から送り込まれた糜粥は，十二指腸内でさらに消化が進む。栄養素の消化・吸収の大半は小腸で行われる。

糜粥は，腸管の蠕動運動と分節運動により，腸液，膵液，胆汁と混合される。腸液は，１日に約2,400 mL分泌される。十二指腸腺から分泌される腸液は，ムチンを多く含むアルカリ性（pH 8.2～9.3）であり，胃酸から十二指腸を保護していると同時に，酸性である胃からの糜粥を中和し，膵液由来の消化酵素がはたらきやすいpHに調整している。腸液には，消化酵素は含まれていないが，膵液に含まれている種々の消化酵素（表３-１，p.37参照）や重炭酸ナトリウム，胆汁に含まれる胆汁酸塩（p.36参照）により三大栄養素の消化が進む。

小腸上皮細胞の微絨毛膜上には，膜消化酵素が存在する。**二糖類**を分解するスクラーゼ，マルターゼ，ラクターゼや，ペプチドを分解するアミノペプチダーゼやアミノジペプチダーゼである。これらの酵素で加水分解された栄養素は，上皮細胞からただちに吸収されるため，効率的である。このような膜消化酵素による消化を膜消化という。一方，口腔から胃，小腸内に分泌される消化酵素や消化管運動による消化管内腔で行われる消化を管腔内消化という。

（6）膵　臓

1）構　造

膵臓は胃の背部に位置する扁平で細長い臓器である。長さは14～18 cm，幅は太い部分で約3 cm，重さは65～75 gである（図３-８）。膵臓は，膵液を分泌する外分泌腺とホルモンを分泌する内分泌腺（**ランゲルハンス島**）に分けられる。

外分泌腺は腺房と導管からなり，消化酵素と膵液が分泌されている。消化酵素に富む膵液は，導管から主膵管や副膵管を通って十二指腸に送り出される。主膵管の十二指腸の開口部を大十二指腸乳頭（ファーター乳頭）とよぶ。消化酵素は，腺房細胞で，膵液は導管の上皮細胞でつくられる。

内分泌腺（ランゲルハンス島）は，細胞が集団をつくって膵臓の中に島のように散在している。その数は100万個以上である。**α細胞**（**A細胞**）からは**グルカゴン**，**β細胞**（**B細胞**）からは**インスリン**が分泌される。また，**δ細胞**（**D細胞**）からは，**ソマトスタチン**が分泌される。

2）機　能

膵液は無色透明であり，pH 7.0～8.0の弱アルカリ性を示す。重炭酸ナトリウム

二糖類
２つの単糖がグリコシド結合したもの。スクロース，マルトース，ラクトースなど。

ランゲルハンス島
膵組織中に島のように成分泌細胞が浮かんで存在している。発見者が命名した。α-，β-など４種の細胞からなる。

α(A)細胞，β(B)細胞，δ(D)細胞
膵臓のランゲルハンス島（内分泌腺）にある細胞。

グルカゴン
α細胞から分泌されるペプチドホルモン。血糖値上昇作用をもつ。

インスリン
β細胞から分泌されるペプチドホルモン。血糖値低下作用をもつ。

ソマトスタチン
δ細胞から分泌されるペプチドホルモン，グルカゴンやインスリンの分泌を抑制する。視床下部からも分泌され成長ホルモンの分泌を抑制する。

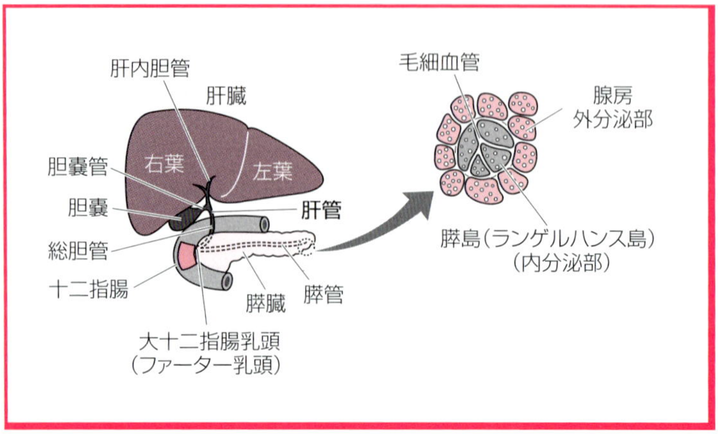

図3-8　膵臓と胆嚢の構造

出典）井上　肇責任編集：新医療秘書医学シリーズ2 基礎医学，建帛社，p.81，2012

($NaHCO_3$) や消化酵素に富み，1日700～1,500 mL分泌される。膵液は胃酸を中和し，腸粘膜を保護するとともに，小腸での栄養素の本格的な消化を担っている。

膵液に含まれる消化酵素には，糖質の消化酵素であるα-アミラーゼ，脂質の消化酵素である膵リパーゼ，コレステロールエステラーゼ，ホスホリパーゼA_2などがある。また，たんぱく質の消化酵素にはトリプシン，キモトリプシン，カルボキシペプチダーゼなどがある（表3-1）。たんぱく質の消化酵素は，膵臓自身が分解されることを防ぐため，不活性型のプロ酵素として分泌される。例えば，トリプシンはトリプシノーゲンとして分泌され，エンテロキナーゼによってトリプシンとなる。また，トリプシン自身がトリプシノーゲンにはたらいてトリプシンにすることもできる（これを自己の活性化という）。

ステロイドホルモン
コレステロールから合成されるステロイド骨格をもつホルモンの総称（p.110参照）。

ミセル化
油になじみやすい部分（親油基）と水になじみやすい部分（親水基）をもった分子が，水溶液の中で親油基を内側，親水基を外側にして脂溶性物質をとりかこみ水になじみやすくさせること。

(7) 胆　　嚢

1) 構　　造

胆嚢は肝臓の下のくぼみ部分にあり，なすのような形をした袋状の臓器である。長さ8～12 cm，幅4～5 cmで，容量は30～50 mLである（図3-8）。

2) 機　　能

胆嚢は肝臓でつくられた胆汁を濃縮し，一時的に貯蔵している。肝臓でつくられる胆汁は1日に約900 mLであり，胆嚢で1/5～1/20に濃縮される。

胆汁の成分は，胆汁酸，胆汁色素，コレステロール，**ステロイドホルモン**，レシチンなどである。胆汁に消化酵素は含まれていないが，界面活性作用をもつため，脂質や脂溶性ビタミンを**ミセル化**させ，脂溶性成分の消化・吸収を助ける作用をもつ。

胆汁酸は，肝臓でコレステロールから合成され，主にコール酸とケノデオキシコール酸（一次胆汁酸）がグリシンまたはタウリンとアミド結合したものからなる。

表3-1　主な消化酵素

分泌腺	酵　素	賦活物質	基　質	触媒作用または分解産物
唾液腺	唾液α-アミラーゼ	Cl^-	デンプン	α-1,4結合を加水分解，α-限界デキストリン，マルトトリオース，マルトースを生成
舌　腺	舌リパーゼ		トリグリセリド	脂肪酸と1,2-ジアシルグリセロール
胃　腺	ペプシン（ペプシノーゲン）	HCl	たんぱく質，ポリペプチド	芳香族アミノ酸につながるペプチド結合を切断
	胃リパーゼ		トリグリセリド	脂肪酸，グリセリン
膵外分泌腺	トリプシン（トリプシノーゲン）	エンテロキナーゼ	たんぱく質，ポリペプチド	アルギニンまたはリシンなど塩基性アミノ酸のカルボキシル基のペプチド結合を切断
	キモトリプシン（キモトリプシノーゲン）	トリプシン	たんぱく質，ポリペプチド	芳香族アミノ酸のカルボキシル基のペプチド結合を切断
	エラスターゼ（プロエラスターゼ）	トリプシン	エラスチンその他	脂肪族アミノ酸のカルボキシル基につながる結合を切断
	カルボキシペプチダーゼA（プロカルボキシペプチダーゼ）	トリプシン	たんぱく質，ポリペプチド	芳香族または分枝脂肪族側鎖を有するC末端アミノ酸を切断
	カルボキシペプチダーゼB（プロカルボキシペプチダーゼB）	トリプシン	たんぱく質，ポリペプチド	塩基性側鎖を有するC末端アミノ酸を切断
	コリパーゼ（プロコリパーゼ）	トリプシン	脂肪滴	胆汁酸-トリグリセリド-水界面に結合，リパーゼの錨を形成
	膵リパーゼ	……	トリグリセリド	モノグリセリドと脂肪酸
	胆汁酸塩活性化リパーゼ		コレステロールエステル	コレステロール
	コレステロールエステル加水分解酵素	……	コレステロールエステル	コレステロール
	膵α-アミラーゼ	Cl^-	デンプン	唾液α-アミラーゼと同じ
	リボヌクレアーゼ	……	RNA	ヌクレオチド
	デオキシリボヌクレアーゼ	……	DNA	ヌクレオチド
	ホスホリパーゼA_2（プロホスホリパーゼA_2）	トリプシン	リン脂質	脂肪酸，リゾリン脂質
腸粘膜	エンテロキナーゼ	……	トリプシノーゲン	トリプシン
	アミノペプチダーゼ	……	ポリペプチド	ペプチドからN末端アミノ酸を切断
	カルボキシペプチダーゼ	……	ポリペプチド	ペプチドのC末端アミノ酸を切り離す
	エンドペプチダーゼ	……	ポリペプチド	ペプチドの内部のアミノ酸残基間を切断
	ジペプチダーゼ	……	ジペプチド	アミノ酸2分子
	マルターゼ	……	マルトース，マルトトリオース，α-デキストリン	グルコース
	ラクターゼ	……	ラクトース	ガラクトースとグルコース
	スクラーゼ*	……	スクロース；マルトトリオース，マルトース	フルクトースとグルコース
	α-デキストリナーゼ*	……	α-デキストリン，マルトトリオース，マルトース	グルコース
	トレハラーゼ	……	トレハロース	グルコース
	ヌクレアーゼ　その他	……	核　酸	五炭糖，プリンまたはピリミジン塩基
粘膜細胞の細胞質	各種ペプチダーゼ	……	ジ，トリ，テトラペプチド	アミノ酸

（　）内は前駆物質

*：スクラーゼとα-デキストリナーゼは単一のたんぱく質の別のサブユニットである。

出典）William F. Ganong（岡田泰伸他訳）：ギャノング生理学 原書22版，丸善，2006より一部改変

腸内へ排出された胆汁酸は，腸内細菌の作用により，デオキシコール酸やリトコール酸となる（二次胆汁酸）。胆汁酸は回腸下部で再吸収され，肝臓に戻り再処理される。その後再び，胆汁中に分泌される。これを胆汁酸の腸肝循環という。腸肝循環は1回の食事で約2周するといわれ，1日の循環量は1～2gである。通常，1日約0.5gが糞中に排泄され，その排泄分は，新たに肝臓で合成される。胆汁酸は，体内での不溶な物質を胆汁とともに，腸内に排泄するはたらきをもつ。

（8）大　腸

1）構　造

大腸は，小腸から続く消化管の最終部位である。約1.5mの管状の器官で，盲腸，結腸，直腸からなる。直腸の最尾部が肛門である。結腸は，さらに上行結腸，横行結腸，下行結腸，S状結腸に区分される。結腸内部には小腸のような輪状ひだや絨毛はなく，また，消化酵素の分泌もない。ただし，粘液は分泌される。直腸下部の上皮は摩擦に強い重層扁平上皮となっている。

2）機　能

摂取した食物は，約4時間で盲腸に達し，その後，大腸に12～24時間以上とどまる。その間に，小腸で吸収されなかった水分が吸収され，消化されなかった食物繊維や消化酵素，粘液，剥離した粘膜上皮細胞などは，腸内に存在する腸内細菌によって，分解（発酵）される。この作用により，水素や二酸化炭素，メタン，有機酸，短鎖脂肪酸などが生成される。また，ビタミンB群やビタミンKなども腸内細菌によって合成される。

最終的に消化・吸収されなかった食物成分は糞便となり排泄される。糞便の成分は，図3-9のようである。糞便は，結腸の蠕動運動と**大蠕動**によって直腸に送られる。直腸に糞便が入るとその刺激によって排便反射が起こる。口から入った食物が排泄されるまで，およそ24～72時間かかる（図3-9）。

大蠕動
大蠕動はゆっくりと力強く，結腸全体をおおうような動きで，1日に3～4回，食事中や食後，胃や小腸が食物で満たされると起こる。

（9）肝　臓

1）構　造

肝臓は横隔膜のすぐ下にあり，前から見ると直角三角形をした重さ1,200～1,400gの人体最大の臓器である。血液を多く含むために暗赤色をしている（図3-10）。

肝臓に入ってくる血管は，固有肝動脈と門脈の2つである。血液の30%は酸素を豊富に含む肝動脈によって，70%は小腸から吸収された栄養素を豊富に含む門脈によって供給される。一方，肝臓から出て行く血管は肝静脈であり，下大静脈につながっている。また，総肝管は肝臓で生成した胆汁を胆嚢に送り出している。

肝臓の基本機能単位は，1mmほどの六角形をした肝小葉であり，肝臓には5万～10万個の肝小葉がある。肝小葉の中心には中心静脈があり，肝細胞は中心静

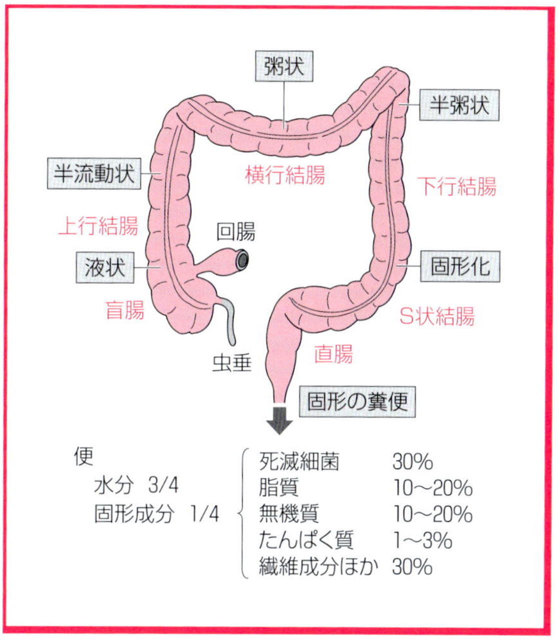

図3-9 大腸の構造と糞便の生成

出典）林 淳三編著：Nブックス 改訂 基礎栄養学，建帛社，p.25，2012より一部改変

脈から放射状に並び板状の肝細胞索をつくっている。肝細胞の列の隙間には洞様毛細血管が走っている。固有肝動脈や門脈から入ってきた血液は洞様毛細血管に入り，そこに密接する肝細胞で利用され中心静脈，肝静脈へと流れていく。また，肝細胞で生成された胆汁は，肝細胞間にある毛細胆管に分泌され，小葉胆管，肝管，総肝管へと流れていく。

2）機　　能

肝臓のはたらきを大きく分けると門脈に関係するものと，肝管・胆管に関係するものに分類できる。

門脈には，小腸から吸収された大量の栄養成分が含まれた血液が流れ込む。肝臓は，これらの栄養成分を必要に応じて代謝，貯蔵，またはほかの組織に送り出し，栄養素代謝の中枢としてはたらいている。糖質代謝に関しては，グルコースをグリコーゲンとして一時的に貯蔵し，血糖値を維持したり，ガラクトースやフルクトースをグルコースに転換させたりしている。また，糖不足時の**糖新生**なども行っている。脂質代謝に関しては，脂肪酸の**β酸化**，リポたんぱく質の形成，コレステロールやリン脂質の合成，糖質やたんぱく質の脂質への転換などがあげられる。たんぱく質代謝に関しては，血漿たんぱく質（アルブミン，グロブリンなど）の生成，アミノ酸の合成と分解，アンモニアから尿素への変換などがあげられる。その他，ビタミンAの貯蔵やビタミンDの活性化，鉄の貯蔵，血液凝固因子の生成などもある。

肝管は肝臓でつくられた胆汁を胆嚢に運ぶ管，胆管は，胆嚢で濃縮された胆汁を

糖新生
ピルビン酸，乳酸，グリセロール，アミノ酸からグルコースを合成すること。

β酸化
脂肪酸からアセチルCoAをつくること。

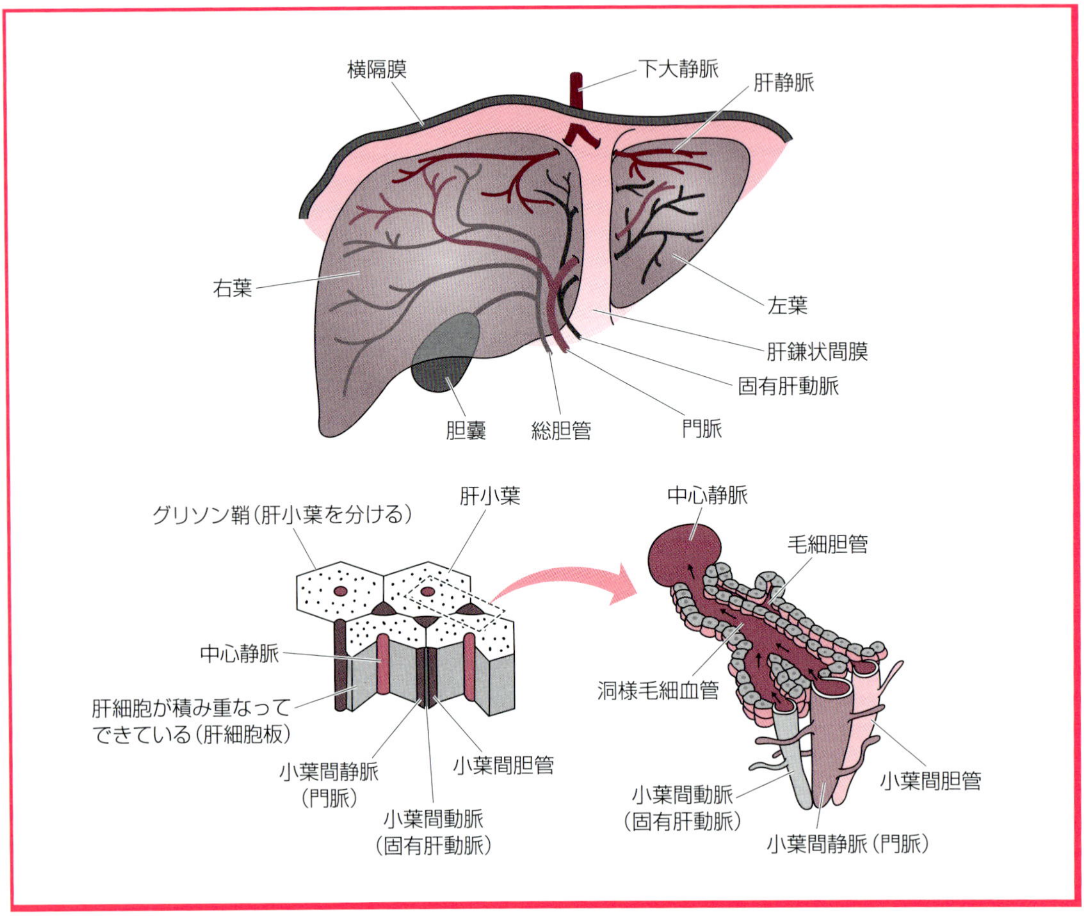

図3-10　肝臓の構造

十二指腸に運ぶ管である。

2. 消化管管腔内消化の調節

（1）3つの消化方式

消化方式は，物理的消化（機械的消化），化学的消化，生物学的消化の3つに分類できる。前者2方式が主となる方式である。

1）物理的消化

食物の消化液への溶解・咀嚼・消化管の運動による細分化，撹拌・混和など物理的現象に基づく消化を物理的消化という。

消化管運動には，蠕動運動，分節運動，振子運動，**緊張性収縮**などがある。これらの運動は，消化管の筋層が輪走筋，縦走筋の2層（胃の噴門から胃体部では，斜走筋も加わり3層）となっていることによる（図3-11）。

緊張性収縮
持続期間の長い輪走筋の収縮で，小腸のある分節をほかから隔てるはたらきがある。

運動形式	蠕動運動	分節運動	振子運動
略　図	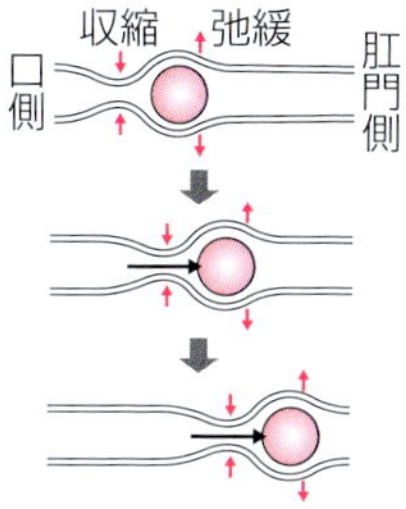 • 口側の収縮と，肛門側の弛緩とが同時に起こり，管内容が肛門側に送られる。 • 蠕動運動のスピードは，通常 1cm/ 秒。	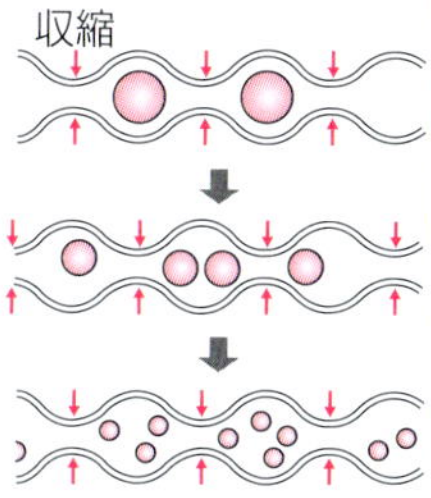 • 平滑筋の収縮による消化管のくびれと拡張が，内容の混和をはかる。	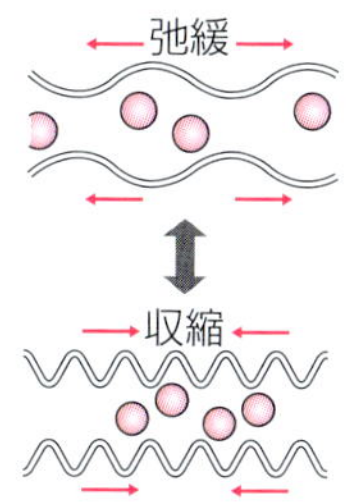 • 主に縦走筋が関与し，腸管の縦方向への収縮・弛緩を繰り返す。 • 移送には関与しない。
食道，胃	○	−	−
小腸，近位結腸	○	○	○
遠位結腸，直腸	○	−	△

○：主要な運動形式　△：多少あり　−：なし

図3-11　消化管の運動

出典）医療情報科学研究所：病気がみえる ①消化器，メディックメディア，2007

2）化学的消化

消化管に分泌される消化酵素によってなされる消化を化学的消化という。消化酵素による分解は，**加水分解反応**である（表3-1）。

加水分解反応
反応物が水と反応することによって起こる分解反応。水(H_2O)はH^+とOH^-とに分割して生成物にとりこまれる。

3）生物学的消化

大腸内に存在する腸内細菌による分解・発酵を生物学的消化という。消化・吸収されなかった食物繊維や消化酵素，粘液・剥離した細胞などが腸内細菌のもつ酵素の作用によって分解される。

(2) 脳相・胃相・腸相

目の前に食物が置かれ，そして，口に入り，口から胃，腸へと食物が移動する過程において，消化液，消化酵素および消化管ホルモンなどの分泌および消化管の運動は，それぞれの器官の連携により段階的に調節されている。この段階の過程は，脳相（脳性分泌相）・胃相（胃性分泌相）・腸相（腸性分泌相）の３相に分けることができる。図３-12に胃液分泌の調節を脳相・胃相・腸相の面から記した。

1）脳　　相

食べ物を見たり，においをかいだり，あるいは想像したりしただけでも唾液の分泌が増加する。これは過去の食べ物の記憶が大脳皮質の記憶部位から信号として延

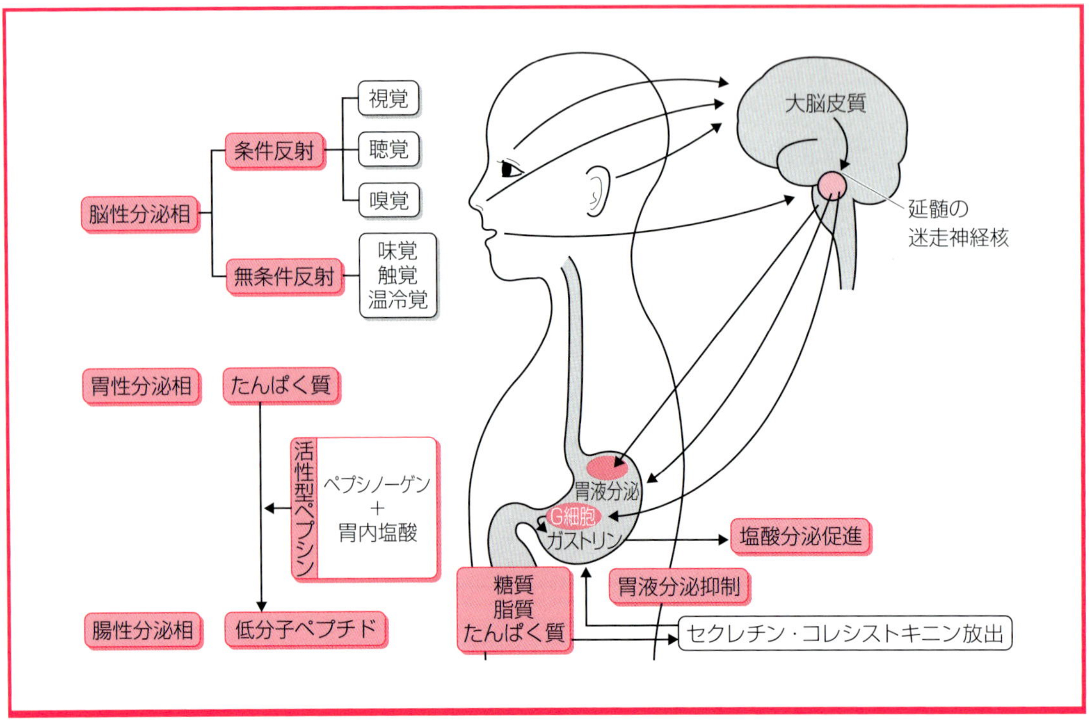

図3-12　脳相・胃相・腸相からみた胃液分泌

出典）林正健二：人体の構造と機能 解剖生理学，メディカ出版，2008より一部改変

髄の唾液分泌中枢に伝わることによって起こっている（条件反射）。

そして，口腔内に食べ物が入ると，触覚，温冷覚，味覚などの知覚神経が刺激され，唾液分泌中枢に伝わる。その信号を唾液腺が受け，唾液の分泌が増加する（無条件反射）。

同じように胃液，膵液，胆汁の分泌も口腔内の知覚神経から延髄の迷走神経核へ，そして，それぞれの分泌腺が刺激されることによって増加する。

2）胃　　相

胃に食塊が入ると，壁細胞への直接刺激や胃の拡張による迷走神経反射により胃液が分泌される。また，食塊中のたんぱく質分解物は**G細胞**を刺激し，消化管ホルモンであるガストリン分泌を促す。ガストリンは壁細胞を刺激し，胃酸の分泌を促す。

> **G細胞**
> 胃の幽門前庭部に存在する細胞。

膵液の分泌も胃に食塊が入ったことで迷走神経を介して促進され，同時にガストリンによっても促進される。ただし，この分泌量は多くない。

3）腸　　相

十二指腸に糜粥が入ると，糜粥中の糖質，脂質，たんぱく質の分解産物が粘膜細胞にはたらき，数種類の消化管ホルモンが分泌される（p.43参照）。十二指腸から分泌されるホルモンは一般的に胃液分泌を抑制する。また，胆嚢からの胆汁分泌を促したり，膵臓に作用し膵液の分泌を促したりする。

(3) 自律神経による調節

自律神経は，自分が意識しないところで内臓の機能を調節する末梢神経系のひとつである。自律神経には，交感神経系と副交感神経系がある。交感神経系は主に身体を緊張あるいは興奮状態にもっていき，周囲の状況に即座に対応できるようにはたらく。そのため，内臓の機能は抑制される。一方，副交感神経は主に内臓機能を活発化させ，身体を養生するほうにもっていく。交感神経と副交感神経のはたらきは拮抗している。

消化管に分布されている副交感神経は迷走神経であり，迷走神経がはたらくと胃や小腸の運動が促進されたり，胃液，胆汁や膵液の分泌が促進されたりする。

また，消化管には内在神経系である腸管神経系（筋層間にあるアウエルバッハ神経叢，粘膜下神経叢（マイスナー神経叢））も存在しており，腸管の運動や血流を調節している。腸管神経系は，脳からの指令がなくても基本的な機能を行うことができる自律神経回路をもつ。このことから腸は「第二の脳」とよばれる。

(4) 消化管ホルモンによる調節

消化・吸収は，自律神経のほかに消化管ホルモンの調節も受ける。

消化管ホルモンは胃，小腸粘膜上の腺細胞で産生され，消化管内の物理的・化学的刺激，または神経性刺激によって分泌されるホルモンまたはホルモン様物質である。消化液の分泌や消化管運動を調節している。消化管ホルモンはすべてペプチドホルモンである。以下に代表的な消化管ホルモンを示す。

1) ガストリン

ガストリンは胃のG細胞から分泌されるホルモンで，迷走神経系の分泌調節を受けている。また，胃壁の伸展やたんぱく質分解物によっても分泌が促進される。一方，pHが3.0以下になると分泌が抑制される。

はたらきは，胃酸とペプシノーゲンの分泌および胃の運動の促進である。また，胃粘膜上皮を維持・増殖させるはたらきももつ。

2) セクレチン

セクレチンは十二指腸のS細胞から分泌される。胃の幽門から入ってくる酸性の糜粥によって，その分泌は促進される。

はたらきは，膵臓から十二指腸への**重炭酸塩**の分泌促進や膵組織の増殖，胆汁分泌の促進である。また，ガストリン分泌を抑制して胃酸分泌の抑制，胃粘膜上皮の増殖を抑制するはたらきももつ。

3) コレシストキニン (CCK)

コレシストキニンは小腸の**I細胞**から分泌される。小腸内に長鎖脂肪酸，アミノ酸，オリゴペプチドが存在すると，その分泌は促進される。

重炭酸塩
炭酸水素塩ともいう。炭酸水素イオン(HCO_3^-)を含む塩。炭酸水素カルシウム，炭酸水素ナトリウム，炭酸水素カリウムなどがある。

I細胞
小腸にある内分泌細胞のひとつ。

表3-2　主なホルモン消化管ホルモン

ホルモン名	合成部位	分泌細胞	主な作用
ガストリン	胃幽門前庭部	G細胞	胃酸，ペプシノーゲンの分泌促進，胃粘膜および小腸・大腸粘膜の成長促進，胃運動の促進
セクレチン	十二指腸	S細胞	膵での重炭酸塩分泌促進，胃酸分泌抑制，幽門括約筋収縮
コレシストキニン（CCK）	十二指腸，空腸	I細胞	胆嚢収縮，膵液の分泌促進，胃から内容物排出抑制，小腸・大腸の運動亢進，幽門括約筋収縮
モチリン	胃，小腸，大腸	腸クロム親和細胞，Mo細胞	空腹時の胃や腸の平滑筋の収縮
ソマトスタチン	消化管，膵臓，視床下部	D細胞	ガストリン・VIP・GIP・セクレチン・モチリンの分泌抑制，胃酸の分泌・胃の運動・胆嚢収縮の抑制
グルコース依存性向インスリンポリペプチド（GIP）＝胃抑制ペプチド	十二指腸，空腸	K細胞	インスリン分泌の促進
血管作動性小腸ペプチド（VIP）	消化管		小腸での電解質・水の分泌促進，腸管平滑筋の弛緩，末梢血管拡張，胃液分泌抑制
グルカゴン様ペプチド（GLP-1）	遠位空腸，回腸，大腸	L細胞	インスリン分泌促進，胃運動抑制，食欲抑制
グレリン	胃体部	X細胞	摂食の亢進，成長ホルモンの分泌刺激

はたらきは，胆嚢の収縮，胃内容物の十二指腸への排出の抑制，膵組織の増殖・膵酵素の産生促進などである。また，セクレチンの重炭酸塩の産生作用を増強させる。

4）そ　の　他

その他，消化管ホルモンとして，モチリン，ソマトスタチン，グルコース依存性向インスリンポリペプチド（GIP：glucose-dependent insulinotropic polypeptide＝胃抑制ペプチド），血管作動性小腸ペプチド（VIP：vasoactive intestinal polypeptide）などがある（表3-2）。

●胃酸・ペプシンv.s.粘液●

胃の中に入った食塊中のたんぱく質は，強酸性（pH 1～2）の胃酸（塩酸）とたんぱく質分解酵素のペプシンで強力に消化される。ではなぜ，胃壁は消化されないのか？　その訳は胃壁の表面は常に粘液（pH 4～7）でおおわれており，塩酸が中和されているためである。胃酸が出過ぎたり，粘液の分泌が不十分となったりすると胃壁が消化され，胃潰瘍の原因となる。また，ペプシンも分泌されるときは，活性のないペプシノーゲンの形で分泌された後，胃酸中のH^+で活性をもつペプシンに変換されるため，胃壁自体は消化されないのである。

演習課題

❶ 消化器官の名称とそれぞれの機能について述べよ。

❷ 3つの消化方式について述べよ。

❸ 消化管ホルモンの名称とそれぞれの主なはたらきについて述べよ。

参考文献

・林正健二：人体の構造と機能 解剖生理学，メディカ出版，2008
・坂井建雄，橋本尚詞：ぜんぶわかる人体解剖図，成美堂出版，2010
・医療情報科学研究所編：病気がみえる ①消化器，メディックメディア，2008
・武藤泰敏，細谷憲政：消化・吸収―基礎と臨床，第一出版，2002
・William F. Ganong（岡田泰伸他訳）：ギャノング生理学 原書22版，丸善，2006

第4章 栄養素の消化・吸収と体内動態

摂取した栄養素は消化器系で消化・吸収され，体内で利用される。本章では，栄養素（炭水化物（糖質），脂質，たんぱく質，ミネラル，ビタミン）について，それぞれの定義と構造および栄養価を解説した後，栄養素別の消化・吸収の仕組みを解説する。食事により摂取した栄養素がどのように消化・吸収され利用されるかを学び，栄養素摂取と消化器系の重要性を理解することが本章の目的である。

1. 栄養素の定義と構造および栄養価

栄養素は，成長および生命の維持のために体外から補給する必要のある物質であり，炭水化物，脂質，たんぱく質，ミネラル（無機質），ビタミンに大別される。また，炭水化物と脂質はエネルギー源，たんぱく質はエネルギー源と体構成成分の材料，ミネラルは体構成成分の材料と生理作用の調節，ビタミンは生理作用の調節という栄養価（はたらき）を有している（図4－1）。

（1）炭水化物（糖質）

糖質は，炭素（C），水素（H），酸素（O）の三元素からなり，基本構造は数個の水酸基（-OH）を有するアルデヒド（-CHO）またはケトン（-CO-）である。炭水化物は単糖類（グルコースなど），単糖類が2分子グリコシド結合した二糖類（マルトースなど），多くの単糖類がグリコシド結合した多糖類（デンプンなど）に分類される。栄養素（エネルギー源）となる単糖類は炭素数が6つの六炭糖であり，単独で存在

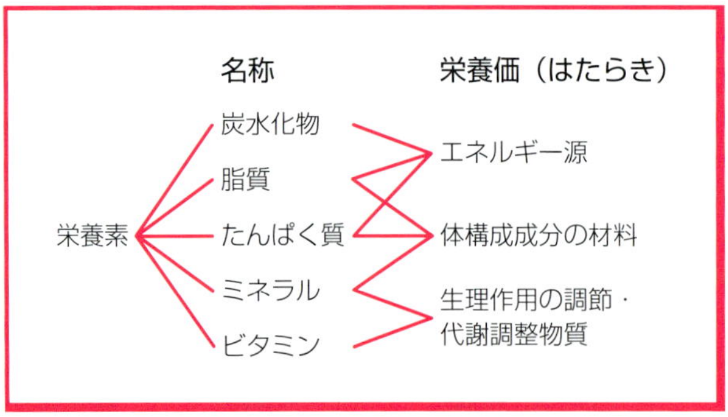

図4－1　栄養素の名称と栄養価（はたらき）

するのは，グルコース（ブドウ糖，図4-2）とフルクトース（果糖）である。栄養素となる二糖類は体内で消化されて六炭糖を生じるものであり，マルトース（麦芽糖），スクロース（ショ糖），ラクトース（乳糖）である。栄養素となる多糖類は二糖類と同様に，体内で消化されて六炭糖を生じるものであり，デンプン，デキストリン，グリコーゲンである。

（2）脂質の定義と構造および栄養価

脂質は，脂肪酸（RCOOH）とアルコール（-OH）がエステル結合（RCO-O-）した物質である。脂質は基本構造となるアルコールと脂肪酸がエステル結合した単純脂質（1分子のグリセロールに3分子の脂肪酸がエステル結合した中性脂肪（図4-3）など），単純脂質に他の原子団が結合した複合脂質（リン脂質など），単純脂質および複合脂質が加水分解して生じた誘導脂質（コレステロールなど）に分類される。

脂肪酸およびグリセロールはいずれもエネルギー源となり，脂質1gを摂取したときのエネルギー産生量（9kcal）は，炭水化物やたんぱく質1gを摂取したときのエネルギー産生量（4kcal）の2倍以上であるが，脂質をエネルギー源として使用する割合が高くなると，ケトン体が生じて体液が酸性（アシドーシス）となり，糖尿病の合併症などの原因になる。そのため，成人の脂質エネルギー比は20～25%が適正である。

（3）たんぱく質の定義と構造および栄養価

たんぱく質は，多くのアミノ酸がペプチド結合した高分子物質である。アミノ酸は図4-4のような構造であり，1つの分子内に酸性の性質を示すカルボキシル基（-COOH）と塩基性の性質を示すアミノ基（$-NH_2$）を有する両性電解質である。また，側鎖（-R）部分に入る原子または原子団の違いにより，約20種類のアミノ酸が存在する。ペプチド結合（図4-15参照）は，カルボキシル基とアミノ基との間で水が取れてできる脱水縮合である。

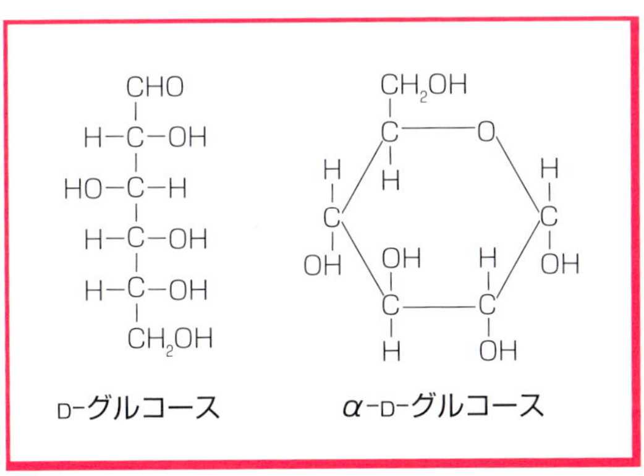

図4-2　グルコースの鎖状構造（左）と環状構造（右）

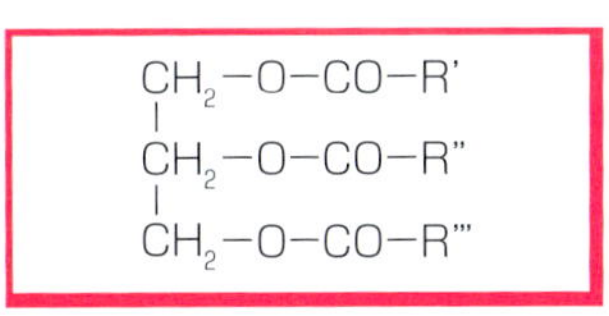

図4-3　中性脂肪（トリアシルグリセロール）

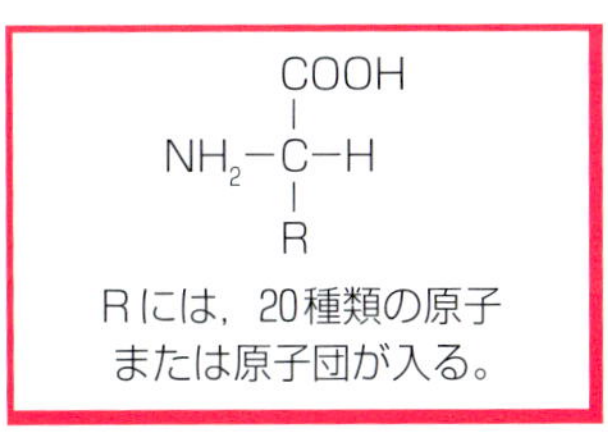

図4-4　アミノ酸

たんぱく質の構造は，一次構造（アミノ酸配列），二次構造（ペプチド結合間の結合により形成されるα-ヘリックスなどの立体構造），三次構造（二次結合を形成した後，アミノ酸側鎖間の結合により形成される固有の立体結合），四次構造（三次構造を形成したユニット間の結合により形成される立体構造）からなる。たんぱく質の栄養価は体構成成分（体構成たんぱく質）の材料とエネルギー源であるが，体構成成分の材料として使用される割合が高いほど栄養価が高い。そのためには，体内で合成されないか，または合成速度が遅く，必要な量を十分に満たすほどには合成できない必須アミノ酸の構成割合が重要である。

（4）ミネラル（無機質）の定義と栄養価

ミネラルは，生体内の元素のうち，酸素（O），炭素（C），水素（H），窒素（N）以外の元素である。カルシウム（Ca），リン（P），カリウム（K），硫黄（S），ナトリウム（Na），塩素（Cl），マグネシウム（Mg）など，生体内に比較的多く含まれる元素と，鉄（Fe），銅（Cu），マンガン（Mn），ヨウ素（I），コバルト（Co），亜鉛（Zn），モリブデン（Mo），フッ素（F），セレン（Se）など，生体内に微量に含まれる元素（微量元素）とがある。ミネラルは，①難溶性塩，②イオン，③有機化合物の成分として生体内に存在する。カルシウム，リン，マグネシウムは難溶性の無機塩として存在し，骨や歯の成分となる。ナトリウム，カリウム，カルシウム，マグネシウム，塩素などはイオンとして存在し，浸透圧の調節を行う。また，カルシウム，マグネシウム，カリウムイオン（K^+）は，筋肉の収縮や神経の伝達に関与する。さらに，カルシウム，マグネシウム，マンガンイオンは酵素の活性化，カルシウムイオン（Ca^{2+}）は血液の凝固に関与する。一方，鉄はヘモグロビン，ヨウ素はチロキシン（甲状腺ホルモン）の成分となっている。

（5）ビタミンの定義と栄養価

ビタミンは生理作用の調節，代謝調節を行う有機化合物であり，生体内で生成されないので外界から摂取しなければならない栄養素である。ビタミンは発見の順番からA，B，C…のようにアルファベットで命名されたが，化学構造が明らかになり，化学名も用いられるようになった。

ビタミンは物理的性質により脂溶性ビタミンと水溶性ビタミンに大別される。ビタミンA（レチノール），ビタミンD（カルシフェノール），ビタミンE（トコフェノール），ビタミンKなどは脂溶性，ビタミンB群，ビタミンCなどは水溶性である。これらのうち，「日本人の食事摂取基準」に示されているビタミンは，ビタミンA，D，E，K，B_1，B_2，ナイアシン，B_6，B_{12}，葉酸，ビオチン，パントテン酸，ビタミンCである。

物理的性質にかかわらず，ビタミンはそれぞれ独自の生理作用の調節および代謝調節機能を有している。

2. 栄養素別の消化・吸収

(1) 炭水化物（糖質）

ヒトが摂取する炭水化物（糖質）の主なものは多糖類であり，そのうち質・量ともに重要なものはデンプンである。デンプンは，α-D-グルコースがα-1,4-グリコシド結合した直鎖上の構造を基本骨格にもつアミロースと，この骨格に他の鎖がα-1,6-グリコシド結合することで枝分かれ構造を形成したアミロペクチンとの混合物からなる（図4-5）。

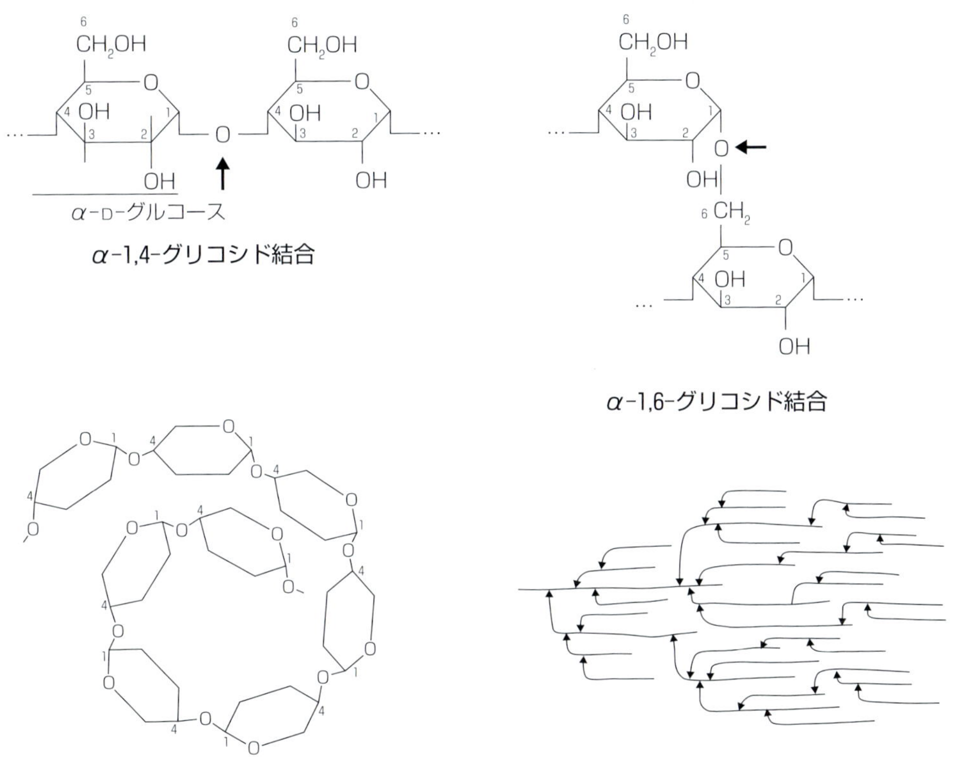

アミロース

α-1,4-グリコシド結合により直鎖状に結合している。グルコース6個でヘリックスコイル構造をとるため，ヨウ素デンプン反応でヨウ素がコイル内部に包接され青紫色にみえる。

アミロペクチン

α-1,6-グリコシド結合（↑部）により高度な分枝構造をとっている。

図4-5　グルコースの結合とデンプンの構造

出典：並木満夫，中村　良，川岸舜朗，他共編：現代の食品化学 第2版，三共出版，1992をもとに筆者作成

口から摂取されたデンプンは，まず唾液腺から分泌される唾液α－アミラーゼ（プチアリン）の作用を受ける。α－アミラーゼは糖のα－1,4－グリコシド結合を加水分解するエンドグリコシダーゼの一種であるため（図4－6），デンプンのアミロースとアミロペクチンを内部のα－1,4－グリコシド結合の部分でランダムに分解し，大まかに断片化してデキストリンやマルトースとする（図4－7）。しかし食塊の口腔内滞留時間は短く，大半は未消化のまま食道を通って胃に送られる。

食塊とともに胃内に達したα－アミラーゼは，食塊が胃酸により強酸性（pH1.0～2.0）になるまでの間（15～30分程度）消化分解作用を持続するが，やがて失活する。胃液には糖質の消化酵素は含まれていないため，胃液による消化は行われず食塊は十二指腸に送られる。

膵液の分泌
膵管と合流した総胆管の十二指腸への開口部には括約筋が存在し，膵液および胆汁の流入を調整している。十二指腸が空になると収縮して開口部を閉じ，消化液の分泌を止める。

十二指腸には膵臓からつながる膵管が総胆管と合流した後に開口しており，**膵液が分泌**される。膵液には膵α－アミラーゼ（アミロプシン）が含まれており，唾液α－アミラーゼと同様にα－1,4－グリコシド結合を加水分解するエンドグリコシダーゼ作用を有する。よって，食塊中に未消化のまま残ったデンプンや断片化されたデキストリンをさらに分解し，中間消化産物（マルトトリオース，マルトース，α－リミットデキストリン）が生じる（図4－8）。α－リミットデキストリンとは，α－1,6－グリコシド結合により枝分かれ構造をもつアミロペクチンが分解されて生じる少糖類である。α－アミラーゼはα－1,4－グリコシド結合を加水分解するが，α－1,6－グリコシド結合やそのすぐ隣のα－1,4－グリコシド結合は立体障害のため分解することができない。そのためα－アミラーゼによって消化されたアミロペクチンの最終分解物には，α－1,6－グリコシド結合とα－1,4－グリコシド結合の両方をもつα－リミットデキストリンが含まれる（図4－8）。

これら少糖類および二糖類は，最終的に小腸上皮細胞による膜消化を受ける。小腸上皮細胞の微絨毛膜（びじゅうもう）にはマルターゼ，グルコアミラーゼ，イソマルターゼ，ラクターゼ，スクラーゼなどの糖質分解酵素群が分布している。グルコアミラーゼはα－1,4－グリコシド結合を加水分解するエキソグリコシダーゼであり（図4－7），マルトトリオースを分解して1個のグルコースとマルトースとする。二糖類であるマルトースはマルターゼにより分解され2個のグルコースとなる。α－リミットデキストリンもグルコアミラーゼにより分解を受け，1個ずつのグルコースとなる。残ったα－1,6－グリコシド結合は，イソマルターゼや小腸内の腸内細菌が出すデキストリナーゼ（α－1,4－，α－1,6－グリコシド結合のいずれも加水分解できる）により完全にグルコースにまで分解される（図4－8）。

食物中の二糖類の主なものにはマルトースのほかラクトースとスクロースがあるが（図4－9），これらは口腔内・胃内消化は受けず小腸まで達する。小腸上皮細胞の微絨毛膜に分布するラクターゼによってラクトースはグルコースとガラクトースに，スクラーゼによってスクロースはグルコースとフルクトースに分解され，すべて単糖となる（図4－8）。

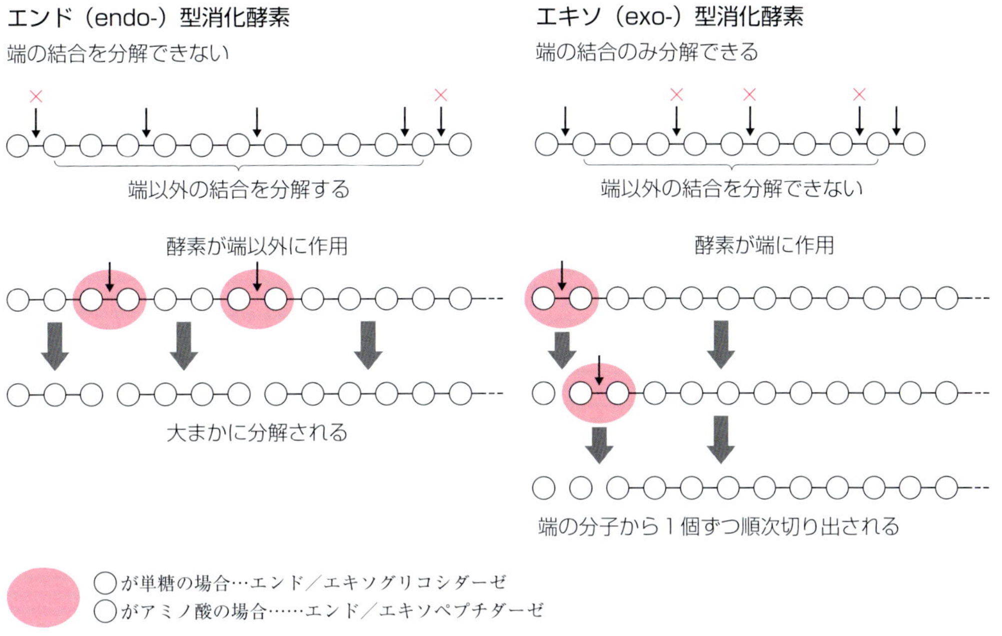

図4-6　エンド型およびエキソ型消化酵素

出典）池田和正：図解 基礎生化学，オーム社，p.50 より改変

膜消化により生じたこれら単糖類はただちに小腸上皮細胞の微絨毛膜から吸収される。グルコースとガラクトースは，Na^+/グルコース共輸送体1（SGLT1：sodium-dependent glucose transporter 1）により微絨毛膜を透過し，Na^+とともに小腸上皮細胞内に取り込まれる（p.66参照）。次に細胞内を側底膜側に送られ，側底膜上に存在するグルコース輸送体2（GLUT2：glucose transporter 2）を経由して促進拡散により細胞外へ放出され，ただちに毛細血管内に入り，門脈を経由して肝臓に送られる（図4-11）。フルクトースは，微絨毛膜上にあるフルクトース輸送体（GLUT5：glucose transporter 5）により細胞内に取り込まれたのち，側底膜のGLUT2から放

●牛乳を飲むとお腹がゴロゴロするのは……●

牛乳や母乳にはラクトース（乳糖）が豊富に含まれている。乳児では小腸のラクターゼが多く分泌されていてラクトースを積極的に分解・利用するが，成人以降はラクターゼの分泌が減少する。牛乳を飲んでもラクトースが分解しきれずに腸内に多く残ってしまうと，腸管内の浸透圧が上昇し周辺の小腸上皮細胞から水分が浸出して，腸内の水分が増加するため下痢を起こすことになる。これを乳糖不耐症という。先天的にラクターゼが欠損している人もおり，この場合は乳児の頃にラクトースを含まない特殊ミルクを与える必要がある。

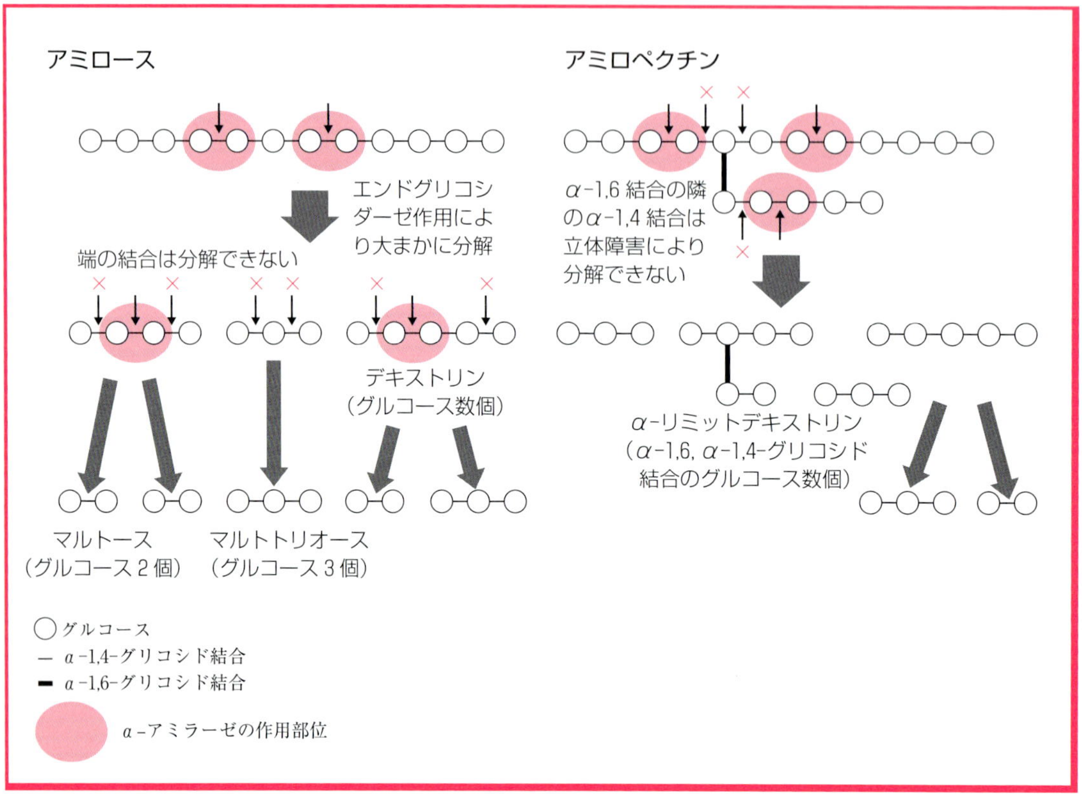

図4-7　α-アミラーゼによるアミロースとアミロペクチンの分解

出典）池田和正：図解 基礎生化学，オーム社，p.51, 53 を一部改変

出され，グルコースと同様に毛細血管から門脈を経由して肝臓へ送られる（図４-10，表４-１）。単糖類の種類によってその吸収速度は異なり，グルコースの吸収速度を100とすると，ガラクトースは110，フルクトースは43，マンノースは19，キシロースは15，アラビノースは９などであるとされる[1)]。

（2）脂　　質

食物中に含まれる脂質の90%以上はトリアシルグリセロールで，このほかはリン脂質やコレステロールである。脂質の消化と吸収は，炭水化物やたんぱく質のように最小単位（単糖やアミノ酸）にまで分解してから吸収する機構とは大きく異なっている。

１）トリアシルグリセロール

摂取されたトリアシルグリセロールは，胃では胃底腺から分泌されるリパーゼにより3-エステル結合の加水分解を受けてジアシルグリセロールとなる。胃内での脂質の消化は全消化管内からみるとわずかであるが，新生児期には膵リパーゼが十分発達していないため胃リパーゼは重要である。

十二指腸には総胆管と膵管が合流して開口しており，胆汁と膵液が分泌される。

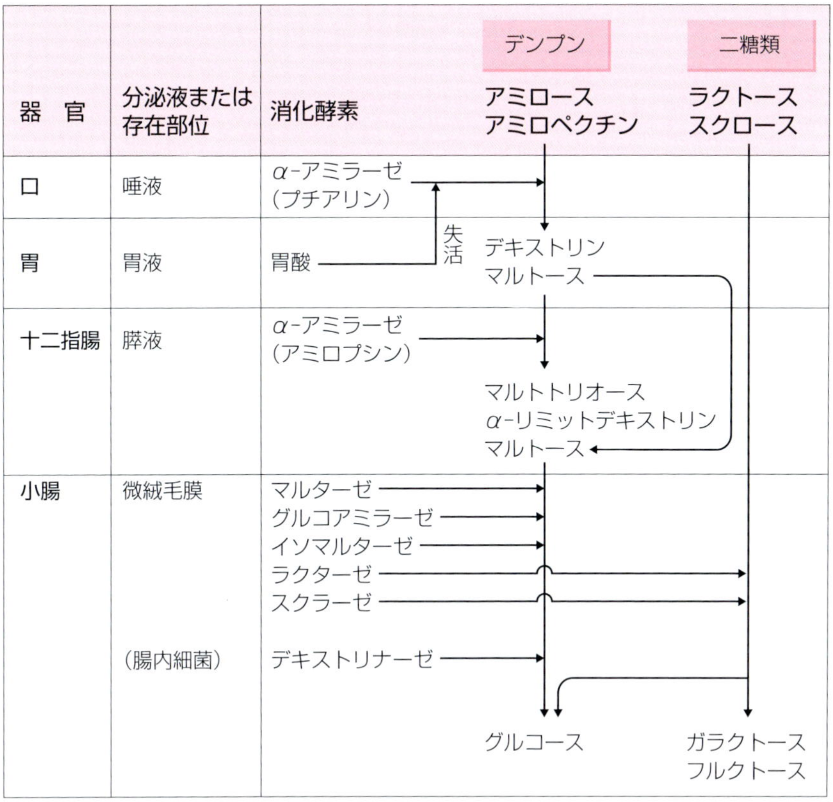

図4-8　炭水化物の消化

出典）林　淳三編著：N ブックス 改訂 基礎栄養学，建帛社，2010 をもとに作成

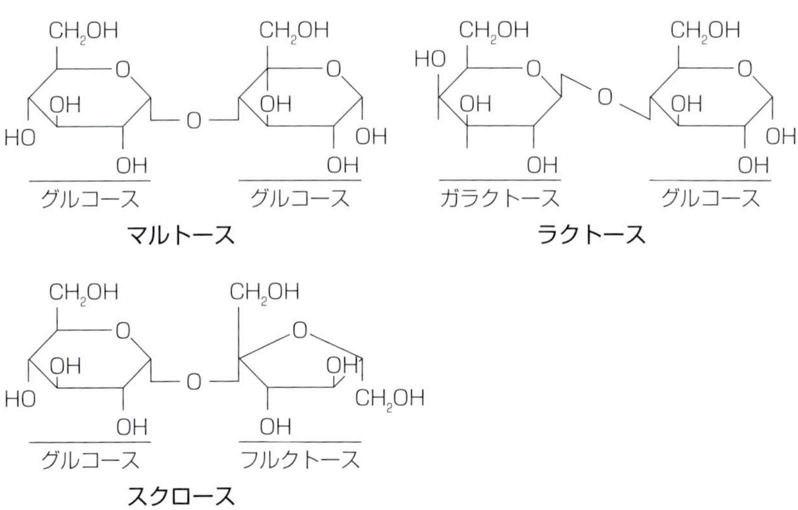

図4-9　主な二糖類

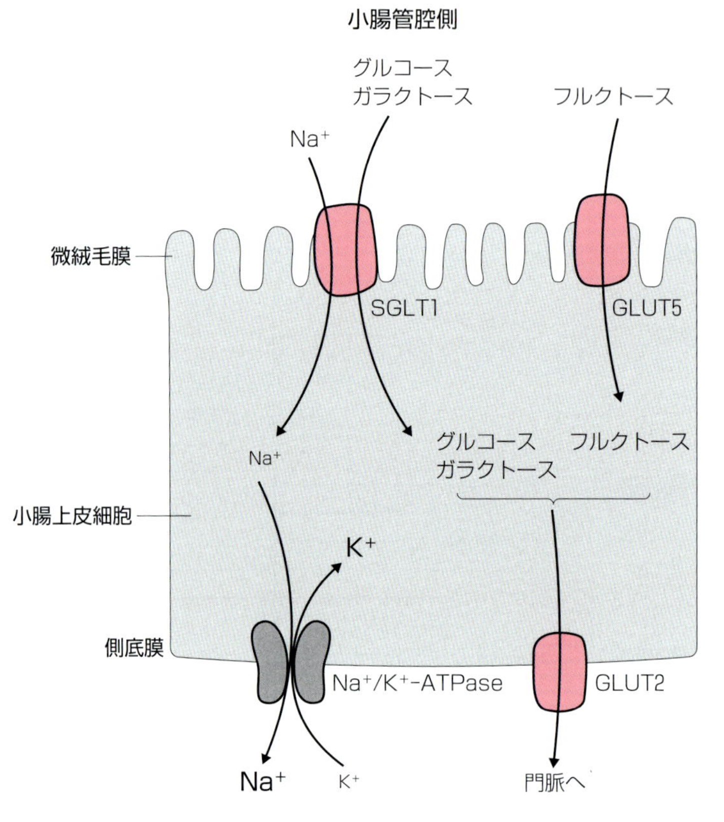

図4-10　小腸上皮細胞における単糖類の経細胞輸送

出典）江指隆年，中嶋洋子編著：ネオエスカ 基礎栄養学 第3版，同文書院，2005 および奥　恒行，柴田克己編：健康・栄養科学シリーズ 基礎栄養学 改訂第3版，南江堂，2010 をもとに作成

表4-1　単糖類の輸送体（トランスポーター）

種　類		性　質	主な発現部位
能動輸送	SGLT1	グルコースの二次能動輸送	小腸，腎尿細管
促進拡散	GLUT1	グルコースに対して高親和性	胎盤，脳，赤血球
	GLUT2	濃度の高いグルコースに対応	膵臓 β 細胞，肝，小腸
	GLUT3	グルコースに対して高親和性	脳，その他
	GLUT4	インスリンによる糖取り込みの増大	骨格筋，心筋，脂肪組織
	GLUT5	フルクトースを輸送	空腸，精子

膵液は炭酸水素ナトリウムを含むため弱アルカリ性で，胃から達した内容物を中和する。胆汁には胆汁酸が含まれており，トリアシルグリセロールやコレステロールの脂肪滴を乳化し胆汁酸ミセルを形成する。ミセルの形成は表面積を大きくし，消化酵素が効率的に作用するのに有効である。膵液に含まれる消化酵素のうち脂質に作用するものはリパーゼ，コリパーゼ，およびコレステロールエステラーゼである。リパーゼはコリパーゼと結合して活性型となり，胆汁酸ミセル表面のトリアシルグリセロールを形成しているグリセロールと3分子の脂肪酸の結合のうち，1-エステル結合と3-エステル結合を加水分解する（図4-11）。この結果生じたモノアシルグリセロールや長鎖脂肪酸は，リゾリン脂質，コレステロール，脂溶性ビタミンとともに胆汁酸ミセルに取り込まれ，複合ミセル（4～6 nm）を形成する。複合ミセルは，疎水性基を内側，親水性基を外側に向けて脂質分子が配列した球状の集合体であり，小腸管腔の水性環境でも可溶性となる。これにより小腸上皮細胞の微絨毛膜への到達が促進され，ミセル内の疎水性脂質は単純拡散により細胞内に吸収される（図4-12）。

膵液
膵臓の外分泌腺から，1日700 mL以上分泌される。主たる無機成分として Na^+，K^+，HCO_3^-，Cl^-などを含み，pH7.5～8.0を示す。

疎水性基・親水性基
極性が高くH_2O分子との親和性が強い原子団を親水性基，非極性でH_2O分子との親和性が弱い原子団を疎水性基という。モノアシルグリセロールは，疎水性のアシル基（脂肪酸の骨格）と親水性のOH基の両方が分子内に存在するため，胆汁酸とともにミセル形成に寄与する。

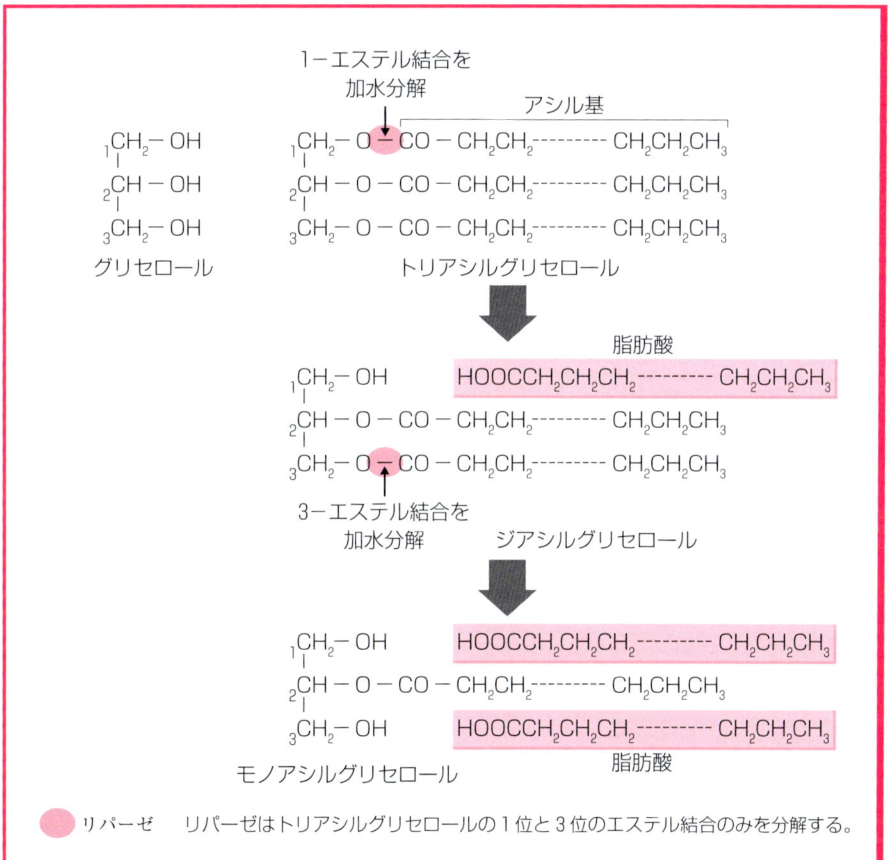

図4-11　トリアシルグリセロールの構造とリパーゼによる分解

出典）池田和正：図解 基礎生化学，オーム社，p.333を一部改変

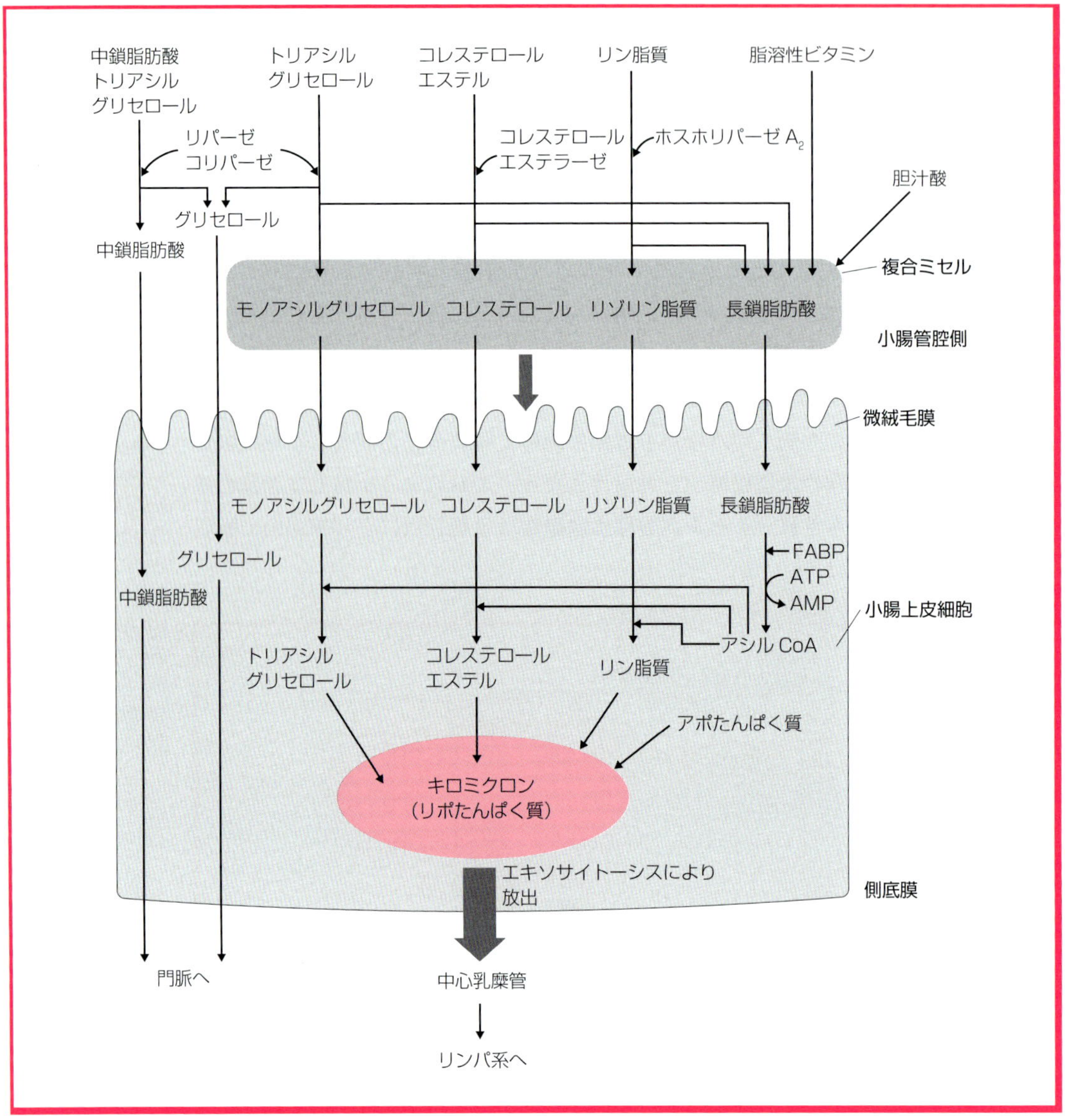

図４-12　脂質の消化と小腸上皮細胞における吸収の機構

出典）木戸康博，中坊幸弘編：NEXT 基礎栄養学 第２版，講談社サイエンティフィク，2009 および鈴木和春ほか：サクセス管理栄養士講座６ 基礎栄養学，第一出版，2010 をもとに作成

滑面小胞体
細胞質内に網目状に広がる膜系のうち，その外表面にリボソームが付着したんぱく質合成の場となる部分を粗面小胞体，リボソームが付着してない小胞体を滑面小胞体という。脂肪酸やステロイド合成の場となる。

炭素数14以上の疎水性の高い長鎖脂肪酸は，モノアシルグリセロールやコレステロールとともに小腸上皮細胞に取り込まれた後，細胞内で特異的な結合たんぱく質（脂肪酸結合たんぱく質，FABP：fatty acid－binding protein）と結合して**滑面小胞体**に移送され，そこでATPのエネルギーを利用して活性型の脂肪酸（**アシルCoA**）となる。アシルCoAはモノアシルグリセロールやコレステロールとエステル結合し，再びトリアシルグリセロールおよびコレステロールエステルとなる。再合成されたトリアシルグリセロールやコレステロールエステルは，リン脂質，コレステロール，たんぱく質（アポたんぱく質B，A-Ⅰ，A-Ⅳなど）からなる薄層に包まれた油滴粒子となる。これをキロミクロン（リポたんぱく質）という。キロミクロンは細胞の側底膜に運ばれてエキソサイトーシス（p.70参照）により放出され，中心乳(にゅう)糜(び)管に入りリンパ系（p.70参照）により運搬される。

一方，炭素数10以下の短鎖および中鎖脂肪酸は水溶性のため複合ミセルには取り込まれず，直接小腸上皮細胞内に吸収される。再エステル化を受けずにそのまま毛細血管網に吸収され，門脈系（p.70参照）により運搬される。

胆汁酸はその構造にカルボキシル基（-COOH）やアルキル基（-OH）をもつため親水性に富む。よって疎水性脂質を取り込んでミセルを構成するが，脂質と同時には吸収されない。疎水性脂質が小腸上皮細胞内に取り込まれた後の胆汁酸は小腸下部（回腸）で能動輸送により再吸収され，門脈を経て肝臓へ戻り再利用される。これを**胆汁酸の腸肝循環**という。

アシルCoA
脂肪酸のカルボキシル基と補酵素A（CoA）のSH基がチオエステル結合した分子。

胆汁酸の腸肝循環
胆汁酸は1日に6～10回循環し，1回に約1％（1日約500 mg）が糞便に排泄される。

2）コレステロール・リン脂質

コレステロールは，食物中では遊離型または脂肪酸とエステル結合したエステル型の両方の形で存在する（図4-13）。コレステロールエステラーゼは，エステル結合を加水分解し，脂肪酸と遊離型コレステロールに分解する。複合ミセルに取り込まれて小腸上皮細胞内に吸収された遊離型コレステロールの一部は，細胞内でアシルCoA-コレステロール-アシルトランスフェラーゼ（ACAT：acyl-CoA cholesterol acyltransferase）により再エステル化されてコレステロールエステルに再合成され，キロミクロンを構成する。

リン脂質（レシチンなど）は生体膜の構成成分であり，食事由来のほか，自身の胆汁や脱落した腸肝上皮細胞由来のものも含まれる。ホスホリパーゼA_2により2-エステル結合の加水分解を受けて脂肪酸が外れたリゾリン脂質（リゾレシチンなど）となる（図4-14）。リゾリン脂質は，複合ミセルに取り込まれて小腸上皮細胞内に吸収され，コレステロールやモノアシルグリセロールと同様に，アシルCoAと再エステル化してリン脂質に再合成され，キロミクロンの構成成分となる。

（3）たんぱく質

たんぱく質は，約20種のアミノ酸を基本的単量体として相互にペプチド結合した生体高分子である。たんぱく質の種類によってそのアミノ酸組成と配列は異なるため，たんぱく質は多種多様な構造および機能をもつ。

たんぱく質のペプチド結合は，アミノ酸のカルボキシル基とアミノ基の間の脱水縮合の結果生じる炭素と窒素間の共有結合である（図4-15）。よって，消化作用によりこのペプチド結合が加水分解されると，ペプチド鎖の末端はカルボキシル基（C末端）かアミノ基（N末端）となる。

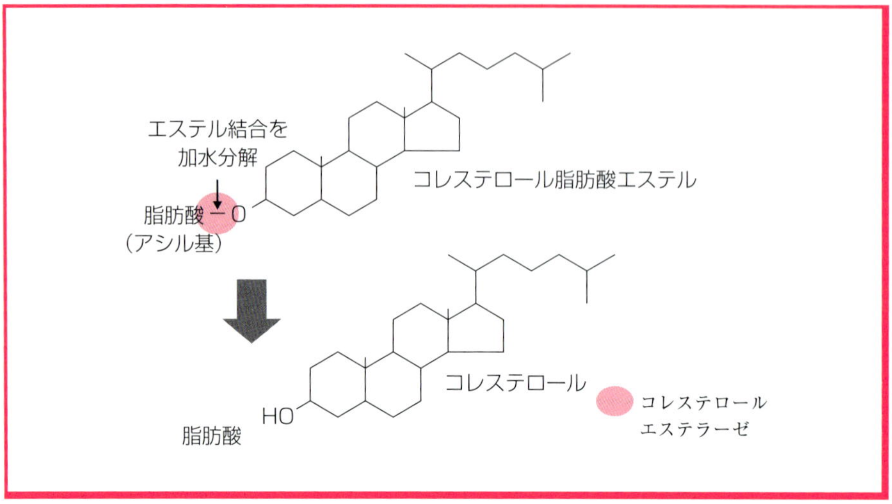

図4-13 コレステロールの構造とエステラーゼによる分解

出典）池田和正：図解 基礎生化学，オーム社，p.333 を一部改変

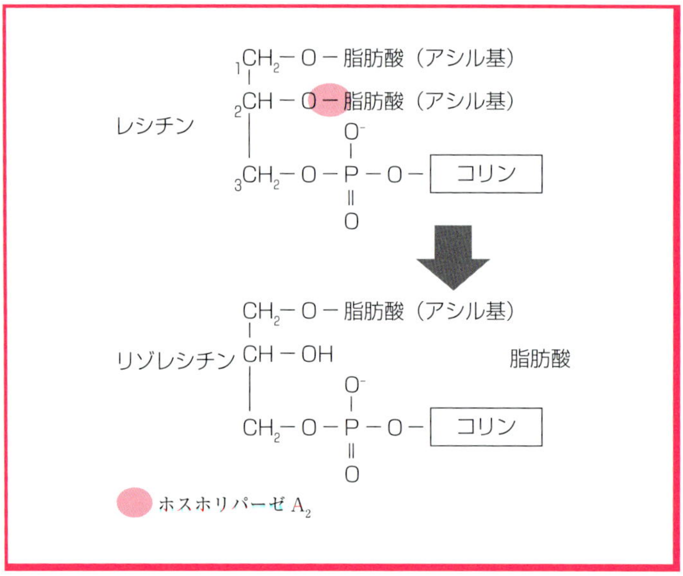

図4-14 リン脂質（レシチン）の構造とホスホリパーゼによる分解

▣たんぱく質の高次構造
たんぱく質は巨大な高分子で複雑な構造をとる。基本となるアミノ酸の配列順序を一次構造，近接するアミノ酸同士の水素結合により形成されるαヘリックスやβシートを二次構造，離れたアミノ酸同士の相互作用によって折り曲がった立体構造を三次構造，複数のたんぱく質が会合してユニットを形成することを四次構造という。

口から摂取された食物は咀嚼（そしゃく）により物理的に粉砕されて食塊（糜粥）となり，嚥下（えんげ）により食道を経由して胃に運ばれる。唾液にはたんぱく質分解酵素は含まれていないため，口腔内から食道ではたんぱく質の消化は行われない。

胃腺の壁細胞からは胃酸（塩酸）が分泌されており，胃内をpH1.0～3.0の強酸性環境にしている。これによりたんぱく質は変性し，**高次構造**が破壊されて直鎖状になる。さらに胃内にはたんぱく質分解酵素ペプシンが分泌される。ペプシンはエン

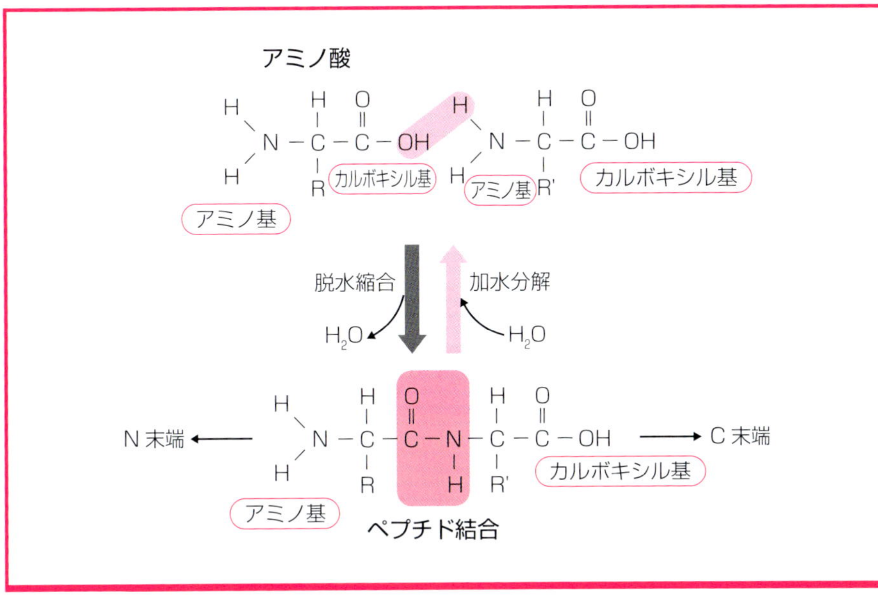

図4-15　アミノ酸の基本構造とペプチド結合

ドペプチダーゼの一種であるため（図4-6），直鎖状になったたんぱく質内部の特定のアミノ酸同士のペプチド結合を切断し，**たんぱく質を大まかに分解・断片化**してペプトンやプロテオース，オリゴペプチドなどとする（図4-16）。

実際の胃内でのたんぱく質の消化において，ペプシンは胃腺の主細胞から酵素活性をもたない前駆体ペプシノーゲンの形で分泌される。ペプシノーゲンもたんぱく

たんぱく質の分解・断片化
分解され断片化したたんぱく質の名称に厳密な定義はないが，アミノ酸が2～10個程度結合したものをオリゴペプチド，おおむね10個以上のものをポリペプチドという。アミノ酸が数十個以上結合したポリペプチドを含むさまざまな大きさの混合物をペプトン，プロテオースという。

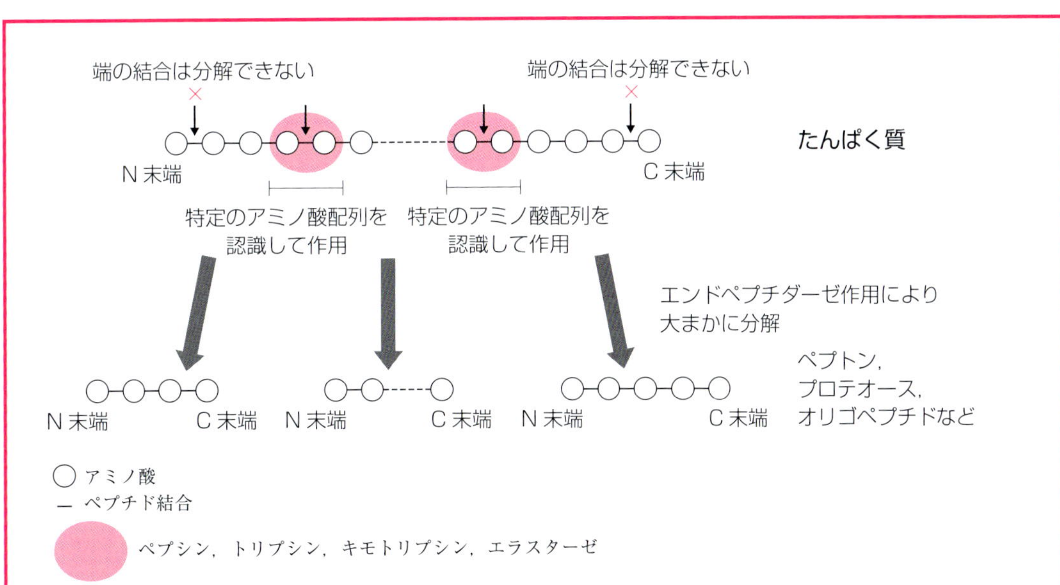

図4-16　エンドペプチダーゼによるたんぱく質の分解

出典）池田和正：とことんわかる図解 基礎生化学，オーム社，2006をもとに作成

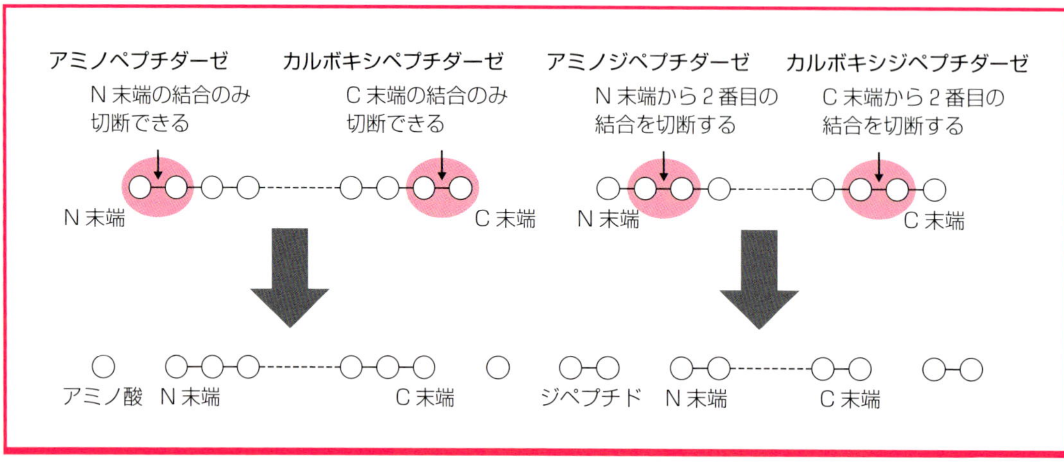

図4-18　エキソペプチダーゼによるペプチドの分解（膜消化）

出典）池田和正：図解 基礎生化学，オーム社，2006 をもとに作成

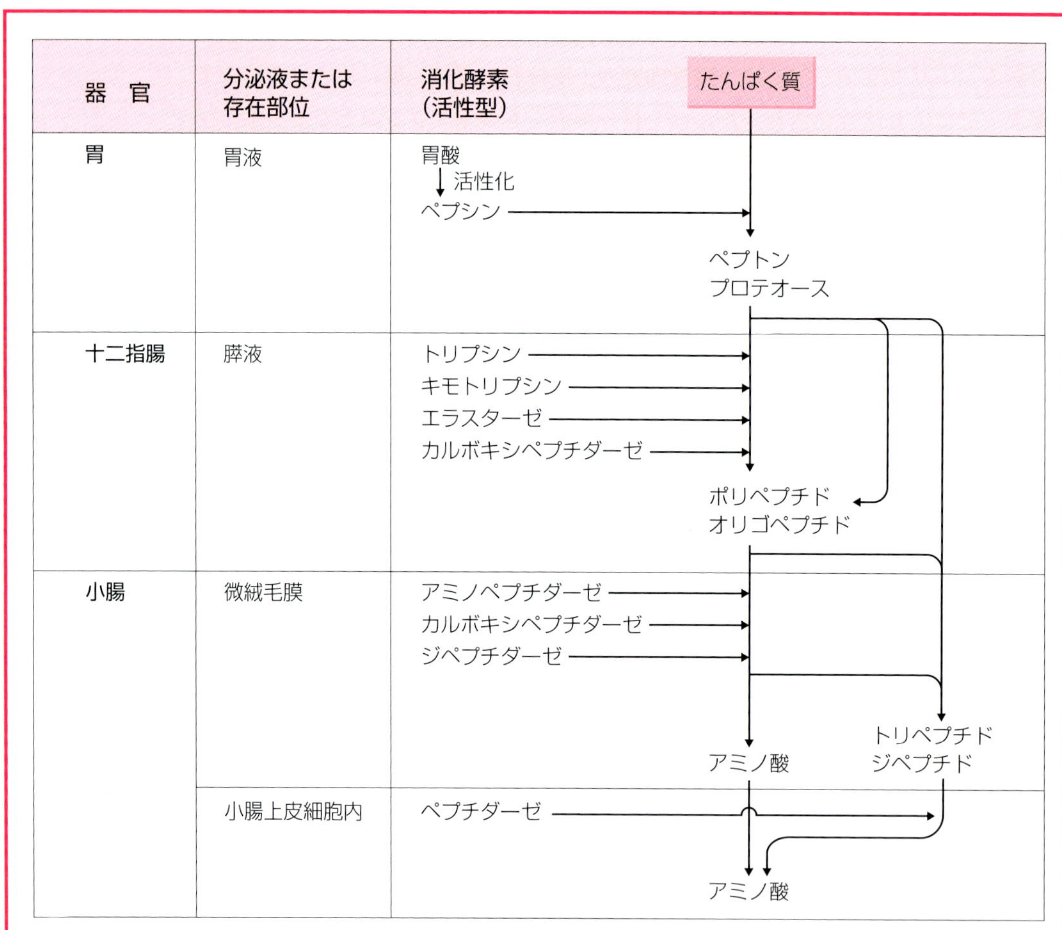

図4-19　たんぱく質の消化

出典）吉田　勉他編：BASIC NUTRITION　新基礎栄養学 第 7 版，医歯薬出版，2009 および林　淳三編著：N ブックス 改訂基礎栄養学，建帛社，2010 をもとに作成

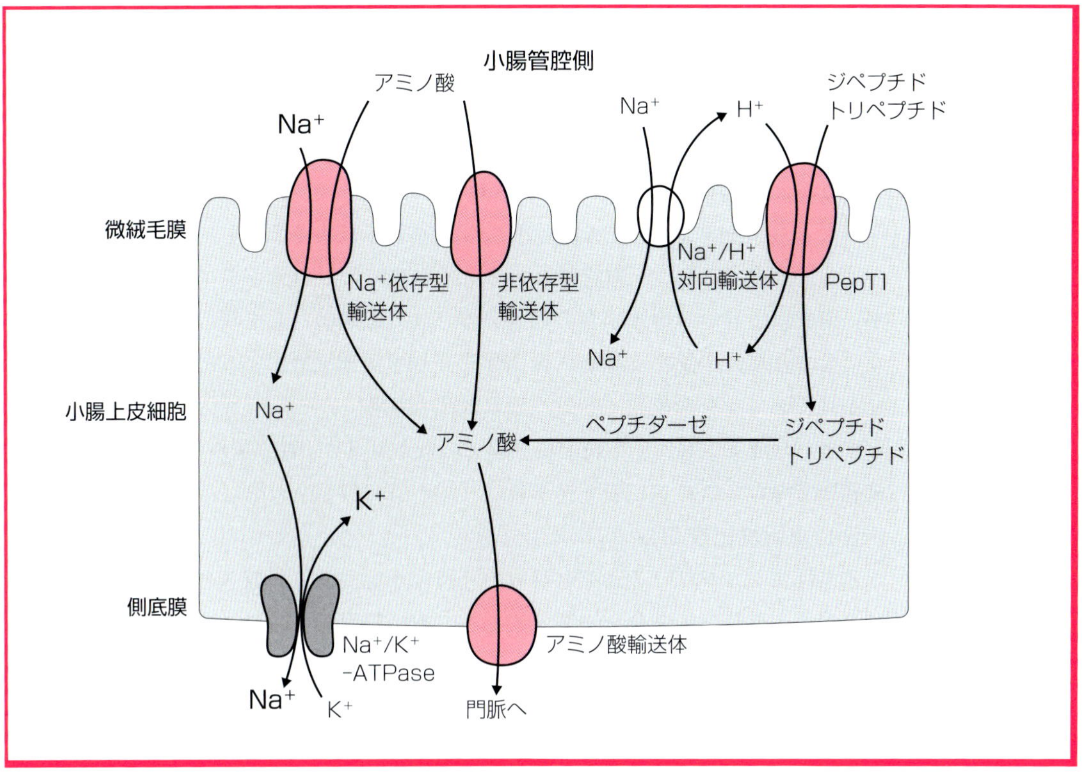

図4-20　小腸上皮細胞におけるアミノ酸・ペプチドの経細胞輸送

出典）岸　恭一ほか監修：タンパク質－アミノ酸の科学，工業調査会，2007 および中屋　豊ほか編著：エッセンシャル 基礎栄養学，医歯薬出版，2005 をもとに作成

プチドやトリペプチドも，小腸上皮細胞の微絨毛膜からペプチド輸送体（PepT1：peptide transporter 1など）などを介してH^+が関与した二次性能動輸送（p.67参照）により取り込まれ，細胞内でアミノ酸まで分解される。小腸上皮細胞内のアミノ酸は側底膜上のアミノ酸輸送体により細胞外へ放出され，毛細血管に移行して門脈経路を経て肝臓へ運ばれる（図4-20）。

(4) ビタミン

1）脂溶性ビタミン

脂溶性ビタミンの吸収は，主に脂質と同時に行われる。すなわち，胆汁酸と疎水性脂質により形成される複合ミセルに取り込まれて小腸上皮細胞に吸収され，キロミクロンを形成してリンパ管に放出される。よって食物中の脂質が少ないと複合ミセルの形成が不十分となり脂溶性ビタミンの吸収は悪くなる。この場合，油を用いた調理法により吸収効率は改善される。

a．ビタミンA　動物性食品由来のビタミンAは，大部分がレチノールと脂肪酸とのエステルとして存在しており，遊離型レチノールに変換された後小腸上皮細胞膜から輸送体を介して取り込まれる。植物性食品には**プロビタミンA**作用を

プロビタミンA
ビタミンAの前駆体で，動物体内でビタミンAに変換される物質をいう。主にα-，β-，γ-カロテン，β-クリプトキサンチンなどのカロテノイド類がある。

有するカロテノイドが含まれており，単純拡散または膜輸送体により細胞内に取り込まれレチノールに変換される。上皮細胞内のレチノールはエステル化酵素によりパルミチン酸などと再エステル化され，食事性脂質とともにキロミクロンを形成してリンパ管に放出される。

b．ビタミンD　他の脂溶性栄養素と同様に小腸上皮細胞から吸収された後，脂質とともにキロミクロンを形成してリンパ管に放出される。

c．ビタミンE　脂肪酸とエステル結合したビタミンEエステルも存在するが，消化によりエステル結合が加水分解され，遊離型として吸収される。複合ミセルに含まれて，小腸上皮細胞へ輸送体を介して促進拡散により吸収される。細胞内でキロミクロンを形成し，リンパ管に放出される。

d．ビタミンK　小腸上皮細胞に吸収されるが，特異的な輸送体はもたない。細胞内でキロミクロンに取り込まれてリンパ管に放出される。

2）水溶性ビタミン

水溶性ビタミンは，それぞれ吸収の仕組みが異なる。吸収される前に管腔内や微絨毛膜表面で化学的消化を必要とするものや，特異的な膜輸送体を介して取り込まれるものもある。

a．ビタミンB_1　食品中ではたんぱく質と結合したたんぱく質-チアミン二リン酸複合体として存在している。小腸に達するまでに遊離型チアミンに消化され，能動輸送または受動拡散により小腸上皮細胞に吸収される。

ビタミンB_2
ビタミンB_2の吸収量には上限があり，生体が飽和に達すると過剰なビタミンB_2は尿や糞便中に排泄される。

b．ビタミンB_2　フラビンアデニンジヌクレオチド（FAD：flavin adenine dinucleotide）またはフラビンモノヌクレオチド（FMN：flavin mononucleotide）の形で摂取される。FADおよびFMNはほぼ完全に消化され遊離型のリボフラビンとなり，小腸上部からNa^+依存性の能動輸送により吸収される。

c．ビタミンB_6　食物に含まれるビタミンB_6はピリドキサール5'-リン酸（PLP：pyridoxal 5'-phosphate）などのリン酸化型を含む。食物中のPLPは膜結合性アルカリホスファターゼにより脱リン酸化を受け，遊離型ビタミンB_6として受動拡散により小腸で吸収される。

ビタミンB_{12}
ビタミンB_{12}分子はコバルト原子を含んだ複雑な構造で，コバラミンともいう。

d．ビタミンB_{12}　食品中の**ビタミンB_{12}**はたんぱく質と結合しており，胃酸やペプシンの作用で遊離する。遊離型ビタミンB_{12}は，胃底部壁細胞で合成・分泌される糖たんぱく質である内因子と結合して複合体を形成し，小腸上皮細胞の微絨毛に分布する受容体に結合してエンドサイトーシス（p.68参照）により細胞内に吸収される。上皮細胞内で遊離したビタミンB_{12}はトランスコバラミンⅡと結合したのち門脈血中に放出される。

e．ナイアシン　ニコチン酸とニコチンアミドがある。動物性食品にはニコチンアミドと酸化型ニコチンアミドアデニンジヌクレオチド（NAD：nicotinamide adenine dinucleotide）が，植物性食品にはニコチン酸とNADが含まれている。NADは消化されてニコチンアミドとニコチン酸となり，低濃度の場合はNa^+依存性能動輸送により，高濃度の場合は受動拡散により小腸で吸収される。

f．パントテン酸　食品中では補酵素A（CoA）およびホスホパンテテインなどの結合型パントテン酸として存在する。小腸で種々のホスファターゼによりパンテテインにまで消化され，さらにパンテテイナーゼによりパントテン酸に加水分解されたのち，低濃度の場合はNa^+依存性の能動輸送により，高濃度の場合は単純拡散により吸収される。

g．葉酸　食事から摂取される**葉酸**の多くはポリグルタミン酸型である。小腸上皮細胞の微絨毛に分布する加水分解酵素により膜消化を受け，モノグルタミン酸型となって葉酸受容体に結合し細胞内に取り込まれる。細胞内で還元とメチル化を受け，5－メチルテトラヒドロ葉酸となり血中に放出される。

葉酸
4-{[(2-アミノ-4-ヒドロキシ-6-プテリジニル）メチル]アミノ}安息香酸に1個のL-グルタミン酸が結合したモノグルタミン酸型と，複数のL-グルタミン酸が結合したポリグルタミン酸型によって構成されている。

h．ビオチン　食事由来のビオチンはたんぱく質と結合している。まず膵液中のプロテアーゼによりビオシチンやビオシチンを含むオリゴペプチドに分解され，小腸管腔でビオチニダーゼにより膜消化を受ける。遊離型となったビオチンは，高濃度の場合は単純拡散により，低濃度の場合はNa^+依存性能動輸送により小腸上皮細胞内に取り込まれ，血中に放出される。

i．ビタミンC　食品中で還元型のL-アスコルビン酸または酸化型のL-デヒドロアスコルビン酸として存在している。アスコルビン酸は小腸全体で，Na^+依存性ビタミンC輸送体を介して能動輸送により小腸上皮細胞内に吸収される。その際，1分子のアスコルビン酸に対して2個のNa^+が共輸送される。

（5）ミネラル（無機質）

a．カルシウム　食品に含まれるカルシウムは，小腸に達するまでに遊離しイオン化（Ca^{2+}）したものが吸収される。小腸上部では主として活性型ビタミンDに依存した能動輸送が起こる。これはカルシウムの摂取量に対応してビタミンDを介して調節されており，カルシウム摂取量が少ないと輸送速度が高まり，多くなると輸送速度は低下する。小腸下部では主に濃度依存性の単純拡散による吸収が行われる。これはカルシウム摂取量が多いほど吸収量も多くなる。

b．鉄　畜肉や魚肉中ではヘモグロビンやミオグロビンと結合したヘム鉄，植物性食品中では非ヘム鉄として存在している。ヘム鉄は吸収率が高く（20～30%），小腸において受容体を介さずそのままの形で吸収されるが，小腸上皮細胞内でヘムがこわされ鉄が遊離する。一方，非ヘム鉄には2価（Fe^{2+}）または3価（Fe^{3+}）があるが，胃内の低pH環境やアスコルビン酸により還元されFe^{2+}の形になって小腸上皮細胞に吸収される。吸収されたFe^{2+}は血中に移行し血漿中のトランスフェリンと結合してFe^{3+}の形で運搬されるが，一部は細胞内でただちに酸化され（Fe^{3+}），アポフェリチンと結合しフェリチンの形で貯蔵鉄として細胞内にとどまる。鉄の吸収量は体内の鉄保有量によって厳密な調節を受けており，鉄欠乏時や赤血球産生の亢進時には吸収率は増加する。

メタロチオネイン
重金属との結合能をもつたんぱく質で，システイン含量が30%と高い特徴がある。重金属の解毒のほか，亜鉛など生体に必須な金属の分布に寄与している。

c．銅　小腸上皮に存在する**メタロチオネイン**と結合して吸収される。吸収率は20～60%であり，摂取量が少ないほど吸収率は高い。大部分は血中のアルブミンと結合して肝臓に取り込まれて蓄積する。

d．亜鉛　亜鉛の吸収は主として小腸上部で起こる。亜鉛の吸収率は約30%であるが摂取量によっても変化し，摂取量が少ないと吸収率は高くなる。また，食物中の他の成分によっても吸収率が影響され，フィチン酸，食物繊維，銅，カドミウム，鉄などは亜鉛の吸収を阻害する。

3. 膜消化，吸収

食物に含まれる高分子の栄養素は，小腸に至るまでに管腔内消化を受け低分子化されているが，小腸上皮細胞に吸収されうる最小単位（炭水化物→単糖，たんぱく質→アミノ酸など）までには分解されていない。小腸上皮細胞の管腔側の微絨毛膜には，少糖類やオリゴペプチドを最小単位にまで分解する酵素が局在しており，消化の最終段階は膜上で起こる。これを膜消化といい，分解された栄養素はすぐに同じ微絨毛膜上に存在する輸送体により細胞内に取り込まれる。すなわち膜消化と吸収は同時進行するため効率がよい。

(1) 膜の透過

消化された栄養素は，主に小腸の上皮組織を通過して管腔内から体組織内へ吸収される。上皮組織を物質が通過する主な経路は経細胞経路である。すなわち，物質は小腸管腔面に露出している微絨毛を透過して小腸上皮細胞内に入り，底面および側面の細胞膜である側底膜を透過して出て行く。細胞膜の基本骨格は**脂質二重層**であるが，輸送される物質はこの細胞膜を通過する必要があり，その過程には受動輸送と能動輸送がある。

脂質二重層
細胞膜の基本骨格はリン脂質，コレステロール，糖脂質からなる。リン脂質分子では極性のあるリン酸基が親水性部を，極性のない脂肪酸が疎水性部を構成しており，疎水性基同士を向き合わせて2列に配列し二重層膜を形成している。

1) 受動輸送

物質が濃度勾配（こうばい）に従って高濃度の領域から低濃度の領域へと膜を通過する移動を受動輸送という（図4-21）。

a．単純拡散　受動輸送の際，物質が膜の脂質二重層を通過して拡散することを単純拡散といい，移動速度は物質の濃度勾配に比例する（図4-22）。単純拡散により細胞膜を透過する物質には，疎水性栄養素（長鎖脂肪酸，トリアシルグリセロール，脂溶性ビタミン）やガス状分子（O_2，CO_2，N_2など）がある。呼吸時に肺で行われる空気と血液間のO_2とCO_2の交換，および組織内で体細胞と血液間で行われるCO_2とO_2の交換は，脂質二重層膜を透過する単純拡散の重要な例である。水や尿素といった極性分子やエタノールなどの非荷電の低分子も単純拡散により膜を透過する。

b．促進拡散　脂質二重層膜を透過できない物質がそれぞれに特異的な輸送

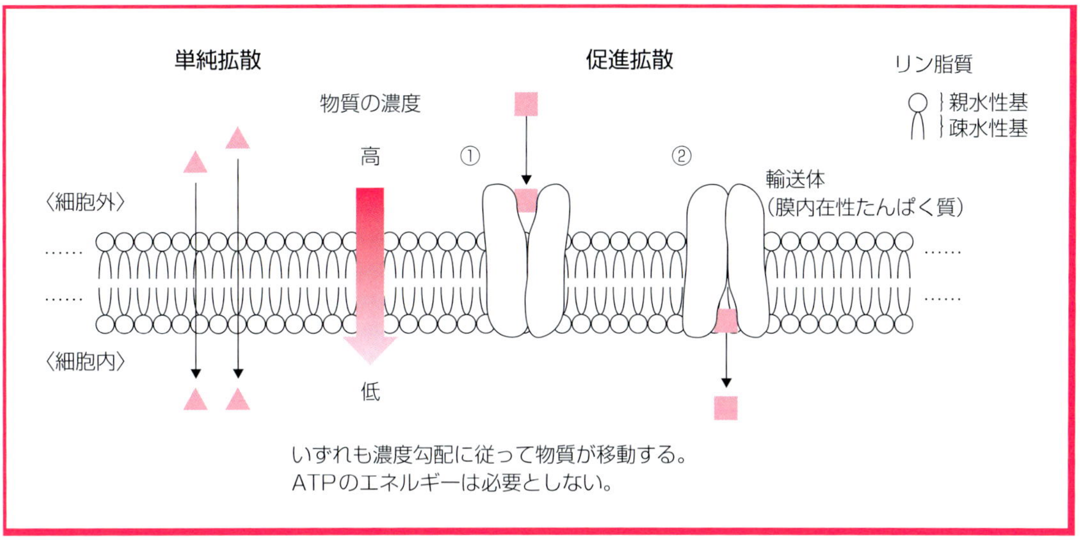

図4-21　受動輸送の機構

出典）G. J. Tortora，B. Derrikson（佐伯由香他編訳）：トートラ 人体解剖生理学 原書8版，丸善出版，2011をもとに作成

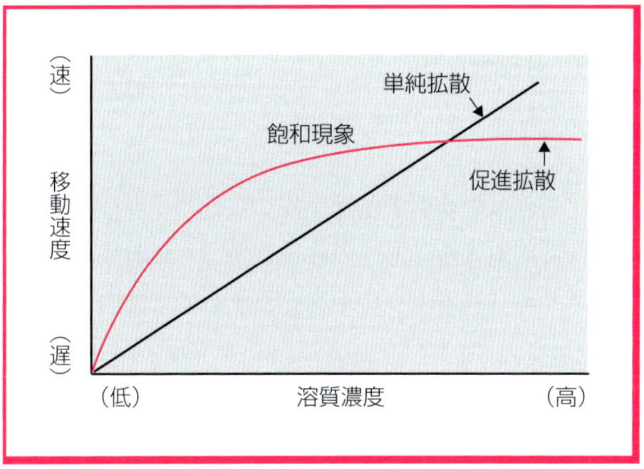

図4-22　単純拡散と促進拡散による物質の移動速度

出典）林　淳三編著：Nブックス 改訂 基礎栄養学，建帛社，p.31を改変

体（膜内在性たんぱく質）の手助けにより透過する受動輸送を促進拡散という（図4-22）。輸送体は細胞膜を貫通するように配置されており，物質が膜の片側に露出している輸送体の一部に結合すると，輸送体はその形を変えて膜の反対側でその物質を遊離する。単純拡散と比較して物質の移動速度は促進されるが，一定以上では飽和する（図4-22）。促進拡散により細胞膜を透過する物質には，水溶性栄養素（グルコース，フルクトースなどの単糖類，アミノ酸，一部の水溶性ビタミンなど）やイオン（K^+, Cl^- など）がある。イオンを選択的に通す輸送体はイオンチャネルという。

2）能動輸送

単純拡散や促進拡散といった受動輸送とは異なり，濃度勾配に逆らって低濃度側から高濃度側へと膜を通過する移動を能動輸送という。能動輸送にもそれぞれの物質に特異的な輸送体（膜内在性たんぱく質）が関与しており，細胞のエネルギーを利用して物質を輸送する。すなわち，ATPの分解で生じたエネルギーが輸送体の形を変化させ，細胞膜を通過して濃度勾配と逆方向に物質を運ぶ。このため能動輸送にかかわる輸送体をポンプという。

すべての細胞がその細胞膜上にもっている重要な能動輸送ポンプは，細胞からNa^+を外へ汲み出し逆に細胞内にK^+を取り込むNa^+/K^+-ATPaseである（図4-23）。ATPのエネルギーを利用し，Na^+の濃度勾配に逆らって細胞外にNa^+を汲み出すため細胞内Na^+濃度は低く保たれる。このようにATPの分解に伴うエネルギーを直接的に利用する能動輸送を一次性能動輸送とよぶ。

細胞内外には大きなNa^+の濃度勾配があるため，細胞膜を横切ってNa^+が細胞内に流入しようとする強い駆動力が生じる。このエネルギーを利用して物質が膜を透過する能動輸送が二次性能動輸送である。例えば，SGLT 1はNa^+の駆動力を利用し，Na^+の移動と同時にグルコースを汲み上げて輸送することができる。SGLT 1のように2種類以上の物質を同じ方向に輸送することを共輸送といい，反対に物質を逆方向に輸送することを対向輸送という（図4-24）。ジペプチドの上腸上皮細胞への吸収は，Na^+/H^+対向輸送体により生じたH^+の濃度勾配を利用したH^+とジペプチドの共輸送により行われる（図4-25）。

細胞膜の形態変化
エンドサイトーシスで失われた細胞膜の断片は，エキソサイトーシスにより補填（ほてん）される。エンドサイトーシスとエキソサイトーシスの均衡により，細胞膜の表面積は一定に保たれている。

3）サイトーシス

細胞膜の形態変化を伴って物質を輸送することをサイトーシスという（図4-25）。**エンドサイトーシス**は細胞外から内への輸送機構で，細胞膜の一部が陥入して袋状になり，それがちぎり取られるように小胞を形成して細胞内へ入り，小胞内に封じ

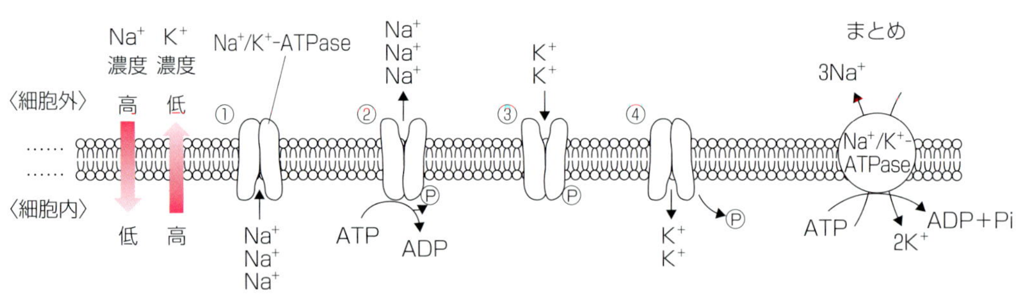

①細胞内の3個のNa^+がNa^+/K^+-ATPaseに結合する。
②細胞内のATPがADPとリン酸に分解し，リン酸がNa^+/K^+-ATPaseに結合する。そのエネルギーで形状が変化し，3個のNa^+が細胞外側へ放出される。
③細胞外の2個のK^+が，形状変化したNa^+/K^+-ATPaseに結合する。
④Na^+/K^+-ATPaseからリン酸が離れ，形状が元に戻って2個のK^+が細胞内側へ放出される。

図4-23　Na^+/K^+-ATPaseによる一次性能動輸送
出典）G. J. Tortora, B. Derrikson（佐伯由香他編訳）：トートラ 人体解剖生理学 原書8版，丸善出版，2011をもとに作成

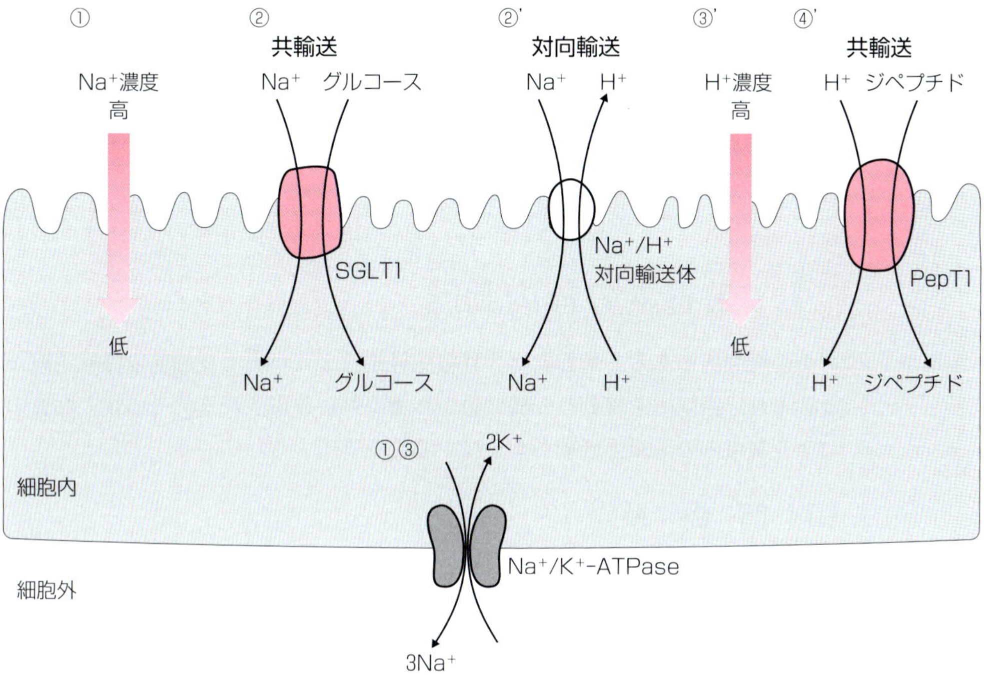

【グルコースの能動輸送】

① Na⁺/K⁺-ATPase により Na⁺濃度は細胞外→内の勾配ができる。

② Na⁺が細胞内に流入する駆動力により，SGLT1を介してグルコースが同時に細胞内に取り込まれる（共輸送）。

③ Na⁺は再び Na⁺/K⁺-ATPase により細胞外へ汲み上げられる。

【ジペプチドの能動輸送】

① Na⁺/K⁺-ATPase により Na⁺濃度は細胞外→内の勾配ができる。

②’ Na⁺が細胞内に流入する駆動力により，Na⁺/H⁺対向輸送体を介して H⁺が反対向きに細胞外へ輸送される（対向輸送）。

③’ H⁺濃度は細胞外→内の勾配ができる。

④’ H⁺が細胞内に流入する駆動力により，H⁺/ ジペプチド共輸送体（PepT1）を介してジペプチドが同時に細胞内に取り込まれる（共輸送）。

図４-24　能動輸送による小腸上皮細胞への栄養素の取り込み機構

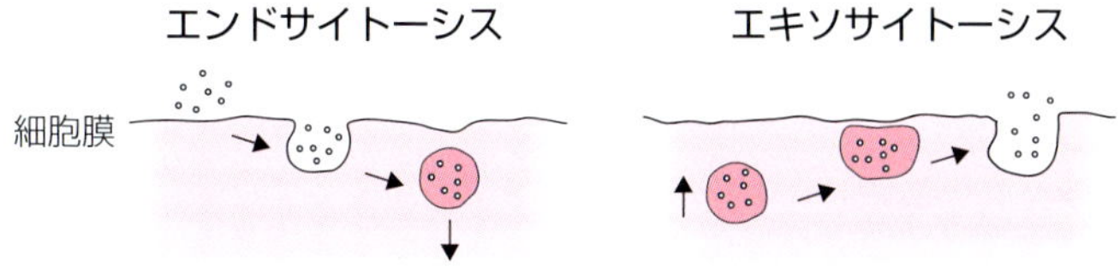

図４-25　サイトーシスによる物質の輸送

出典）B. Alberts，D. Bray，J. Lewis，M. Raff，K. Roberts，J. D. Watson（eds.）：Molecular Biology of the Cell：2nd edition，p.324，1989をもとに作成

込められた物質が細胞に取り込まれる。エンドサイトーシスには，マクロファージなどが微生物や外来物質を取り込んで破壊する貪食（どんしょく）と，細胞外液に溶けたさまざまな溶質を取り込む飲作用とがある。エキソサイトーシスは細胞内から外への輸送機構で，反対に細胞内の小胞が細胞膜と融合して開口し，小胞内の物質が細胞外へと放出される。脂質の消化・吸収の際，小腸上皮細胞内で形成されたキロミクロンが放出される機構や，消化酵素の分泌などがこれにあたる（図4-25）。

4. 栄養素の体内動態

小腸管腔内にある各栄養素は，経細胞経路により小腸上皮細胞の微絨毛膜から取り込まれ，細胞内を移動して側底膜から細胞外に放出される。その後，物質の種類により絨毛内の毛細血管網あるいは中心乳糜管に入る。

(1) 門　脈　系

大きさの単位
1nm（ナノメートル）=1/1,000μm
1μm（マイクロメートル）=1/1,000mm

毛細血管壁には直径**8～9nm**の小孔が存在するため，これより小さい水分子や低分子の水溶性栄養素はこの小孔を通り抜ける。

水溶性栄養素には，炭水化物が消化された単糖類，たんぱく質が消化されたアミノ酸をはじめ，ミネラル，水溶性ビタミン，短鎖・中鎖脂肪酸などがある。これらは小腸上皮細胞から種々の吸収機構により取り込まれた後，微絨毛の中の毛細血管壁を通過して静脈血流に乗る（図4-26）。小腸の毛細血管網は腸間膜静脈（小腸，大腸，胃などの毛細血管網が集合した静脈）を形成し，脾静脈（脾臓，膵臓などの毛細血管網が集合した静脈）と合流して門脈となり，肝臓へとつながっている。よって門脈の静脈血は，小腸で吸収された水溶性栄養素や膵臓から分泌された**インスリン**や**グルカゴン**などの物質に富んでいる。肝臓からは肝静脈を経由して下大静脈に合流し，心臓の右心房に流れ込んで体循環に送り出される。

インスリン・グルカゴン
膵ランゲルハンス島のα細胞から分泌されるグルカゴンとβ細胞から分泌されるインスリンは，血中グルコース濃度の調節に重要なホルモンである。

(2) リンパ系

小腸絨毛内の中心乳糜管を形成する内皮細胞には細胞間にすきまがあるため，直径10μm程度までの物質は通過できる。毛細血管壁の小孔よりも大きな分子や疎水性栄養素はこの内皮細胞間隙を通り抜ける。

疎水性栄養素には，トリアシルグリセロールが消化されてできたモノアシルグリセロールや長鎖脂肪酸，脂溶性ビタミンなどがある。モノアシルグリセロールと長鎖脂肪酸は小腸上皮細胞から取り込まれた後，細胞内でトリアシルグリセロールに再合成され，コレステロールや脂溶性ビタミンなどとともにキロミクロンを形成する（p.57参照）。キロミクロンは微絨毛の中の**中心乳糜管**（リンパ管）に入る（図4-27）。中心乳糜管は集合して腸間膜リンパ管を形成し，胸管を経て左鎖骨下静脈に合流している。リンパ液に乗って運ばれてきた疎水性栄養素はここで血行中に移

中心乳糜管
小腸の微絨毛の中心部を縦走するリンパ管で，各絨毛に1～3本程度ある。キロミクロンを形成した脂質が吸収され乳白色に濁ったリンパが通るので乳糜管とよばれる。

行し，体循環に送り出される。

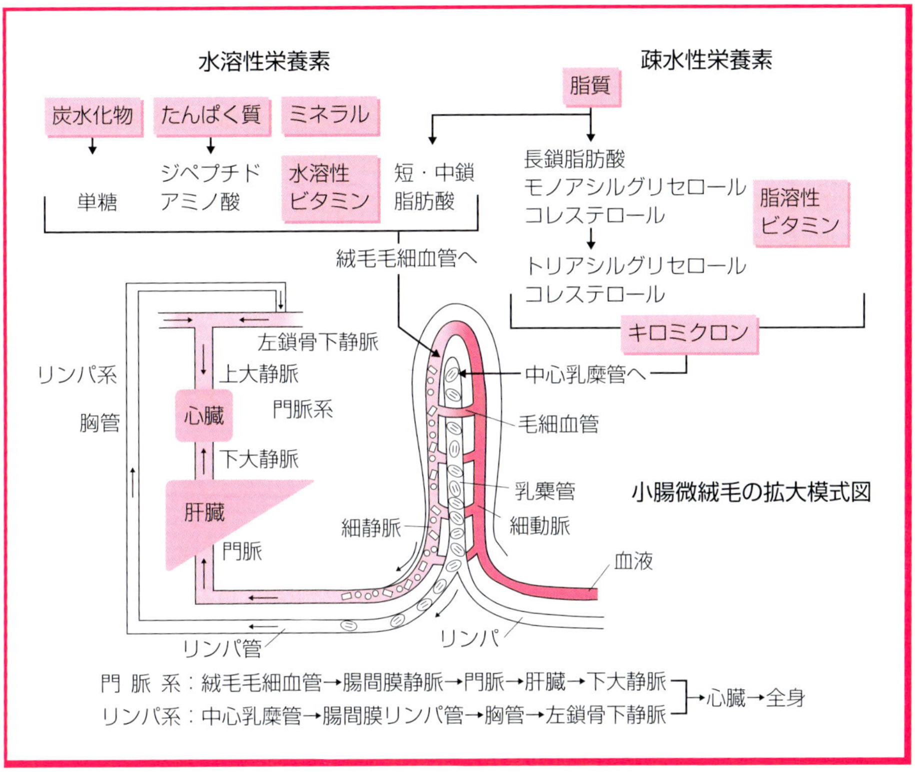

図 4-26 栄養素の吸収経路

出典）J. G. Tortora, B. Derrikson（佐伯由香他編訳）：トートラ 人体解剖生理学 原書 8 版，丸善出版，p.503, 2011 を一部改変

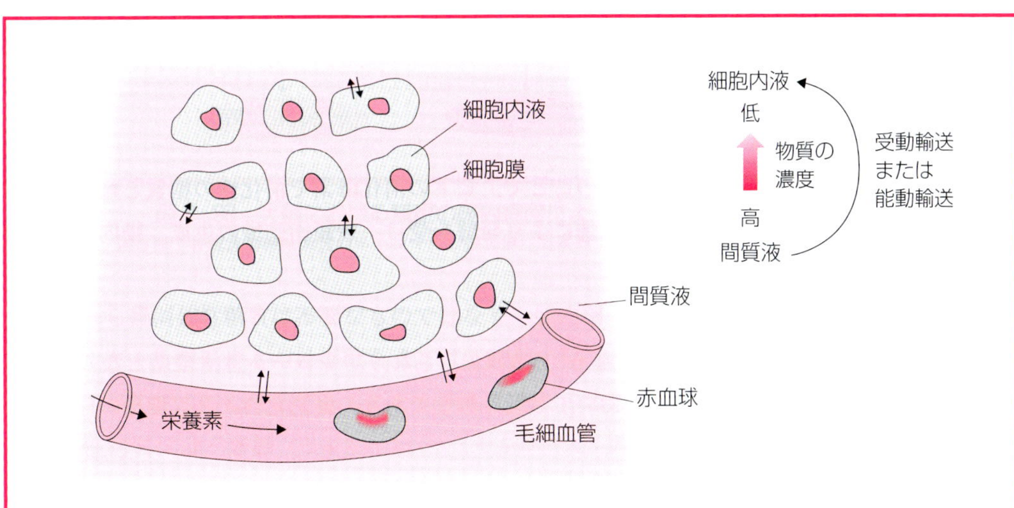

図 4-27 毛細血管から細胞への物質の移動

出典）G. J. Tortora, B. Derrikson（佐伯由香他編訳）：トートラ 人体解剖生理学 原書 8 版，丸善出版，2011 をもとに作成

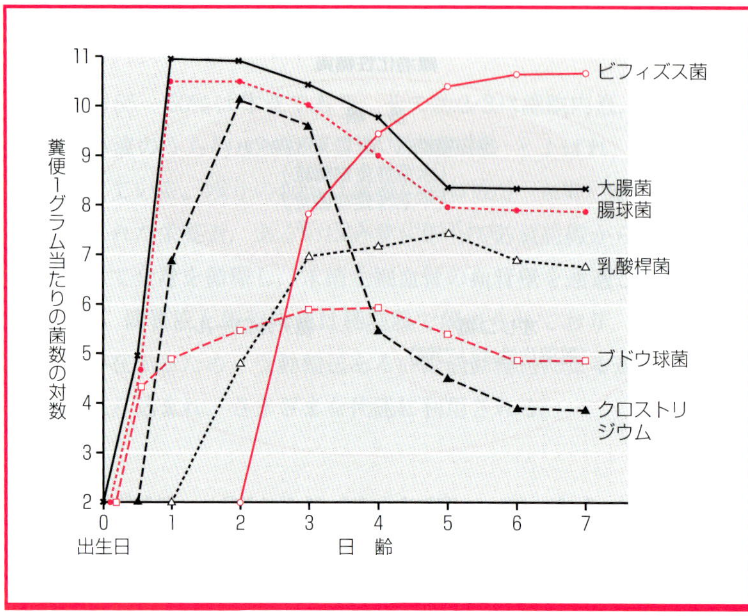

図4-30　新生児が生まれてから7日目までの糞便菌叢の移り変り

出典）光岡知足：腸内細菌の話，岩波書店，p.69，1978

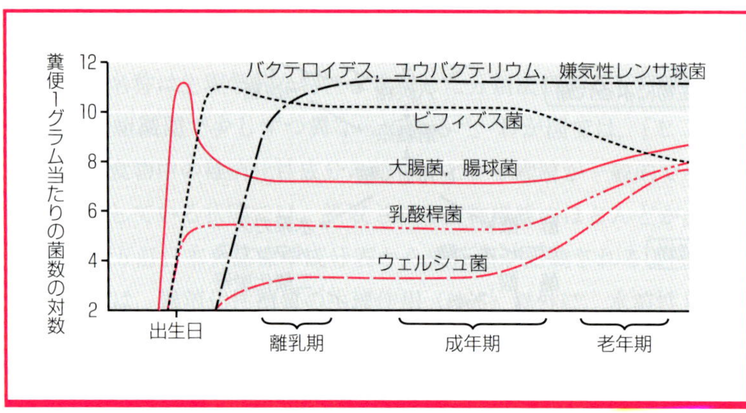

図4-31　年齢とともに移り変わる腸内菌叢（模式図）

出典）光岡知足：腸内細菌の話，岩波書店，p.81，1978

日和見菌

腸内細菌の構成はビフィズス菌などの善玉菌20%，ウェルシュ菌などの悪玉菌10%，残り70%が日和見菌といわれる。日和見菌とはことの成り行きをみて，有利な方につこうと形勢をうかがう菌のこと。悪玉菌が多くなると同調して有害物質を作り出す危険性がある。

酸生成およびエネルギーの供給，③ミネラルの吸収促進，④腸内環境を整え，免疫力を高めることに寄与することである。食物繊維の場合には，主に水溶性食物繊維にその機能が期待される。

①に関して，腸内細菌はビフィズス菌のような有用菌，ウェルシュ菌のような有害菌，大腸菌のような**日和見菌**（ひよりみ）に分けられ，それらの細菌叢（フローラ）のバランスは，食生活や加齢で変化する（図4-30，31）。難消化性糖質はビフィズス菌などの発酵基質となるため，発酵が進めば有用菌叢が広がり，腸内環境が整えられる。

②については次項参照。

③に関して，難消化性糖質は，カルシウムおよびマグネシウムの腸内吸収を促進する。例えば閉経後女性がフルクトオリゴ糖を摂取するとカルシウムの吸収を促進し，成人男性にマルチトールを与えるとカルシウムおよびマグネシウムの吸収を促進する。またカルシウム強化飲料摂取後の尿中^{44}Ca/^{43}Ca比率変化から，フルクトオリゴ糖添加によりカルシウムの吸収が促進されることも報告されている。これらの研究をもとにカルシウムにフルクトオリゴ糖を加えた食品が特定保健用食品として認可されている。ただし，難消化性糖質はミネラルの吸収率を一律に増加させるわけではなく，例えばマグネシウムの吸収は促進するが，亜鉛は比較的吸収が促進されにくいなど吸収選択性がある。

④の免疫力に関して，免疫力とは“ウイルスや病原体などの外敵から身体を守る防衛システム”のことで，言い換えれば“白血球の作用によって病気から身体を守る自然の治癒力”である。免疫力を高めるポイントは腸内環境を整えることにあり，腸では免疫力を高めるリンパ球を生み出し，また腸内環境が整っていれば交感神経，副交感神経などのバランスも安定する。難消化性糖質の摂取は，腸内細菌増殖に伴う抗原刺激，腸内発酵の促進により，免疫力が高まることにつながる。

難消化性糖質のうちオリゴ糖，糖アルコールは，適量摂取は消化吸収機能や腸内環境の改善に貢献するが，吸湿性（保水性）が高いものが多く，例えば大豆オリゴ糖であるラフィノースは，多量摂取で腹部の膨満感（鼓腸）を催すことがあり，キシリトールは大量に摂取すれば，一過性の緩下（下痢，軟便）や腹部膨満感を催すことがあるが，多量摂取による毒性は認められていない。難消化性糖質は，適量を効果的に摂取することである。

（2）短鎖脂肪酸

脂肪酸のうち炭素数が6個以下のものを短鎖脂肪酸（SCFA：short-chain fatty acid）とよび，主なものは酢酸，プロピオン酸，酪酸，吉草酸，カプロン酸，乳酸，コハク酸などである。短鎖脂肪酸は，大腸において食物繊維，オリゴ糖，糖アルコールなどの難消化性糖質が腸内細菌による発酵が行われることにより生成する。

発酵により生成した短鎖脂肪酸の大部分は，大腸の蠕動運動を促進して排便を促すこと，大腸粘膜組織から吸収されて上皮細胞の増殖を促進すること，大腸での水やミネラルの吸収を促し，エネルギーも発生する。それらの一部は，血流によって全身に運ばれ，肝臓や筋肉，腎臓などの組織で，エネルギーや脂質を合成する材料として利用される。また短鎖脂肪酸は弱酸性有機化合物で，乳酸とともに大腸内環境を弱酸性とし，有害菌の増殖を抑制したり，ヒトの免疫反応を高めたり，大腸の蠕動運動を促すことが知られている。

（3）プロバイオティクス，プレバイオティクス

プロバイオティクスとは，“腸内フローラのバランスを改善することにより，ヒ

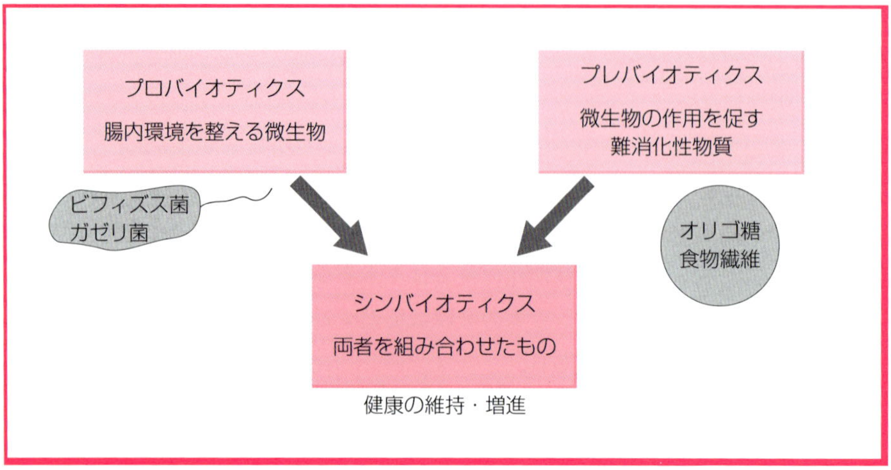

図4-32　プロバイオティクスとプレバイオティクス

トに有益な作用をもたらす生きた微生物”とフラー（Roy Fuller，イギリス）により定義されている。プロバイオティクスの条件としては，安全性が保証されていること，生きたまま腸内に到達できること，小腸下部や大腸で増殖可能なこと，腸内細菌叢の一種で有用効果を発揮しうること，細菌叢が維持できること，などがあげられる。一般の乳酸菌は大腸まで届かないため，プロバイオティクスの代表的な菌は，ガゼリ菌（乳酸菌の一種），ビフィズス菌などである。ヨーグルトにプロバイオティクスを加えると，胃酸など消化液の影響を受けにくく，生菌が大腸まで届きやすいとされ，各種商品化されている（図4-32）。

プレバイオティクスとは，食品成分であり，かつ消化管上部で分解・吸収されず，腸内細菌の有益な栄養源となり増殖を促進し，腸内環境（腸内細菌叢）を健康

●ルミナコイド－食物繊維を包括した新しい概念●

日本食物繊維学会では，食物繊維を包括した新しい用語として“ルミナコイド”を提唱している。“ルミナコイド”の定義は“ヒトの小腸内で消化・吸収されにくく，消化管を介して健康の維持に役立つ生理作用を発現する食物成分”としている。ルミナコイド（luminacoid）は，luminal（消化管腔内の）と，accord（調和）と，-oid（-質）からの合成語である。成分としては難消化性糖質以外にレジスタントプロテインなど糖質以外の成分も含み，高分子炭水化物に限定せず，高分子から低分子までを包括しているのが特徴である。ルミナコイドの発想は，摂取したルミナコイドが，生体の外側（腸管腔内）から体内代謝を直接的あるいは間接的に修飾あるいは調節するとしており，栄養学の考え方に沿っている。

ルミナコイド研究はプレバイオティクスとしての機能ならびに腸内細菌を介した健康の保持・増進や疾病の予防・回復の方向に進むといわれている。わが国の学会が世界に向けて提唱している“ルミナコイド”が定着するかはこれからである。

的な状態にして健康増進に役立つものをいう。難消化性糖質はプレバイオティクスに該当し，食物繊維（イヌリン，ポリデキストロース），オリゴ糖（フラクトオリゴ糖，大豆オリゴ糖，乳果オリゴ糖，キシロオリゴ糖，イソマルオリゴ糖，ラクチュロース，グルコン酸）などの研究報告がある。プレバイオティクスの摂取により，ビフィズス菌の増殖促進，ミネラルの吸収促進など，健康の維持・増進効果が期待される。

プレバイオティクスとプロバイオティクスを一緒に摂取すること，または両者を組み合わせた食品のことを**シンバイオティクス**といい，健康の維持・増進により効果的にはたらくとされ，サプリメントなどにも応用されている。

（4）レジスタントスターチ

デンプンは，これまで唾液および膵臓α-アミラーゼおよび小腸粘膜**α-グルコシダーゼ**により完全消化されるとされていたが，近年，イングリスト（H. N. Englyst，イギリス）らの研究により，デンプンの一部が消化されず，腸内細菌叢に利用されるケースのあることが明らかとなった。消化管で消化されにくいデンプンのことを，消化抵抗性という意味から**レジスタントスターチ**とよぶ。

消化性の観点からデンプンは，RDS（速やかに分解されるデンプン），SDS（生穀類のように緩やかに分解されるデンプン），RS（レジスタントスターチ）に3分類される。

レジスタントスターチはさらに細分し，RS1（食品構造にデンプンが含まれ，物理的に消化酵素が作用しにくいデンプン），RS2（**生ポテト**，未熟バナナなど，物理的に消化酵素が作用しにくいデンプン），RS3（冷や飯など，再結晶化（老化）したデンプン）に分類する。レジスタントスターチは，大腸に移動し，難消化性糖質と同様，腸内発酵基質となる。

α-グルコシダーゼ
マルターゼのこと。非還元性末端のα-1,4-グルコシド結合のグルコースを主に加水分解，ときには逆方向の反応も進行させる酵素。

生ポテト
ジャガイモ，長いも，未熟バナナデンプンは，生の状態ではα-アミラーゼの作用をほとんど受けず消化性が悪い。デンプン食品すべてにあてはまることだが，加熱などにより十分に糊化すれば消化抵抗性は消失し，効率よく消化される。

6. 生物学的利用度

（1）消化吸収率

食べ物は消化・吸収され，吸収されなかった残渣は糞便として排泄される。食品成分は完全に消化・吸収されることは少なく，一般には，肉食のときの糞便量は少なく，野菜など食物繊維の多いときは増える。そこで摂取した栄養素から糞便中に排泄された残渣を差し引けば，おおよその体内吸収量がわかることになる。摂取成分量から糞便に排泄された成分量を差し引き，摂取成分量で除して百分率で表したものを**見かけの消化吸収率**とよぶ。

〈見かけの消化吸収率〉

$$\text{見かけの消化吸収率（\%）} = \frac{\text{摂取成分量} - \text{糞便に排泄された成分量}}{\text{摂取成分量}} \times 100$$

内因性の損失（内因性成分量）を考慮すれば，**真の消化吸収率**が求められる。

〈真の消化吸収率〉

$$\text{真の消化吸収率}(\%) = \frac{\text{摂取成分量} - (\text{糞便に排泄された成分量} - \text{糞便の内因性成分量})}{\text{摂取成分量}} \times 100$$

(2) 栄　養　価

栄養価とは栄養成分が体内で利用される程度を示す評価法である。栄養価は上述の消化吸収率および体内での利用率で決まる。いずれも食事の形態によって一定せず，調理加工法，摂取方法，食品成分の相互作用で左右される。また食べる側の咀嚼（そしゃく），飢えや飽食などの栄養状態，ストレスや侵襲時の身体状態などに左右される。たんぱく質の栄養評価法として，生物価，アミノ酸価などがある（p.125参照）。

演習課題

❶ 弁当（内容：おにぎり，唐揚げ，野菜煮物）を食べたときの，消化・吸収について考えてみよう。
　1）胃において，胃酸が分泌されるのはなぜだろう。
　2）物理的な面から，消化・吸収をまとめてみよう。
　3）生化学的な面から，消化・吸収をまとめてみよう。
　4）高齢者の消化機能は，成人に比べてどう変化するのだろうか。

❷ 膜消化において，たんぱく質や単糖吸収の際には輸送担体が存在するが，脂質の場合，なぜ輸送担体が存在しないのだろう。

❸ ビタミン，ミネラルのうちで，消化管内で拡散などにより単に吸収されるのではなく，還元作用を受けたり，たんぱく質と結合するなど，合理的な吸収が行われるものをあげなさい。またそれらの吸収過程をまとめてみよう。

引用・参考文献

1）林　淳三編著：Nブックス 改訂 基礎栄養学，pp.41-42，建帛社，2010
2）「日本人の食事摂取基準（2015年版）」策定検討会：「日本人の食事摂取基準（2015年版）」策定検討会報告書，p.143，厚生労働省，2014

・池田和正：とことんわかる図解 基礎生化学，オーム社，2006
・G. J. Tortora, B. Derrickson（佐伯由香他編訳）：トートラ 人体解剖生理学 原書8版，丸善出版，2011
・A. Richard Harvey, R. Denise Ferrier（石崎泰樹，丸山　敬監訳）：リッピンコットシリーズ イラストレイテッド 生化学 原書5版，丸善出版，2011
・柴田克己，福渡　努編：ビタミンの新栄養学，講談社，2012
・林　淳三編著：Nブックス 改訂 基礎栄養学，建帛社，2010
・江指隆年，中嶋洋子編著：ネオエスカ 基礎栄養学 第3版，同文書院，2005
・奥　恒行，柴田克己編：健康・栄養科学シリーズ 基礎栄養学 改訂第3版，南江堂，2010

第5章 糖質の栄養

血糖（血中のグルコース）はほかの組織の重要なエネルギー源であるとともに，特に脳や神経組織，赤血球では唯一のエネルギー源である。また，血糖値はインスリンをはじめとするいくつかのホルモンによって調節されており，食後はグリコーゲンや中性脂肪として蓄積される。本章ではエネルギー産生のための代謝系である解糖系やクエン酸回路を学び，さらには血糖値維持のための糖新生系やグルコース・アラニン回路，コリ回路などの代謝系の重要性を学ぶ。

1. 糖質の体内代謝

(1) 食後・食間期の糖質代謝

糖質は主として穀類やいも類を摂取することによって含まれるデンプンなどが小腸で単糖類（主にグルコース）として腸管吸収され，次いで門脈を介して肝臓へ運ばれる。十分に糖質を摂取したときは血糖値の上昇とともに，主に**インスリン**（insulin）の作用により，主に肝臓や筋肉などでグリコーゲンとして貯蔵される。しかし，貯蔵されるグリコーゲン量は体重70 kgの成人で肝臓が約90 g，筋肉が245 gであり[1)]，摂取したグルコース量に比べてわずかである。さらにグリコーゲン合成量をこえた場合には，グルコースは中性脂肪（トリアシルグリセロール；TG：triacylglycerol，トリグリセリド triglyceride）に転換されて貯蔵される。

吸収された糖質は血中に放出され，食後の血糖値の変化（血糖曲線：血液中のグルコース濃度の変化）に従って，通常食後数時間は血糖値が上昇し，次いでインスリンが分泌され，過剰のグルコースはグリコーゲンもしくは中性脂肪として，貯蔵される。食後血糖値が高値となり，グルコースが各臓器へ供給された後，数時間後には血糖値が低下してくる（図5-1）。

血糖値の低下に伴ってインスリンの分泌も低下する。一定量の血糖値を下回ると貯蔵されたグリコーゲンが分解されるようになり，再度，血中にグルコースが放出され，低下した血糖値は上昇する。肝臓中のグリコーゲンのみが血糖の供給源となる。筋肉中の貯蔵されたグリコーゲンは解糖系を経由してピルビン酸や乳酸となり，これが肝臓に移行して糖新生（グルコース合成）される。インスリンの分泌が低下すると中性脂肪の分解も起こり，血中の遊離脂肪酸の濃度も上昇する。

インスリン
高血糖に応答して膵臓のランゲルハンス島β細胞から分泌される。血中のインスリン濃度は血糖値と並行して変化するが放出を促すほかの物質にアミノ酸，遊離脂肪酸，ケトン体，グルカゴンなどがある。

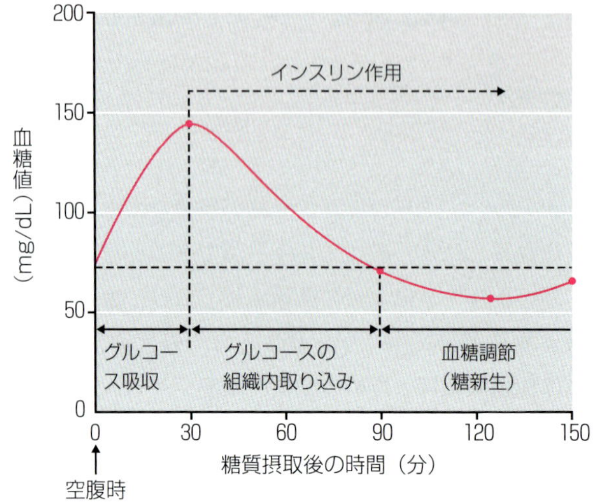

図５-１　健常者の血糖曲線

出典）林　淳三 編著：Nブックス 改訂 基礎栄養学，建帛社，p.42，2010

グルカゴン
膵臓ランゲルハンス島α細胞でつくられるホルモンである。その分泌は低血糖によって促される。肝臓においては，グルカゴンはホスホリラーゼを活性化することでグリコーゲン分解を促進する。

アドレナリン
副腎髄質から分泌されるホルモン。血糖量を高める作用をもち，インスリンと拮抗的にはたらいて血糖量の調節を行う。その他，血圧を上昇させ，また気管を拡張させる作用を有する。

食後の高血糖は，血糖調節ホルモンであるインスリンが分泌し，グリコーゲンや中性脂肪の生合成が高まって血糖値が低下する。一方，血糖値が低下すると**グルカゴン**（glucagon）や**アドレナリン**（adrenaline）が分泌し，グリコーゲンや中性脂肪の分解が促進されて，血中にグルコースや遊離脂肪酸が供給される。

また，絶食などによって糖質が十分に補給されないときや，糖質が不足し，かつグリコーゲンが枯渇した際には，グルコースは体成分を形成しているたんぱく質のアミノ酸から合成される。一方，中性脂肪や中性脂肪を構成する遊離脂肪酸からグルコースは生合成されない。

このように**エネルギー不足の状態**（絶食：食事をしない状態）が続くと，血糖値を一定に保つために肝臓中のグリコーゲンが使われるが，十分な量が蓄積されていな

●糖尿病（DM：diabetes mellitus）●

重症糖尿病患者では，まさしく尿中に糖（グルコース）が排泄される。通常，腎尿細管における能動輸送によってグルコースは完全に再吸収されるが，血糖が比較的高くなると腎臓も調節的役割を発揮する。連続的に糸球体でろ過されて出てくるが，尿細管系のグルコース再吸収の能力の上限は約2 mg/dLであり，高血糖症（適切にコントロールされていない糖尿病患者において起こる）における糸球体からのろ液にはグルコースが再吸収可能な量をこえて含まれ，結果として糖尿（glucosuria）となる。糖尿は静脈中の血糖値が約10mg/dLをこえると起こるとされる。

いため，ただちに枯渇する。そこで血糖値を一定に保つために，肝臓においてはグリコーゲン以外の物質，アミノ酸などから糖新生系（gluconeogenesis，p.92参照）を経由してグルコースが生合成され，血糖が供給される。また，骨格筋をはじめとする肝臓以外からの臓器からも糖新生系にかかわる物質が血中に放出され，肝臓において糖新生される。

脳や神経細胞，血球は血液中のグルコースが主なエネルギー源である。したがって，血糖値が低下した際に稼働する肝臓におけるグリコーゲンの分解や，その他の臓器からの物質による肝臓での糖新生系は生命維持において不可欠な過程である。

（2）糖質代謝の臓器差

グルコースはほとんどの臓器の主要なエネルギー源となる。グルコースは解糖系（p.89参照）を経て，ピルビン酸へと代謝変換される。酸素が十分に存在する好気的組織ではピルビン酸はアセチルCoAへと変換され，クエン酸回路（クレブス回路：Krebs cycle，TCA回路：tricarboxylic acid cycle，p.89参照）に入って，酸化され，水（H_2O）と二酸化炭素（CO_2）になる。この過程では**酸化的リン酸化**反応と**基質的リン酸化**反応を伴っており，グルコース１分子から生体のエネルギー基質であるアデノシン5'-三リン酸（ATP：adenosine 5'-triphoshate）は肝臓や心臓，腎臓では38分子，骨格筋や脳では36分子が産生される。この違いは解糖系にて産生した**NADH**+H^+のミトコンドリア膜での通過機構（**シャトルシステム**）違いに起因する。

一方，解糖系は酸素が不十分の場合，すなわち嫌気的条件でも進行し，最終的にピルビン酸から乳酸がつくられる。この過程では，グルコース１分子からATPは２分子が産生される。

血液から各組織に取り込まれたグルコースは各組織の経路で代謝されるが，どの経路の活性が高いかは臓器によって異なる。

肝臓はグルコース代謝が最も活発な臓器で，グルコース濃度も臓器中で最も高く，通常5％程度にもなる。しかし，その量は全体で90 g程度[1]に過ぎない。しかも，かなりの速度で合成と分解が繰り返されており，血糖値が低下すると肝臓グリコーゲンが分解され，生じたグルコースは血液中に放出される。逆に，食後など血糖値が上昇すると肝臓はグルコースを活発に取り込み，グリコーゲンとして貯蔵する。肝組織はグルコースを自由に透過させるが，糖質の供給がなかったり，絶食をしたりすると貯蔵グリコーゲン量は急速に枯渇する。

筋肉に貯蔵されるグリコーゲン濃度は，組織当たりわずか0.7％程度であるが，筋肉は身体全重量の約40％にもなるので，筋肉のグリコーゲン貯蔵量は約245 gにもなる[1]。このグリコーゲンはもっぱら筋収縮のためのエネルギー源として利用される。したがって，筋肉は解糖系の活性が高く，またグルコースのクエン酸回路への流れも強い。急激な運動負荷によって相対的な酸素不足になるときには，解糖系のみが稼働し，ピルビン酸から乳酸が合成される。

酸化的リン酸化
酸化還元反応によって遊離されたエネルギーを用いて，アデノシン5'-二リン酸（ADP：adenosine 5'-diphosphate）と無機リン酸からATPを合成する反応。

基質的リン酸化
基質に直接リン酸結合がつくられ，そのリン酸結合を高エネルギーリン酸結合としてADPに転移させてATPを合成する形式。

NADH
ニコチンアミドアデニンジヌクレオチド（NAD:nicotinamide adenine dinucleotide）の還元型の略号。

シャトルシステム
解糖系にて産生されたNADH＋H^+はミトコンドリア内膜を通過できないため，膜通過の機構が存在する。通過機構は組織によって異なり，リンゴ酸・アスパラギン酸シャトルとグリセロール・リン酸シャトルがある（p.89）。

脳ではグルコース濃度が血液よりも低く，グリコーゲンもごくわずか（0.09%程度）しか貯蔵されない。しかし，脳のエネルギーはすべて血液から汲み上げたグルコースの分解によるため，血糖値が極端に低下すると昏睡状態になることがある。また，脳細胞では解糖系の酵素活性が高いために，ビタミンB_1が不足するとピルビン酸からアセチルCoAへの流れが悪くなって，ピルビン酸が蓄積するため脳機能が低下する。

脂肪組織は脂肪合成が活発であり，アセチルCoAの供給のために解糖系の活性が高い。また，脂肪酸合成に必要な**NADPH**を供給するために，それを産生するペントースリン酸経路の活性も高い。

赤血球はミトコンドリアをもっていないため，エネルギー産生は解糖系に依存している。また，赤血球はペントースリン酸経路の活性が高い。

NADPH
ニコチンアミドアデニンジヌクレオチドリン酸（NADP: nicotinamide adenine dinucleotide phosphate）の還元型の略号。

呼吸商
消費された酸素に対する生成された二酸化炭素の割合。

ケトン体
肝臓では脂肪酸からエネルギー源として，少量のケトン体（アセト酢酸，β-ヒドロキシ酪酸，アセトン）がつくられ，肝外組織でエネルギー源として利用される。

ケトン血症
グルコースがエネルギー源として利用されない状態（糖尿病，長期の絶食など）では脂肪酸からケトン体への産生量が増加し，血液が酸性に傾くことをよぶ。

2. 血糖とその調節

（1）インスリンの作用

消化物が吸収されている食後数時間は，豊富な代謝エネルギー源の供給がある。この条件下ではほとんどの組織において，グルコース（ブドウ糖）が酸化され，主要なエネルギー源になっている。これは，**呼吸商**が，空腹時では0.8程度であるのに対し，1.0程度にまで上昇していることからもわかる（表5-1）。

食後の糖質由来のグルコースの組織内への取り込みや，中性脂肪（トリアシルグリセロール）への置換は，主にホルモンであるインスリンの作用によって制御される。糖尿病では，若年性もしくは1型糖尿病（インスリンの合成や分泌に障害がある場合）と，成人型もしくは2型糖尿病（インスリン作用に対する組織の感受性の低下がある場合）とがある。いずれにしても，各組織の主要なエネルギー源であるグルコースの利用が円滑にはたらかないなど，代謝に深刻な異常をもたらす。グルコースの利用が円滑でないために，主に肝臓にて中性脂肪から**ケトン体**（ketone bodies）が産生され，血液中に放出され，血液が酸性に傾くという**ケトン血症**（ketosis）を引き起こす。

表5-1　代謝エネルギー源が酸化されるときのエネルギー量，O_2消費，CO_2産生

	エネルギー量 (kcal/g)	O_2消費 (L/g)	CO_2産生 (L/g)	呼吸商 CO_2産生／O_2消費
糖質（炭水化物）	4	0.829	0.829	1.00
たんぱく質	4	0.966	0.782	0.81
脂質	9	2.016	1.427	0.71
アルコール	7	1.429	0.966	0.66

出典）上代淑人，清水孝雄 監訳：イラストレイテッド ハーパー・生化学 原書28版，丸善出版，p.165，2011より一部改編

インスリンは骨格筋，脂肪組織におけるグルコースの取り込みを調節しており，門脈の血糖値の上昇に応答して，膵臓のランゲルハンス島β細胞から放出される。

肝臓はグルコースに対して高い親和性をもつヘキソキナーゼの**アイソザイム**（グルコキナーゼ）をもっている。したがって，肝臓に入るグルコース量が増加すると，グルコース-6-リン酸の合成速度が増大する。この状態では，エネルギー量は十分なため，グルコース-6-リン酸は主にグリコーゲン合成に利用される。肝臓や骨格筋においてはインスリンの作用にてグリコーゲンシンターゼを活性化する。肝臓に取り込まれた余分なグルコースのうち，いくらかは脂質合成にも使われ，トリアシルグリセロールが生成される（肝臓におけるこれらの作用はインスリン依存性ではない）。

アイソザイム
同一個体において同じ反応を触媒する酵素がいくつかあり，それらが化学的に異なるたんぱく質であるときにこの酵素群をアイソザイムという。

脂肪組織においては，インスリンはグルコースの取り込み，グルコースの脂肪酸への変換，脂肪酸のエステル化による中性脂肪の生成を活性化する。同時に，細胞内での脂質分解と遊離脂肪酸の放出を阻害する。

正常な状態では，たんぱく質の異化（分解）速度と合成速度はほぼ一定である。絶食時にはたんぱく質の異化速度が上昇し，食事を摂取するとたんぱく質の合成速度は20～25％増加して，体たんぱく質量が増加する。アミノ酸の供給および代謝エネルギー源の供給の増加によるたんぱく質合成速度の増加も，インスリンの作用に対する応答のひとつである。

(2) 血糖曲線

血液中に含まれる主な糖質はグルコースである。したがって，血糖値とはグルコースの血中濃度を表している。また，食事後の血糖値は経時的に変化し，その変化を示したものを血糖曲線という。

健常者の空腹時における血糖値は70～110 mg/dL程度である。また，食事前後の血糖値はインスリン，グルカゴン，アドレナリンなどのホルモンにより調節され，肝臓や骨格筋におけるグリコーゲン合成系（glycogenesis），さらには肝臓における重要な代謝経路のひとつである糖新生系（gluconeogenesis）によっても適切なレベルに維持されている。

健常者の血糖曲線を図5-1に示した。食事後15～45分で血糖値は150 mg/dL程度にまで達したのち，90～120分後にはインスリンの作用により空腹時程度にまで低下する。次いで，空腹時よりもやや低値を示すが，その後は一定値以下になることはなく，糖新生系などによって血糖値はコントロールされ，一定の値を推移する。

また血糖値の低下に伴って，膵臓α細胞からのグルカゴンの分泌が増加する。グルカゴンはグリコーゲンホスホリラーゼを活性化し，生じたグルコース-6-リン酸からグルコースが産生され，血中に放出される。このホルモンは，血糖値のコントロールに寄与している。

(4) 筋肉・脂肪組織の役割

筋肉中のグリコーゲンは血中由来のグルコースから合成・貯蔵され，エネルギー産生だけを目的として貯蔵される。筋肉細胞へのグルコース取り込みは細胞内の小胞に存在し，インスリン感受性**グルコース輸送担体**（GLUT4：glucose transporter 4）がインスリン分泌に呼応して細胞膜表面に移送され，輸送担体の増加に伴ってグルコースの細胞内輸送，すなわち取り込み量が増加する。運動は日常的に筋肉を使っているため，**GLUT4**が増え，グルコースの筋肉への取り込み率が上昇し，結果的に筋グリコーゲン量が増加する。筋肉中のグリコーゲンはエネルギー産生のみに利用されることから，筋肉中のグリコーゲン増加は筋肉運動を効率よく稼働することが可能となる。なお，食後の血糖値上昇に伴ったインスリンの分泌亢進によって，筋肉は十分なエネルギー産生のために運動時の備えとして，グリコーゲン合成や蓄積を促している。

筋肉にはグルカゴン受容体が存在しない。また，筋肉ではグルコース-6-ホスファターゼが欠損しているので，筋肉グリコーゲンから直接的に血中グルコースを供給することはできない。また，肝臓と異なり，糖新生系もないことから，筋肉中のグリコーゲンは直接的に血糖の供給源とはなり得ない。

しかし，グルコース・アラニン回路（図5-3）を利用して，筋たんぱく質由来のアミノ酸を肝臓へ輸送し，糖新生系の原料として肝臓でのグルコース合成を促す。また，筋肉グリコーゲンはアドレナリンなどによって分解が促進され，解糖系にてエネルギーに転換される。また，解糖系から産生されたピルビン酸や乳酸は血中に放出された後，肝臓に達して糖新生系の原材料となり，血糖の供給に寄与される。

◘グルコース輸送担体
グルコース輸送担体はグルコースの促進拡散型の膜輸送を行う担体であり，GLUT1～GLUT7の分子種が報告されている。なお，グルコースの腸管吸収にかかわり，エネルギーを必要とするNa/グルコース共輸送型トランスポーター(SGLT:sodium-dependent glucose transporter）とは異なった分子である。

◘GULT4
インスリン刺激が細胞内に伝達されると，GLUT4は細胞膜上へと移動し，細胞外にあるグルコースの取り込みを促進することから，インスリン感受性の輸送担体である。

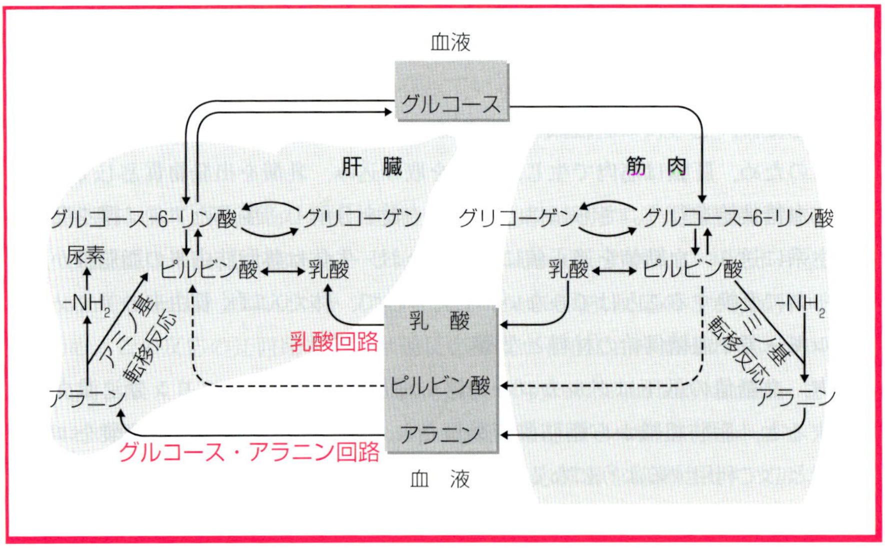

図5-3 乳酸（コリ）回路とグルコース・アラニン回路
出典）林 典夫他：シンプル生化学 改訂第5版，南江堂，p.149，2010より改変

脂肪組織においても，血中グルコースは取り込まれ，グルコースから脂肪酸に変換された後，中性脂肪（トリアシルグリセロール）として蓄積される。脂肪組織もインスリン感受性のGLUT4を介して，筋肉と同様にグルコースの取り込みが促進される。しかし，エネルギー蓄積の形態は筋肉がグリコーゲンであり，脂肪組織が中性脂肪であるという点で大きく異なっている。

体脂肪量は個人差があるものの，体重50 kgの成人男性の体脂肪量が体重当たり約20％であれば，成人男性でおよそ14万 kcalを体内に保有することになる。すなわち，1日2,000 kcalを消費するとしても約70日分の貯蔵エネルギーと見積もることができる。全身のグリコーゲンの貯蔵量が1日の必要量に満たないことと比較すると，このエネルギー貯蔵量は莫大である。また，中性脂肪がホルモン感受性リパーゼの作用により分解されて生じるグリセロールは糖新生系に合流できる。

なお，脂肪酸は血糖に変換できないことから，糖質が主なエネルギー源である脳・神経組織では脂肪酸は十分なエネルギー源となり得ない。しかし，脂肪酸が酸化される過程でケトン体が産生され，これを利用することは可能である。血糖がエネルギー源として利用されない場合は血中にケトン体が大量に放出され，血液が弱酸性状態を呈するケトーシスとなる。

（5）コリ回路，グルコース・アラニン回路

筋肉や脳組織，赤血球などでは，解糖系でエネルギー産生が行われるとグルコースは解糖系の最終産物である乳酸に変換される。生じた乳酸は再度グルコースを生合成するため，さらには筋肉での蓄積を防ぐために，血中に放出されて肝臓あるいは腎臓に取り込まれる。肝臓や腎臓は糖新生系を有しており，取り込まれた乳酸はグルコースに新生され，再び血中に放出される。血中に放出されたグルコースは血液循環を通じてほかの組織に運ばれ，そこで解糖系やクエン酸回路を経て，酸化反応の材料，すなわちエネルギー源として利用される。

このように，筋肉組織や赤血球などの組織でのグルコースからの乳酸の生成，および肝臓あるいは腎臓における乳酸からグルコースの生成は，各臓器間で異なった代謝反応がなされ，乳酸とグルコースの循環回路が血液を介して形成されることになる。すなわち，筋肉組織や赤血球にてグルコースから乳酸が生成し，乳酸は血液（大循環）を介して肝臓に至る。肝臓では乳酸からグルコースが生合成され，再度，各組織へと体内循環する。この体内循環の回路は**コリ回路**または乳酸回路という。

空腹時には，骨格筋からかなりの量のアラニンが放出される。その濃度は，骨格筋たんぱく質の異化によって生じる濃度をはるかにこえている。それらのアラニンは，筋肉グリコーゲンの解糖系によって生じたピルビン酸がアミノ基転移を受けたために生じたものである。このアラニンは肝臓に輸送され，そこでアミノ基が除かれてピルビン酸となり，糖新生の基質となる。この循環をグルコース・アラニン回路とよぶ。これは空腹時において血糖の維持と，運動時筋肉グリコーゲンを有効に

コリ回路
（Cori cycle）
コリ回路は嫌気呼吸の過程において，筋肉や赤血球ではグルコースから乳酸をつくり，肝臓では乳酸からグルコースに糖新生される経路のことである。これを発見したカール・コリ（Carl Ferdinand Cori，アメリカ）とゲルティー・コリ（Gerty Theresa Cori，アメリカ）の夫妻にちなんで命名された。

利用するための間接的な経路である。

3. 糖質のエネルギー源としての作用

摂取食物中の糖質は，前述のとおり消化・分解され，単糖として吸収された後，門脈を経て肝臓に運ばれる。グルコースやその他の単糖類は，最終的には共通の代謝系である解糖系に入り代謝される。また，糖質の主要な代謝系は解糖系以外のほかに，クエン酸回路，ペントースリン酸回路があげられる。

●グリセミック・インデックス●

グリセミック・インデックス（血糖インデックスあるいは血糖上昇係数ともいう。GI：glycemic index）の低い食品は血糖値の上昇が緩やかであるため，糖尿病患者の場合，血糖コントロールをよりよくするため，この値を考慮に入れて食事を摂ることが望ましいとされる。

GIは，一晩絶食した健常者に10～50 gの炭水化物を含む食品（試験食）を食べ，その後血液サンプルを15～30分ごとに採取して2時間の血糖曲線を描き，曲線下面積（AUC：area under curve）を計算する。

次いで，試験食と同量のグルコースもしくは基準となるデンプン食（通常は精白パンやご飯）を食べて求めた曲線下面積と比較して求める。GIは食物中のデンプンの構造や結晶化，さらにはデンプンを消化することを妨げる植物細胞壁に包まれているかどうかによって決まる。

一般にGIは単糖類や二糖類である果糖や砂糖，さらには食パン，フランスパン，じゃがいも，精白米，もち，うどんなどは高く，一方，パスタ，玄米，ライ麦パン，そばなどは低めである。また，食物繊維と同時に摂取すると低値になることがわかっている。

GIの低い食品は血糖値の上昇が緩やかであるため，糖尿病患者の場合，血糖コントロールをよりよくするため，この値を考慮に入れて食事を取ることが望ましいとされる。

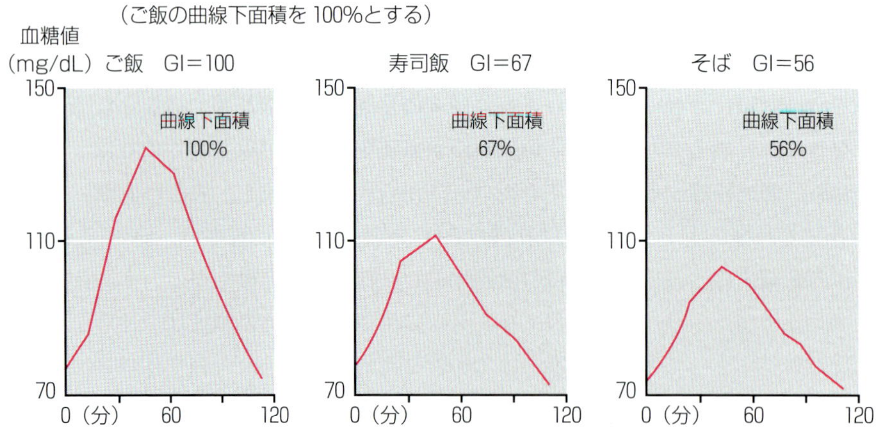

ご飯，寿司飯，そば摂取後の血糖上昇曲線下面積ならびにGI

出典）細谷憲政：人間栄養とレギュラトリーサイエンス，第一出版，p.184，2010

(1) 解　糖　系

解糖系（glycolysis あるいはglycolytic pathway，EMP経路：Embden-Meyerhof-Parnas pathway）はグルコースを基質とし，ピルビン酸もしくは乳酸までの分解経路であり，無酸素にて細胞質内に局在する一連の酵素にて進行する。解糖系は乳酸まで進行した場合，1分子のグルコースから2 molのATPが生成する。解糖系は無酸素で進むので，瞬発的な運動の際など，酸素補給が間に合わないときのエネルギー産生にはきわめて重要であり，嫌気的条件下で進行する。

なお，酸素が十分存在する際には，解糖系にて生成したピルビン酸からクエン酸回路へと進行し，この過程にて1分子のグルコースから最大で38 molのATPが産生する。

(2) クエン酸回路

クエン酸回路（citric acid cycle，クレブス回路：Krebs cycle，TCA回路：tricarboxylic acid cycle）はミトコンドリアのマトリックス内に局在する一連の酵素にて進行し，細胞質内にて進行する解糖系とは異なる。解糖系にて産生されたピルビン酸がアセチルCoAに変換されるとミトコンドリア内へと移動し，一連の反応が開始される。この回路は酸素が十分に存在する条件下でのみ進行することから，これも解糖系とは異なる。基質であるアセチルCoAは最終的に二酸化炭素と水にまで完全に酸化され，その際にエネルギーは電子伝達系により**NADH**+H^+（あるいはNADH）と**$FADH_2$**に変換される。

三大栄養素である糖質・たんぱく質（アミノ酸）・脂質（脂肪酸）の代謝反応はいずれもクエン酸回路の中間物質に変換されることから，これらの栄養素はクエン酸回路を中心として相互に関連しているといえる。

グルコースは解糖系およびクエン酸回路を経て，完全に酸化分解される。還元物質にて蓄えられたエネルギーは電子伝達系にて酸素に受け渡されると同時に大量のATPが生成される。グルコース1 mol当たりの**ATP生成量**は組織によって異なり，肝臓，心臓，腎臓では38 mol，骨格筋，脳では36 molである。なお，肝臓などの組織と骨格筋などの組織のATP生成量の差2 molは，解糖系にて産生されるNADH+H^+がミトコンドリア内の電子伝達系にまで輸送される際の，ミトコンドリア膜の輸送機構が異なるためであり，前者は**リンゴ酸・アスパラギン酸シャトル**にて，後者はエネルギー（ATP2 mol）を必要とする**グリセロール・リン酸シャトル**にて，それぞれ膜輸送されるため，ATPの産生する総量が異なっている。

$FADH_2$
フラビンアデニンジヌクレオチド（FAD:flavin adenine dinucleotide）の還元型の略号。

ATP生成量
最近では，グルコース1 mol当たりのATP生成量は，前者の組織では32 mol，後者の組織では30 molと数える場合がある。

リンゴ酸・アスパラギン酸シャトル
肝臓，心臓，腎臓などの臓器の細胞で機能し，解糖で生じたNADH+H^+のエネルギーをミトコンドリア外からミトコンドリア内（マトリックス）に輸送する機構のひとつである。

グリセロール・リン酸シャトル
筋肉などの臓器の細胞で機能する。NADH+H^+のミトコンドリア内（マトリックス）輸送にて，NADH+H^+が$FADH_2$に置き換わるためにグルコース1分子当たりATP 2分子が減じて輸送する機構である。

(3) ペントースリン酸回路

ペントースリン酸回路（五炭糖リン酸回路：pentose phosphate cycle，ヘキソース一リン酸経路：hexose monophosphate pathway）は解糖系とともに，グルコースの酸化経路として重要であり，また解糖系の側路のひとつとして知られている。この回路に関連する酵素は細胞質に局在しており，解糖系とつながっている。この回路の重要性はグルコース-6-リン酸が脱炭酸して脂肪酸合成などに必要なNADPH+H^+（あるいはNADPH）を産生すること，および核酸合成に不可欠なリボース-5-リン酸を供給することにある。

4. 糖質エネルギー比率

ヒトの生体内エネルギー源は主にATPであり，エネルギーの貯蔵，供給，運搬にかかわるきわめて重要な物質である。ATPはリン酸３分子を有する生体内物質であり，このうち１個のリン酸H_3PO_4を切り離すことにより，高エネルギー（7.3 kcal/ 1 mol）を放出し，自身はADPに変換する。

健康な成人女性の推定エネルギー必要量は2,000 kcal/日前後と見積もられている。そこで，ATP1 molから産生されるエネルギー量を換算すると，成人女性が１日に必要とするATPは250 mol以上となる。しかし，生体内のATP貯蔵量は0.1 mol程度しかないため，生命を維持するためには，常にADPからATPを再合成し続ける必要がある。

糖質のうち，主食であるデンプンに由来するグルコースは酸素が十分に存在する環境下においては解糖系からクエン酸回路，次いで主として電子伝達系を経てエネルギー蓄積される。すなわち，この代謝過程で産生された高いエネルギーは主として電子伝達系（酸化的リン酸化，p.81参照）にて基質であるADPからATPに変換されることでエネルギー蓄積される。その他，直接ATPが産生される反応（基質的リン酸化，p.81参照），すなわちリン酸結合した高エネルギー化合物からリン酸が外れるとともに，そのエネルギーを利用してADPに直接リン酸結合され，ATPが合成される生成反応もある。

主な糖質であるグルコースは十分な酸素の存在下で酸化分解されると，約4 kcal/gのエネルギーが産生される。通常，熱量素としては糖質が一番重要であるが，脂質とたんぱく質もエネルギーを発生する。特に，摂取した脂質もしくは生体内に蓄積された脂質は完全に酸化されると，約9 kcal/gのエネルギーが産生されることから，エネルギー源としての重要性は無視できない。各栄養素の中間代謝物は絶えず相互に変換され，エネルギー産生にかかわっている。しかし，脂肪酸から糖質は産生できないように不可逆な反応経路も一部にはある（6．糖質と脂質の相互変換，p.91参照）。

なお，電子伝達系はミトコンドリアの内膜に存在し，クエン酸回路をはじめとする種々の代謝経路において産生されたNADH+H^+や$FADH_2$から大量のATP合成を発揮する一連の酵素複合体である。ATPは生体におけるエネルギーの通貨ともいえ，生命維持に欠くことのできない物質である。すなわち，電子伝達系は日常の絶え間ないATPの産生という点できわめて重要な代謝機構のひとつである。

5. 糖質や脂質によるたんぱく質節約作用

糖質はアミノ基転移反応によって，ピルビン酸，α-ケトグルタル酸（2-オキソグルタル酸）およびオキサロ酢酸などを介して，一部のアミノ酸と相互変換が可能である。

このようなアミノ酸を糖原性アミノ酸（glycogenic amino acid）とよぶ。糖原性アミノ酸は血糖維持と密接に関連しており，糖質の摂取量が極端に減少しても糖新生経路を介してグルコースを供給できる。例えば生体が飢餓状態に陥ると，生体防御反応のひとつとして体たんぱく質が分解され，そのアミノ酸の一部が糖質代謝に取り込まれ，脳神経組織細胞などが必要とするグルコース供給の原料となる。

一方，摂取したたんぱく質の本来の機能は，体成分として酵素や筋肉などのたんぱく質合成に使用されることである。しかし，摂取したエネルギー量が必要とされるエネルギー量より少ないと，体成分中のたんぱく質はエネルギー源として優先的に使われてしまう。このようなとき，糖質を十分に摂取することで糖質がエネルギー源として有効に使われるために，たんぱく質はエネルギー源として使われず，結果としてたんぱく質本来の機能である酵素や筋肉などの体たんぱく質として効率的に使用できることになる。

したがって，十分な糖質を摂取することで，たんぱく質としての利用性が高まることから，これをたんぱく質節約作用という。

6. 糖質と脂質の相互変換

グルコースは解糖系を経て，また脂肪酸はβ酸化経路を経て，ともにクエン酸回路の出発物質であるアセチルCoAが産生される。次いで，産生されたアセチルCoAはクエン酸回路に入って酸化分解されて大量のエネルギーが産生されるため，ともに重要な熱量素でもある。ここで，デンプン摂取後に消化・吸収されたグルコースは一時的に血糖値が上昇するが，直後にインスリンの作用により，グリコーゲンとして一時的に蓄えられる。しかし，グルコーゲンの蓄積量は，通常肝臓では約100 g，筋肉では約250 gのように限度があるため，食後の血糖は解糖系からアセチルCoAを経由して脂肪酸合成系に入り，最終的に脂質（中性脂肪）に変換される。したがって，糖質から脂質への変換は主にエネルギー貯蔵を目的としており，その蓄積量はグリコーゲン量に比べ，はるかに大きい。

解糖系にて産生されたピルビン酸はアセチルCoAに転換できる。一方，アセチルCoAからピルビン酸には変化できない。すなわち，ピルビン酸脱水素酵素複合体が関与する反応は不可逆反応である。したがって，脂肪酸はアセチルCoAに変

ためにはチアミンも含めた水溶性ビタミンが必要である。

●脚気●

白米中心の食生活で，副食の貧しかったかつてのわが国では脚気が多発したのは当然で，1923（大正12）年には年間27,000人以上が死亡した。しかしその後，脚気はビタミンB_1で治癒し，かつ予防できることが明らかになり，急速に減少した。大正末期で脚気の多発した某工場女工員寮と最近の某工場女工員寮の給食栄養分析を比較した結果，後者は1日当たりのB_1の摂取量が1.7 mgであるのに対し，前者では0.7 mgと極端に少なく，また摂取栄養素の主体は白米（糖質）であり，一方動物性たんぱく質や脂質の摂取量がきわめて少なく，これでは脚気が多発するのも当然といえよう[3)]。

ところが，近年，再び脚気が散発して話題になっている。最近報告された脚気の特徴として，若い男性，特にスポーツなど肉体労作の強い男子高校生に多発していることがあげられる。誘因としては，偏食，過労が多く，成人以降ではアルコールの過飲などもあげられる。すなわち，運動やアルコール摂取することでビタミンB_1の必要量は高まるにもかかわらず，明らかに糖質（エネルギー）の過剰摂取とビタミンB_1欠乏に起因するといえる[3)]。

演習課題

❶ 食後に摂取した糖質（エネルギー）はグリコーゲンのみではなく，中性脂肪としても貯蔵されることを理解しよう。

❷ 食後の血糖上昇と，その後の血糖維持に重要なホルモン分泌について整理するとともに，血糖値維持の主な生理的意義について理解しよう。

❸ 血糖値の維持と糖新生系との関係について，代謝系も含めて理解しよう。

❹ 糖質の好気的代謝と嫌気的代謝の違いについて理解しよう。

❺ 糖質摂取によるたんぱく質節約作用について理解しよう。

❻ 糖質摂取によるビタミンB_1の必要量増加の理由を考えよう。

引用文献

1）上代淑人，清水孝雄監訳：イラストレイテッド ハーパー・生化学 原書28版，丸善出版，p.185，2011

2）「日本人の食事摂取基準（2015年版）」策定検討会：「日本人の食事摂取基準（2015年版）」策定検討会報告書，厚生労働省，pp.194-197，2014

3）阿部達夫：食事と疾病，栄養と食糧；130（6）：377-344，1977

第6章 脂質の栄養

食物中の脂質は生体膜・細胞膜の脂肪酸組成に明確な影響を及ぼす。また，習慣的にエネルギー消費より摂取エネルギーを上回る食生活においては，内臓脂肪細胞・組織は肥大化し，生活習慣病を発症しやすい内分泌細胞へと変異する。これらの脂質栄養状態はほかの生活習慣要因や遺伝因子と合わせ，種々の疾患リスクに，きわめて緩慢であるが重大な影響を及ぼす。本章ではこれら疾患リスクを減らすための，脂質栄養の基礎的理論を学ぶ。

1. 脂質の体内代謝

(1) 食後・食間期の脂質代謝

ヒトは生命活動に多量のエネルギーを消費し，その消費したエネルギーを食事で補う。食後では筋肉・肝臓・脂肪組織などのエネルギー貯蔵臓器にグリコーゲンや脂肪を蓄積し，食間期では蓄積したグリコーゲンや脂肪を脳・心臓などのエネルギー消費臓器の活動エネルギーとしてグルコース・脂肪酸・ケトン体を利用する。

1）食後（吸収期）の脂質代謝

a．キロミクロンの代謝　食事として摂取した脂質は，小腸内で消化され，小腸上皮細胞で**キロミクロン**に組み込まれ，リンパ管に運ばれ血中に入る。キロミクロン外層部にある**アポC-Ⅱ**により活性化された**リポたんぱく質リパーゼ**（LPL）は，内核部にある**トリアシルグリセロール**（TG：triacylglycerol）を加水分解する。生成した**遊離脂肪酸**は，ただちにアルブミンと結合し**非エステル型脂肪酸**（NEFA：non-esterified fatty acid）となり，脂肪組織に取り込まれ，TGに再合成され脂肪細胞などに蓄積する（図6-1）。

TGが少なくなり，粒子サイズが小さく，密度が高くなったキロミクロンは**キロミクロンレムナント**（残遺キロミクロン）とよばれ，**アポE**を認識する肝臓の**レムナント受容体**を介して肝臓に取り込まれ，栄養源として利用または**超低密度リポたんぱく質**（VLDL：very low-density lipoprotein）に再構成される。

b．超低密度リポたんぱく質の代謝　肝臓に取り込まれたキロミクロンレムナントの脂質や肝臓内で合成された脂質から，VLDLは形成され，血中に分泌され，肝外組織に送られる。VLDLのTGも，組織LPLで加水分解され，**中間密度リ**

◘リポたんぱく質リパーゼ（LPL）
筋肉や脂肪組織にあるLPLは，筋肉や脂肪組織で合成され，これらの組織毛細血管内皮細胞に移動する。

◘非エステル型脂肪酸（NEFA）
血液中に存在する遊離の脂肪酸は血中では血漿中のアルブミンと結合し存在する。そのため，遊離脂肪酸とはいわず，エステル型脂肪酸と区別するため，非エステル型脂肪酸という。

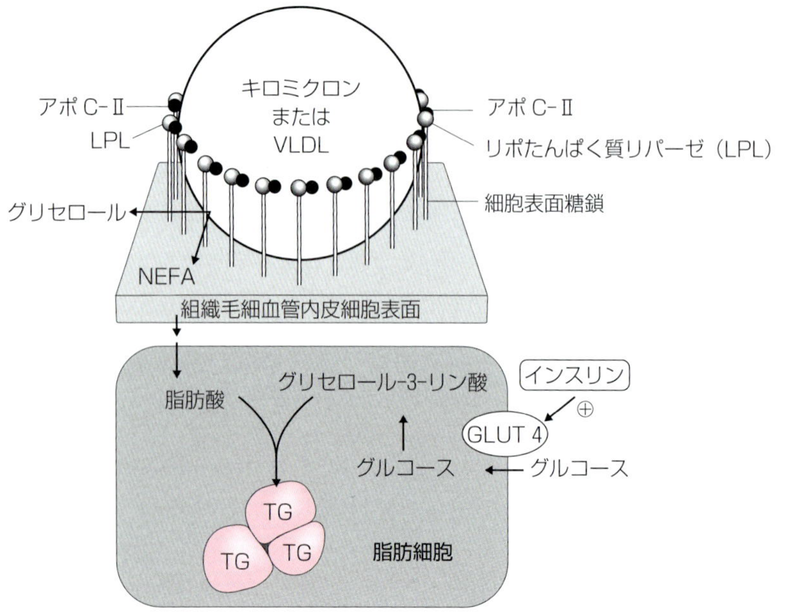

LPL：リポたんぱく質リパーゼ，NEFA：非エステル型脂肪酸（遊離脂肪酸），TG：トリアシルグリセロール，GLUT4：グルコース輸送体4

図6-1　食後期，リポたんぱく質リパーゼによるキロミクロン・トリアシルグリセロールの加水分解と脂肪細胞でのトリアシルグリセロール生合成

出典）F. B. Padley & J. Podmore (eds.) : The role of fats in human nutrition, Ellis Horwood Ltd, Chichester, England, pp.35-47, 1985より一部改変

ポたんぱく質（IDL：intermediate density lipoprotein）に変換される。**IDL**は肝臓の**肝性TGリパーゼ**（HTGL：hepatictriacylglycerol lipase）の作用によりTGを失い，さらに密度が高い**低密度リポたんぱく質**（LDL：lowdensity lipoprotein）になる（図6-2）。LDLはTGをほとんど失うので，**コレステロールエステル**（Chl-E）含量が高くなる。生成したLDLは，組織細胞表面に存在する，**アポB-100**と**アポE**を認識するLDL受容体を介し細胞内に取り込まれ，**コレステロール**（Chl）などを受け渡す。

c．中鎖脂肪酸の代謝　炭素数5～12の脂肪酸は中鎖脂肪酸（MCFA：medium chain fatty acid）とよばれ，やし油，乳製品などに多く含まれる。MCFAで構成されたトリアシルグリセロールを中鎖脂肪酸トリアシルグリセロール（MCT：medium chain triacylglycerol）という。小腸内で加水分解されたMCFAは，長鎖脂肪酸（LCFA：long chain fatty acid）とは違い小腸でTGに再合成されず，アルブミンと結合し，門脈を経由し直接，肝臓に運ばれる。MCFAは肝細胞ミトコンドリアでβ酸化を受け，アセチルCoAに代謝される。MCFAはLCFAとは異なり，ミトコンドリア膜を通過する際カルニチンを介さないので，摂取後LCFAに比べ，より早くエネルギーに利用される。

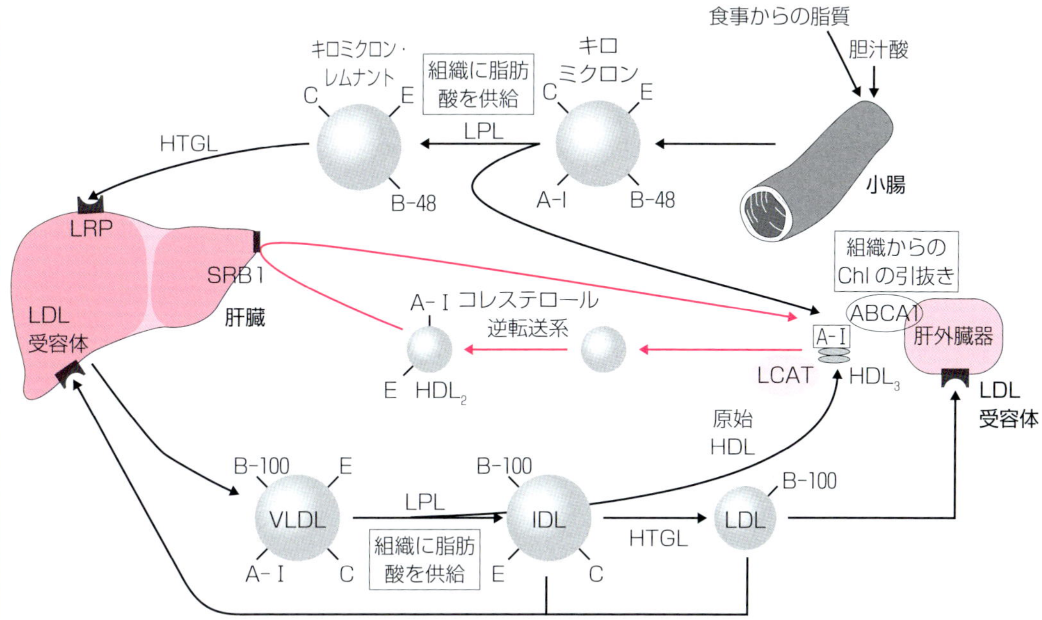

HTGL：肝性TGリパーゼ，HDL_3：小サイズHDL，HDL_2：成熟HDL，LCAT：レシチン・コレステロールアシル転移酵素，ABCA1（ATP-Binding Cassette（ABC）transporter A1）：ABCトランスポーターA1，SRB1：スカベンジャー受容体クラスBタイプ1（HDL受容体），LRP：LDL受容体関連たんぱく質（レムナント受容体），B-48，B-100，A-I，C，Eはアポ（リポ）たんぱく質。LPL，VLDL，IDL，LDL，HDLについては本文参照。

図6-2　食後のキロミクロンと超低密度リポたんぱく質・トリアシルグリセロールのリポたんぱく質リパーゼによる分解とリポたんぱく質の代謝・変換

出典）綾織誠人：動脈硬化とABCA1，The Lipid：23（4），416-423，2012より一部改変

2）食間（空腹）期の脂質代謝

a．食間期には脂肪組織のホルモン感受性リパーゼが活性化　食間（空腹）期には，グルカゴン刺激により，活性化された**cAMP依存性たんぱく質キナーゼ**（PKA：cAMP-dependent protein kinase A）は脂肪細胞内に存在する**ペリリピン**や**ホルモン感受性リパーゼ**（HSL：hormone sensitive lipase）をリン酸化する。活性化されたHSLは，リン酸化されたペリリピンを介し脂肪細胞内のTGを遊離脂肪酸とグリセロールに分解し，血液中に放出する。このHSLはグルカゴンや副腎髄質ホルモンのアドレナリンなどや，種々のホルモンにより活性化される（図6-3）。

腎臓と心臓は強いβ酸化活性をもっており，通常でも，必要なエネルギーの大部分は脂肪酸を用いグルコースの消費を節約している。筋肉のβ酸化系酵素は適応的に合成される。したがって普段からほとんど運動を行っていない筋肉では脂肪燃焼率は低い。

b．食間期の肝臓では脂肪酸からケトン体を生成　食間期には大量のNEFAが肝臓に取り込まれβ酸化される。肝臓は最も強いβ酸化活性を持ってい

脂肪酸動員ホルモン
ノルアドレナリン，副腎皮質刺激ホルモン，甲状腺刺激ホルモン，成長ホルモン，バソプレシン，甲状腺ホルモン，副腎皮質ホルモンなどによりHSLは活性化される。

ペリリピン
脂肪滴表面に存在しているたんぱく質。ペリリピンは，平常時にはHSLが脂肪滴に作用するのを妨害するが，ホルモン刺激に応答してリン酸化されると，一転してHSLの作用を促進する。

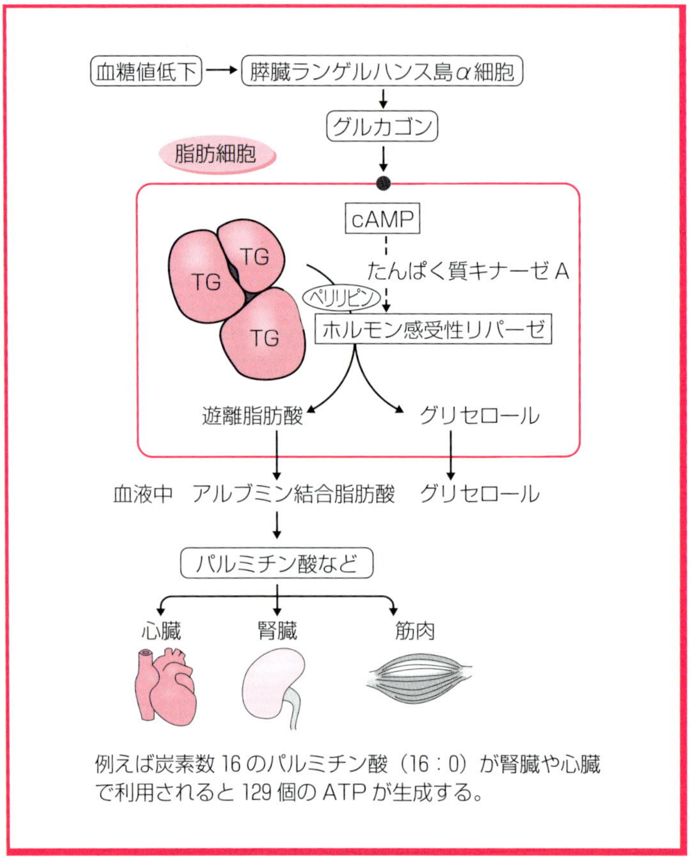

図6-3　食間期での，脂肪細胞からの脂肪酸の動員とその利用

出典）田川邦夫：からだの働きからみる代謝の栄養学，丸善，p.75，2003より一部改変

脂肪酸のグルコース節約作用
腎臓，心臓，筋肉ではエネルギー源として脂肪酸を用いることにより脳で使用するグルコースを節約する。

るが，食間期の肝細胞のミトコンドリアでは脂肪酸は完全には酸化分解されない。脂肪酸が完全酸化されるためには，ある量以上の糖質の補給が必要で（アセチルCoAと反応するオキサロ酢酸を糖から供給する）ある。脂肪は“糖の炎によって燃える”とたとえられる。肝臓でのβ酸化で生じたアセチルCoAは，２分子結合し，

●ケトン体でアンチエイジング●

アンチエイジングの基本は栄養バランスのとれたエネルギー制限にある。いわゆる腹八分目である。エネルギー制限をすると，個体レベルでは血糖値の低下と，血中インスリン濃度の低下が観察される。各組織におけるグルコース代謝の減少により，これを受けて長寿遺伝子サーチュインの活性化が引き起こされる。さらに，空腹時には肝のケトン体産生が上昇する。このケトン体（β-ヒドロキシ酪酸）がヒストン脱アセチル化酵素の阻害物質であることが最近発見された。ヒストンがアセチル化されるとスーパーオキシドジスムターゼ（SOD：superoxide dismutase）活性は上昇する。ケトン体は活性酸素除去酵素活性を上げる抗老化物質だった。

アセトアセチルCoAになる。アセトアセチルCoAから，アセト酢酸，β－ヒドロキシ酪酸，アセトンというケトン体がつくられる。アセト酢酸，β－ヒドロキシ酪酸はグルコースを節約するための代替エネルギーとしての役割がある。ケトン体は肝臓で産生され，血糖値の低下を防ぐため低血糖になる以前から徐々に上昇する。

筋肉，脳，腎臓などほとんどの肝外組織・臓器はケトン体をエネルギー源として利用できる。ただし，脳・神経細胞は脂肪酸を利用できないのでケトン体が唯一のグルコース代替エネルギーとなる。これらの肝外組織・臓器にはスクシニル-CoA：アセトアセチルCoAトランスフェラーゼ（SCOT：succinyl-CoA acetoacetyl-CoA transferase）がミトコンドリアに存在するので，ケトン体をエネルギーに変換することができる。脂肪酸から生じたアセチルCoAはブドウ糖には転換できない。

SCOT欠損症
肝外組織にSCOTが遺伝的に欠損した症例である。空腹時に重篤なケトアシドーシスを発症するため，それを防ぐためグルコースを補給する。早期対応で効果的治療が可能となる。

（2）脂質代謝の臓器差

生体の主なエネルギー源はグルコースと脂質代謝で生じる脂肪酸，ケトン体である。脳や神経細胞のミトコンドリアにはβ酸化系酵素は存在しないので，脳では脂肪酸をエネルギー源として利用できない。また肝臓ではミトコンドリアにSCOTが認められないので，生成したケトン体をエネルギー源として利用できない（図6－4）。食後では，インスリンの影響で肝臓では脂肪酸・TG合成が促進され，脂肪酸のβ酸化は抑制される。食間期では，グルカゴン，アドレナリンの影響で脂肪酸動員の亢進，肝臓での脂肪酸β酸化，ケトン体産生や肝外組織のケトン体利用は促進される。表6－1に食後，食間期の主な脂質代謝における臓器差についてまとめる。

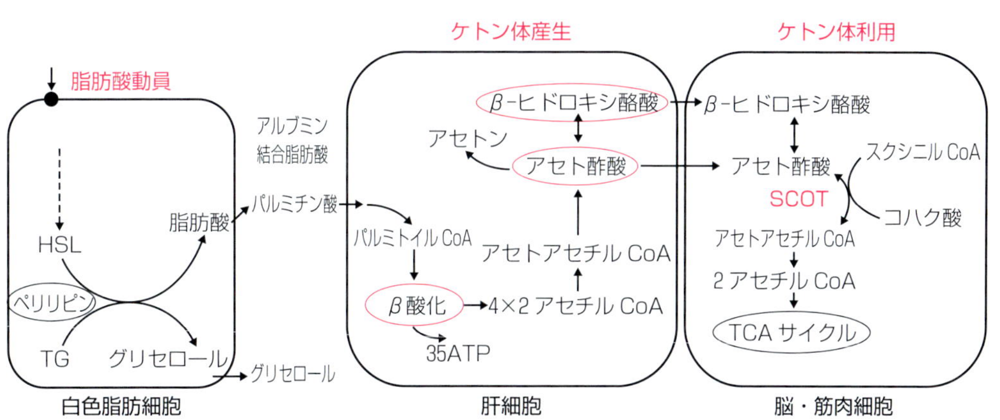

HSL：ホルモン感受性リパーゼ，SCOT：スクシニルCoA：アセトアセチルCoAトランスフェラーゼ
グルカゴンなどにより脂肪細胞のHSL活性上昇，肝臓の脂肪酸の取り込み，β酸化，ケトン体生合成が促進。

図6-4　食間期での肝臓からのケトン体放出とその利用

出典）武田英二：臨床病態栄養学，文光堂，p.23，2004より一部改変

表6-1 食後および食間（空腹）期の脂質代謝における臓器差

臓 器	代 謝	食 後 期	食間(空腹)期
小 腸	キロミクロン合成	↑	↓
血 液	血糖値	↑	↓
	インスリン濃度	↑	↓
	キロミクロン，VLDL濃度	↑	↓
	グルカゴン，アドレナリン濃度	↓	↑
	遊離脂肪酸濃度	↓	↑
	ケトン体濃度	↓	↑
肝 臓	胆汁酸合成	↑	↓
	グリコーゲン合成	↑	↓
	脂肪酸・TG合成系	↑	↓
	β酸化系	↓	↑
	ケトン体産生系	↓	↑
脂肪組織	リポたんぱく質リパーゼ活性と脂肪蓄積	↑	↓
	ホルモン感受性リパーゼ活性と脂肪酸動員	↓	↑

↑：濃度や活性が上がる，↓：濃度や活性が下がる，赤矢印：注目すべき変動

出典）栄養機能化学研究会：栄養機能化学，朝倉書店，p.75，1996より一部改変

2. 脂質の臓器間輸送

脂質は水に難不溶性で，**アポたんぱく質**（アポリポたんぱく質）やリン脂質と複合体をつくり水溶性にしなければ，血流を通じ，全身に運ぶことも代謝もできない。リンパ液や血液中で脂質を運搬する粒子を**血清リポたんぱく質**という。

（1）血清リポたんぱく質

血清リポたんぱく質の粒子外層部には主に親水性側のアポたんぱく質，リン脂質，Chlがあり，内核部には非極性化合物であるTGやChl-Eから構成されている（図6-5）。TG含量が多いほど形は大きく，密度は低くなる。

1）アポたんぱく質の役割

アポたんぱく質はリポたんぱく質の分泌機構に関与するだけでなく，リポたんぱく質が代謝される細胞を規定する因子となる。それぞれの細胞には，それらのアポたんぱく質を選択的に取り込む受容体がある。それらの受容体には，アポEを認識する**レムナント受容体**，アポA-Ⅰを認識する**HDL受容体**，アポB-100，アポEを認識する**LDL受容体**がある。さらに周辺アポたんぱく質であるアポC-ⅡはLPLを活性化し，アポA-Ⅰにはレシチン・コレステロールアシル転移酵素（LCAT）を活性化する補酵素的な役割もある。したがって，組織のLPL欠損またはキロミクロン上のアポC-Ⅱの構造に異常があると，TGの加水分解は正常に進まず，高キロミクロン血症の原因になる。

アポリポたんぱく質
リポたんぱく質を構成するたんぱく質部分。血漿中のリポたんぱく質の成分であるアポリポたんぱく質は，A，B，C，D，Eに大別されている。AにはA-Ⅰ，A-Ⅱ，A-Ⅲ，A-Ⅳが，BにはB-48，B-100が，CにはC-Ⅰ，C-Ⅱ，C-Ⅲが知られている。

B-48
アポたんぱく質B-48。アポB遺伝子がコードするたんぱく質のN末端側48%に相当する。

B-100
アポたんぱく質B-100。アポB遺伝子がコードするたんぱく質の100%に相当する。

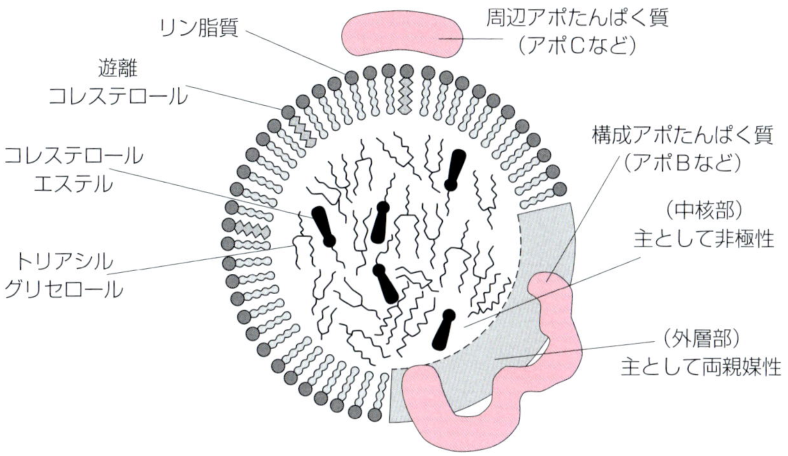

中核部には TG，Chl-E などの非極性化合物があり，外層部には両親媒性の周辺アポたんぱく質や構成アポたんぱく質，リン脂質（PL），コレステロールがあり，球状構造を形成する 。

図6-5　血清リポたんぱく質の模式図

出典）林　淳三編著：Nブックス 改訂 基礎栄養学，建帛社，p.58，2012より一部改変

2）トリアシルグリセロールはキロミクロンの主な成分

血清リポたんぱく質は主に**密度勾配遠心法**で分離され，大きさと密度で大別すると，ほぼ4種類に分類される。密度が最も低く，粒子サイズが最も大きいものは**キロミクロン**で，次に密度の低いリポたんぱく質がVLDLである。キロミクロンはTGが80%，VLDLは50%含まれており，**TGリッチリポたんぱく質**とよばれている（表6-2）。VLDLからIDLがつくられ，さらにTGが分解され低密度となりLDLを生じる。一番密度の高いHDLは肝臓または小腸でつくられる。その他にも，HDLはキロミクロンやVLDLが，LPLに加水分解される過程でキロミクロンなどの表層部から生成する（図6-2）。

◘運動によりHDLが上昇する理由
運動により，筋肉リポたんぱく質リパーゼ活性が上がる。これに対応しHDLがつくられるのでHDL濃度も上がる。

3）VLDLはTGとコレステロール，LDLはコレステロールを主に運搬

VLDLの運搬する脂質は①**キロミクロンレムナント**から供給された食事からの脂質，②IDL，LDL，HDLなどから取り込んだ脂質，③血中NEFAから合成されたTG，④摂取食物中のエネルギー的に余剰となった糖質やたんぱく質から合成された脂質などがあげられる。肝臓からVLDLの分泌にはアポB-100が必要である。

VLDLはキロミクロンと同様にアポC-Ⅱに活性化されたLPLの作用を受け，TG比率が減少する。そのとき，HDLからアポEも転送される。Chl-EとアポE比率の増加したIDLは肝臓に存在するHTGLの作用を受け，さらにTG含量の少ないLDLに変化する。LDLは1粒子当たり1分子のアポB-100を保有している。アポB-100とアポEを認識する細胞表面に存在するLDL受容体は全身の諸臓器に発現してお

表6-2　血清リポたんぱく質の性質

リポたんぱく質 (密度 (g/mL))	成分比率	主な アポたんぱく質	特　徴	主な合成場所
CM (キロミクロン) (～0.96)	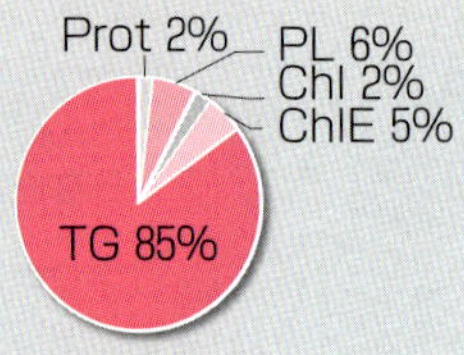	A-I, B-48, C-Ⅱ, E	TGが80% 以上	小腸
VLDL (0.96～1.006)	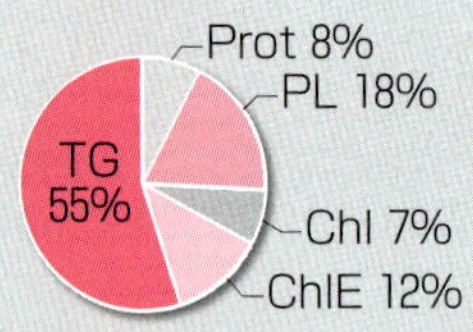	B-100, C-Ⅱ, E	TGがほぼ50%	肝臓
IDL (1.006～1.019)	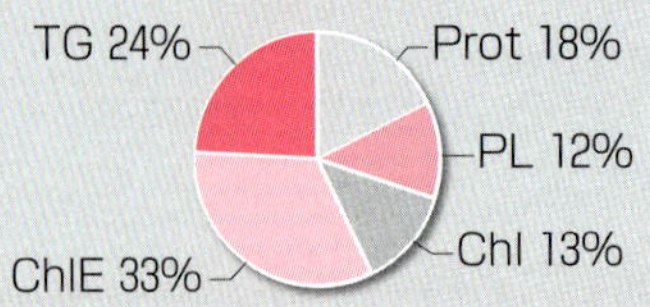	B-100, C-Ⅱ, E	40～50%がChl	血液中などで VLDLから生成
LDL (1.019～1.063)	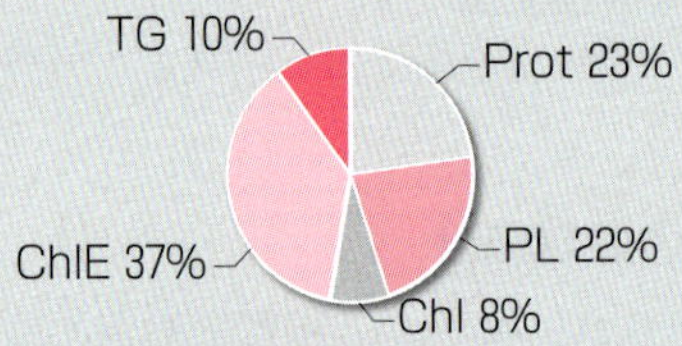	B-100	40～50%がChl	
HDL_2 (1.063～1.125)	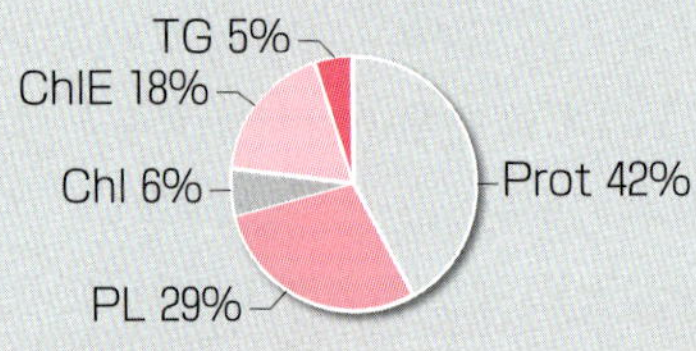	A-I, C-Ⅱ	40%が アポたんぱく質	HDL_3にChl-E が転移し成熟
HDL_3 (1.126～1.21)	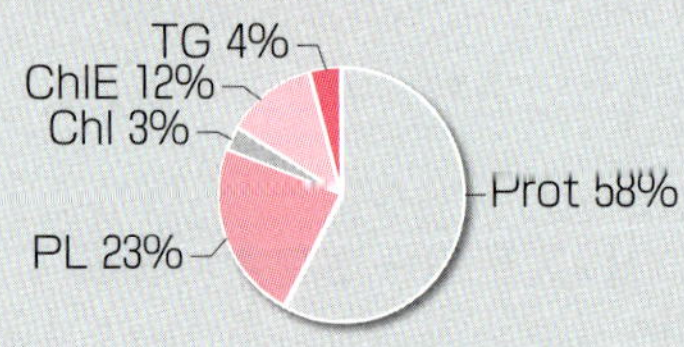	A-I, C-Ⅱ, E	50%が アポたんぱく質	肝臓・小腸など

HDL：高密度リポたんぱく質，HDL_3：小サイズHDL，HDL_2：成熟HDL，Prot：アポリポたんぱく質

出典）岡田　正，馬場忠雄，山城雄一郎：新臨床栄養学，医学書院，p.335，2009より一部改変

り，LDL受容体からのLDLの取り込みはChlやリン脂質の供給に重要な役割を果たしている。

(2) 遊離脂肪酸

脂肪組織から他組織へのエネルギー源供給として放出される**血清アルブミンに結**

合した脂肪酸（NEFA）も定義上リポたんぱく質である。遊離脂肪酸は両親媒性のため，細胞の中でも，必ずグリセロールなどとエステルを形成するか，特異的たんぱく質と結合し存在している。

3. 貯蔵エネルギーとしての作用

脂肪酸は，恒温動物であるヒトの高エネルギー貯蔵庫として脂肪組織を形成するだけでなく，細胞膜・生体膜のリン脂質構成成分として重要な生体機能に関与している。また，その生体膜リン脂質から供給される脂肪酸からはさまざまな生体機能調節因子である局所ホルモン（エイコサノイドなど）を産生する。

脂肪酸代謝の細胞内分担
エネルギー利用のβ酸化は主にミトコンドリアで行われるが，エネルギー貯蔵の脂肪酸合成は細胞質で行われる。

（1）トリアシルグリセロールの合成

食後期，体内でエネルギー的に余剰となった糖質やたんぱく質は脂肪酸に変換され最終的にTGの形で白色脂肪細胞などに蓄積する。脂肪酸生合成は主に，脂肪細胞，肝臓，小腸で行われ，細胞質の脂肪酸合成酵素複合体で合成される。グルコース量が十分で，ミトコンドリア内でクエン酸回路の必要量を上回るとき，過剰のクエン酸は細胞質に運び出され，細胞質中でクエン酸リアーゼの作用によりアセチルCoAとオキサロ酢酸に変換される。アセチルCoAは脂肪酸合成の律速酵素であるアセチルCoAカルボキシラーゼの作用によりマロニルCoAに転換される。**マロニルCoA**の生成は，脂肪酸生合成の開始シグナルとなり，脂肪酸合成が起こる（図6-6）。

クエン酸の生理作用
脂肪酸の生合成はクエン酸により促進される。

脂肪酸代謝の異化と同化の違い
β酸化の場合はCoAと脂肪酸は結合するが，脂肪酸合成ではアシルキャリアプロテイン(ACP)のSH基にチオエステル結合する。

1）脂肪組織，肝臓，小腸でのトリアシルグリセロール合成経路

脂肪組織はインスリンによるグルコースの取り込みの最も盛んな臓器である。グルコースからはグリセロール-3-リン酸を生成し，ペントースリン酸回路からは脂肪酸生合成に必要なNADPHも得る。脂肪細胞内で生合成した脂肪酸と血液中から取り込んだ脂肪酸からもTGを合成しエネルギー源として貯蔵する。脂肪細胞はグリセロールキナーゼ活性が認められず，遊離グリセロールの利用ができない（図6-7（1））。

肝臓では肝細胞内で合成または血液より流入したグリセロールをリン酸化し，**グリセロール-3-リン酸**を供給し，細胞内または血液からの脂肪酸が転移しTGが合成される（図6-7（2）-①，（2）-②）。

小腸では脂質の消化吸収過程で供給された**2-モノアシルグリセロール**に2分子の長鎖脂肪酸CoAのアシル基が転移されてTGが合成される（図6-7（3））。小腸上皮細胞にはグリセロール-3リン酸経路もあるが，TG吸収時にはほとんどはたらかない。

2）優れた貯蔵エネルギーであるトリアシルグリセロール

肝臓グリコーゲン量は肝臓重量の4～6％で，約50～70 g（200～280 kcal），筋

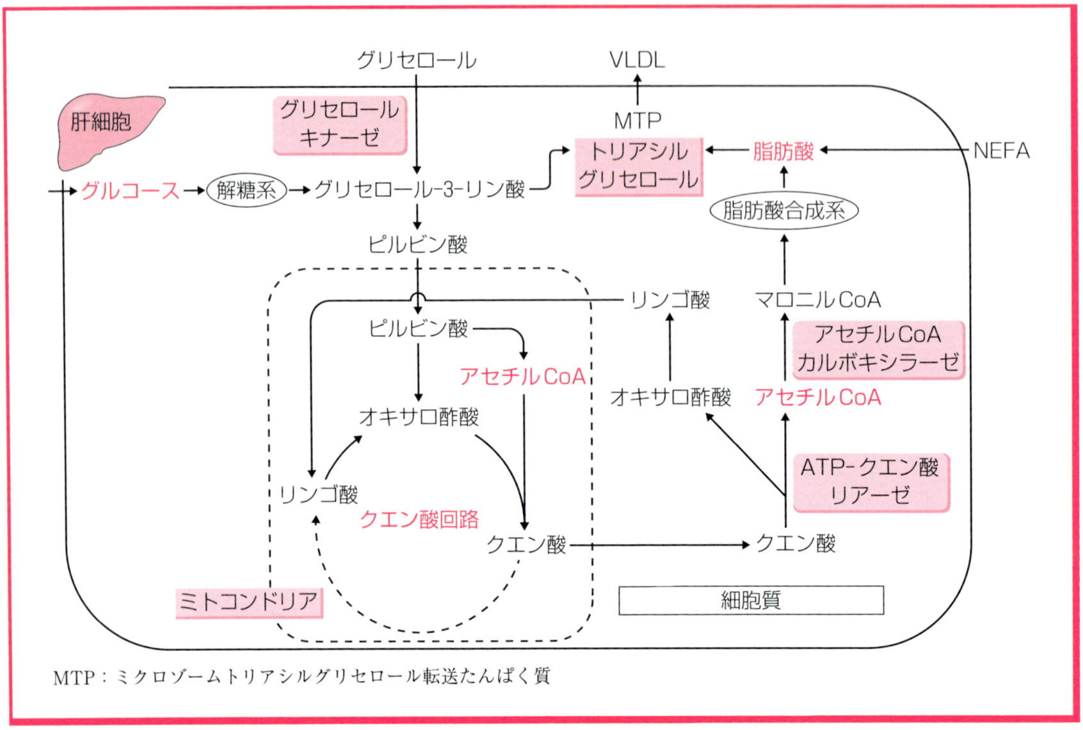

図6-6　肝細胞における脂肪酸合成とTG合成

出典）林　淳三編著：Nブックス 改訂 基礎栄養学，p.64，建帛社，2010より一部改変

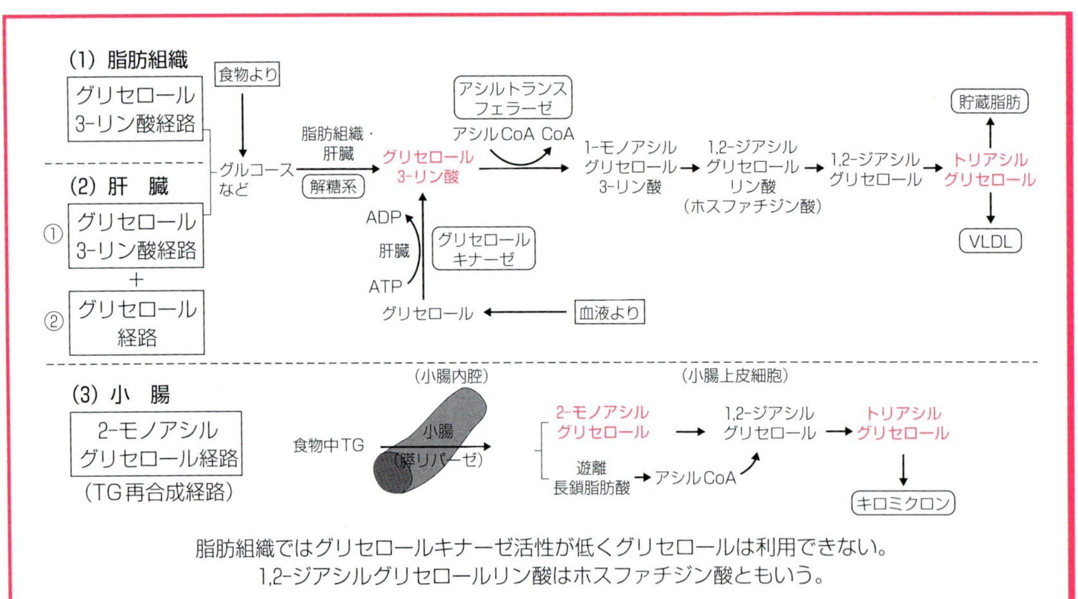

図6-7　肝臓，脂肪組織，小腸におけトリアシルグリセロール合成経路の相違

出典）和田　俊，後藤直宏：食品機能学―脂質，丸善，p.24，pp.44-45，2008より一部改変

肉グリコーゲン量は筋肉総量の1％で，65 kg男性では約300 g（1,200 kcal）程度となる。これに対し脂肪は体重50 kgの成人女子では25％（12.5 kg），65 kgの男子では20％（13 kg）を占める。全身の脂肪総量から，計算すると（87,500～91,000 kcal）で，1か月分以上のエネルギー量に相当する。また脂肪組織は，皮下脂肪として体温を保持するための断熱材としてのはたらきももっている。さらに内臓脂肪は，内臓への衝撃を和らげるクッションとしてはたらいている。

3）白色と褐色の2つの脂肪組織

白色脂肪組織（WAT：white adipose tissue）は重要なエネルギー貯蔵庫で，逆にエネルギーを消費する脂肪細胞として**褐色脂肪組織**（BAT：brown adipose tissue）が知られている。BAT細胞にはミトコンドリアが多く存在し褐色をしている。BAT細胞のミトコンドリアには**脱共役たんぱく質1**（UCP1：uncoupling protein 1）がはたらき熱を産生し，体温調節に寄与している。ヒトでは小児期にBATを見出すが，これは体が小さく体表面積の大きい新生児の体温調節に大いに役立つ。ヒトの成人にはBATは存在しないと考えられてきたが，最近，成人にもBATの存在が確認され加齢によるBATの消失が肥満を引き起こす要因と考えられている。

4）アディポサイトカインを分泌する内分泌臓器である白色脂肪組織

白色脂肪組織は単なるエネルギー貯蔵臓器ではなく，種々の生理活性物質を産生・分泌し，さまざまな生命現象に関与する生体で最大の内分泌臓器であることが明らかとなった。しかも脂肪組織は巨大な脂肪滴を有する脂肪細胞の単一細胞組織ではなく，血管構成細胞やマクロファージなど種々の間質細胞を豊富にもつ異種細胞組織であり，エネルギー状態に応じ異種細胞の活性がダイナミックに変化する。特に内臓脂肪組織は脂肪細胞が肥大化すると，脂肪組織由来アディポサイトカイン（adipocytokine）とよばれる多くのたんぱく質ホルモンやリポカイン（lipokine）である遊離脂肪酸を分泌する（図6-8）。これらのアディポサイトカインはいわゆるメタボリックシンドローム（2型糖尿病，高血圧，脂質異常症）の進展に深くかかわることが明らかとなった（表6-3）。

（2）脂肪酸の役割

1）エネルギー供給源としての役割

a．脂肪酸はアシルカルニチンになり，ミトコンドリア膜を通過　食間期では脂肪細胞に貯蔵されたTGは**HSL**により分解されNEFAとなり肝臓，心臓，腎臓，筋肉などでエネルギー源として利用される。そのため，細胞内に取り込まれた脂肪酸は，まず，細胞質でアシルCoA合成酵素によりアシルCoAに活性化されなければならない。脂肪酸アシルCoAはミトコンドリア膜を通過できないので，カルニチンアシル転移酵素で**脂肪酸アシルカルニチン**になる。脂肪酸アシルカルニチンは，ミトコンドリア内で再び脂肪酸アシルCoAに変換され，β酸化を受ける。

L-カルニチン
必須アミノ酸のリシンとメチオニンからヒトの体内で生合成される。そのためビタミンには分類されていない。

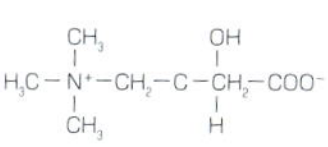

L-カルニチン

b．脂肪酸はβ酸化により生体エネルギーに変換される　脳，神経系を除く

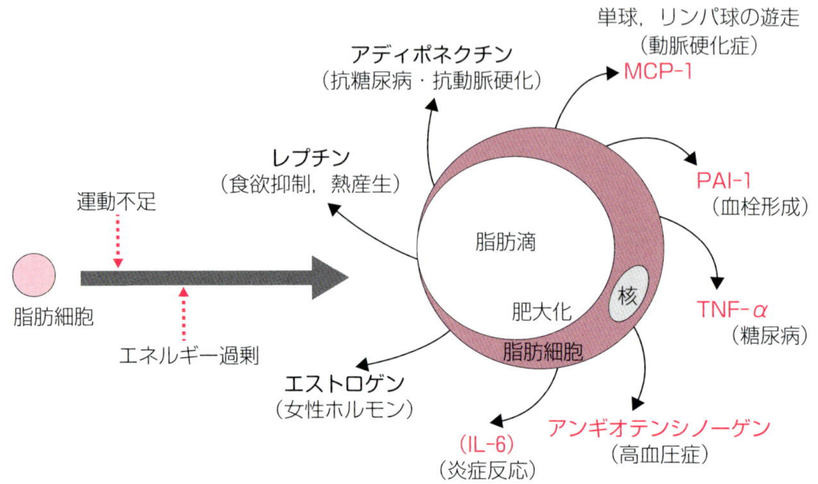

図6-8　生理活性物質の内分泌器官である白色脂肪組織

出典）岡田　正，馬場忠雄，山城雄一郎：新臨床栄養学，医学書院，p.330，2009より一部改変

表6-3　脂肪組織から分泌される代表的なアディポサイトカイン

アディポサイトカイン名	はたらき
アディポネクチン	血管壁にはたらいて動脈硬化を抑制し，インスリンの感受性を高め，糖質代謝を改善する（肥大化脂肪細胞からは分泌が減少）
レプチン	肥大化脂肪細胞から分泌，食欲抑制，脂肪酸の酸化によるエネルギー消費増大
プラスミノゲン活性化因子阻害因子-1 (PAI-1：plasminogen activator inhibitor-1)	血液の塊を溶かす酵素（プラスミン）を活性化する物質の阻害因子で，血液中のPAI-1の量が増加すると血栓が溶けない
腫瘍壊死因子-α (TNF-α：tumor necrosis factor-α)	肥大化脂肪細胞またはマクロファージから分泌，インスリン抵抗性をきたす（TNF-αが増加すると，インスリンのはたらきを悪くし，糖尿病を引き起こしやすくなる）
レジスチン（resistin）	肥大した細胞組織に侵入したマクロファージから分泌され，脂肪細胞，肝細胞，骨格筋細胞に作用してインスリン抵抗性を引き起こす
アンギオテンシノーゲン	肥大化脂肪細胞から分泌，レニンにより血圧上昇
インターロイキン-6	種々の細胞から分泌される炎症性サイトカイン
リポカイン（遊離脂肪酸）	肥大化脂肪細胞から分泌，グルコースの取り込み阻害

すべての器官で脂肪酸はエネルギー源として酸化分解される。たとえば炭素数16のパルミチン酸がβ酸化されると，計算上8分子のアセチルCoAが生成する。ここで生成したアセチルCoAは，TCAサイクルに入りオキサロ酢酸と反応し，クエン酸を生じる。このクエン酸は細胞内でエネルギーが必要となる状態ではTCAサイクル，電子伝達系を経てエネルギー産生（ATP産生）にまわる。パルミチン酸1分子の完全酸化によるATPの生成量をみると，β酸化の過程で生成する35 molのATPとTCAサイクルや電子伝達系で生成する96 molのATPで計131 molのATPを生ずる。しかし，最初のアシルCoAへの変換反応で2 molのATPを消費するので，合計129 molのATPを生成する。

c．ミトコンドリアとペルオキシソームによる脂肪酸のβ酸化　β酸化はミトコンドリアとペルオキシソームで行われる。ミトコンドリアでは短鎖～長鎖脂肪酸のβ酸化が行われるのに対して，ペルオキシソームでは極長鎖脂肪酸のβ酸化が行われる。特に脂肪酸の炭素数が20以上の長鎖脂肪酸はミトコンドリアでは酸化されにくく，ペルオキシソームで炭素数が8になるまでβ酸化され，その後ミトコンドリアに入りさらにβ酸化を受ける。

2）生体膜構成成分としてのリン脂質構成脂肪酸

食事として摂取した脂肪酸は直接組織や血液細胞に運ばれ，取り込まれる。そのため，生体膜を構成するリン脂質脂肪酸組成は食事などの外来性脂肪酸組成の影響を受け，その機能に大きな影響を与える。多価不飽和脂肪酸が主にリン脂質の2位に導入される。二重結合を多く含む脂肪酸の導入は飽和脂肪酸より，融点が低く，流動性を増す。そのため，膜受容体活性や膜に結合する酵素などの活性に影響を与える。その影響は**小胞体ストレス**に伴うインスリン抵抗性への進展であり，**エイコサノイドの*n*-6系，*n*-3系比率**の変化として現われ血小板凝集能に変動をきたし**血栓症**，**動脈硬化**など循環器疾患の予防や進展を左右する。

脂質のビタミンB1節約作用
脂肪酸のβ酸化によりアセチルCoAが生じる反応ではビタミンB1は必要でない。脂質は糖質よりもビタミンB1が節約できる。

脂肪酸のβ酸化に関与するビタミン
脂肪酸のβ酸化にはCoA（パントテン酸），カルニチン合成（ビタミンB6，ナイアシン，ビタミンC），FAD（ビタミンB2），NAD（ナイアシン）などのビタミンが必要である。

小胞体ストレス
異常な折りたたみ構造のたんぱく質が小胞体内に蓄積することを小胞体ストレスという。

4. コレステロール代謝の調節

コレステロール（Chl）はヒトや動物しかつくれない脂質である。酵母や椎茸菌糸はビタミンD_2の前駆体となる**エルゴステロール**，植物は**β-シトステロール**を合成する（図6-9）。細胞核をもたない原核生物はステロール化合物がつくれない。ヒトは植物に依存できないため，Chlを合成する酵素系をすべて保有している。Chlは生体膜の安定化や膜機能の維持に関与している。また腸管から脂質を吸収する際に必要な**胆汁酸**，性ホルモンや副腎皮質ホルモンなどの**ステロイドホルモン**，その他ビタミンDの前駆体として重要な役割をもち，生命維持に不可欠な栄養素と考えられる。Chlはヒトのほとんどすべての細胞・組織で合成され，必ずしも食事から摂る必要はないと考えられているが，Chlを制限すると動物性たんぱく質不足を生じ，特に高齢者において低栄養を生じる可能性があるので注意が必要である。

植物ステロールによるコレステロール吸収阻害
植物ステロールは小腸内腔でコレステロールの吸収を阻害し，血中コレステロール濃度低下作用を示す。植物ステロールを添加した油脂が血中コレステロールを減らす特定保健用食品として販売されている。

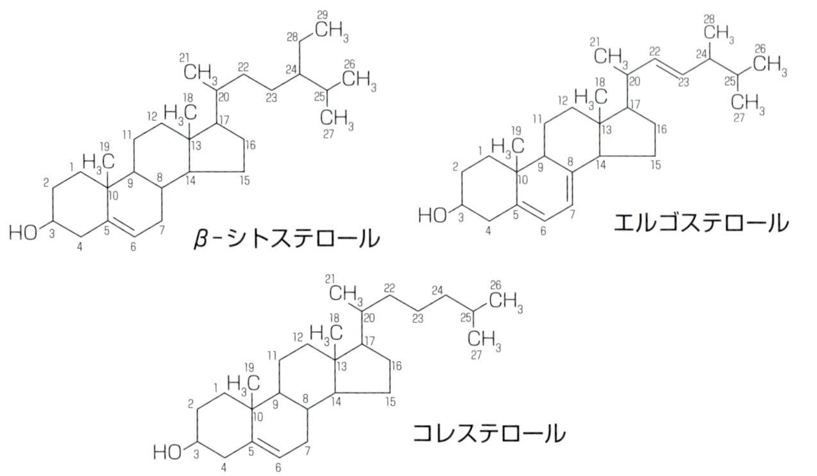

図6-9　ヒトの摂取する種々のステロール

(1) コレステロールの合成・輸送・蓄積

コレステロールはエネルギー源でない
Chlは異化過程でアセチルCoAを生じないので，エネルギーに変換できない。

体内で合成されるChlの量は，12～13 mg/kg体重/日で，体重50 kgの人は1日，600～650 mg合成する。ChlもアセチルCoAから合成される。Chlは細胞膜・生体膜の構成成分として重要な役割をもっており，細胞内Chl量は合成，輸送，蓄積，異化，再利用などの機構を通じ厳密に制御されている。

1）肝臓はコレステロールをVLDLに組み込み肝外組織へ輸送

食後期，肝臓はVLDLを生成，分泌し，LDLに転換し，他臓器にChlを供給する。Chl合成にはエネルギーが必要であり，19ステップ以上の酵素反応で時間もかかる。そのため生体膜や細胞膜の緊急な必要性に対し，肝臓は常にChlの供給ができるよう用意をしている。

2）HDLによる肝外組織から肝臓へのChlの逆転送

レシチン・コレステロールアシル転移酵素（LCAT）
HDL_3が肝外組織より受け取ったコレステロールにレシチンの2位の脂肪酸を転移し，コレステロールエステルに転換する酵素である。成熟HDL_2を生成する。

HDLは**Chlの逆転送系**としてはたらき，肝外組織から肝臓にChlを運ぶ。アポA-Ⅰとリン脂質からなる“**原始HDL**”（nascent HDL）は肝臓と小腸から分泌される。その他，原始HDLはキロミクロンやVLDLなどがLPLで加水分解される過程で表層部分から形成される。肝外組織のABCトランスポーターA1（ABCA1）は原始HDLにChlやリン脂質を輸送する。原始HDLの**アポA-Ⅰ**はHDL表層に存在する**レシチン・コレステロールアシル転移酵素**（LCAT：lecithin-cholesterol acyltransferase）を活性化し，遊離Chlをエステル型コレステロールに変換し，HDLリポたんぱく質の中核となる脂質をつくる。原始HDLはHDL_3，HDL_2と粒子サイズが大きくなり“成熟”する。HDL_2は肝性リパーゼの作用により脂質部分が分解され，再度，原始HDLに戻る（図6-2）。

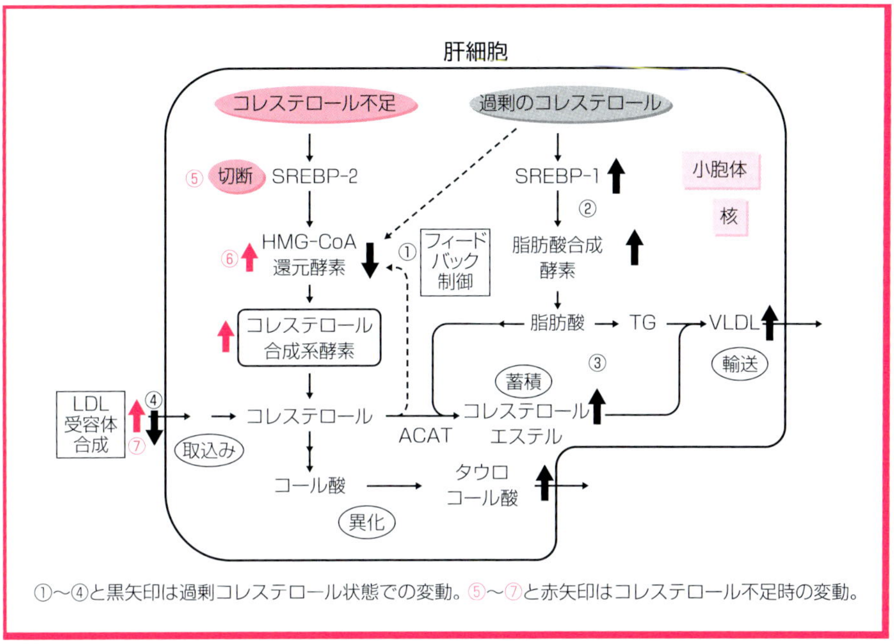

図6-10 肝細胞でのコレステロールの主な代謝経路と代謝酵素

出典）J. D. Horton, J. L. Goldstein, M. S. Brown : SREBPs: activators of the complete program of cholesterol and fatty acid synthesis in the liver, J Clin Invest ; 109 : 1125-1131, 2002 より一部改変

(2) コレステロール生合成のフィードバック制御

コレステロールを大量に摂取すると，**HMG-CoA**から**メバロン酸**を生じるHMG-CoA還元酵素（3-ヒドロキシ-3-メチルグルタリルCoA：3-hydroxy 3-methylglutaryl coenzyme A reductase）は，最終産物のChlや酸化コレステロールにより強く**負のフィードバック阻害**を受ける。Chlが過剰になると，①ユビキチン分解系が活発にはたらき，HMG-CoA還元酵素をプロテアソームで分解する。②Chlや酸化コレステロールが，SREBP-1（コレステロール調節領域結合たんぱく質：sterol regulatory element-binding protein-1）の発現を高め，脂肪酸合成酵素合成を高める。③その脂肪酸はアシルCoAコレステロールアシル転移酵素（ACAT）を介しChl-Eが蓄積され，またTGと構成され，VLDLとして肝外組織に分泌される。④LDL受容体の合成が抑制され，Chlの取り込みが低下する。これらの結果，細胞内のChlは増加することなく恒常性を保つ。

HMG-CoA還元酵素
Chl合成中，最も遅い反応でChl合成の速度を決めている。そのためChl合成の律速酵素とよばれている。

逆に細胞内のChl量が減少すると，⑤小胞体にあるSREBP-2が切断され核内に入り，⑥HMG-CoA還元酵素などのコレステロール合成系酵素が新規合成される。⑦LDL受容体も活発に合成され，LDL取り込みを促進しChlを補給する（図6-10）。

(3) ステロイドホルモンの合成

副腎皮質や生殖腺細胞は，細胞膜のLDL受容体により，LDLを細胞内に取り込

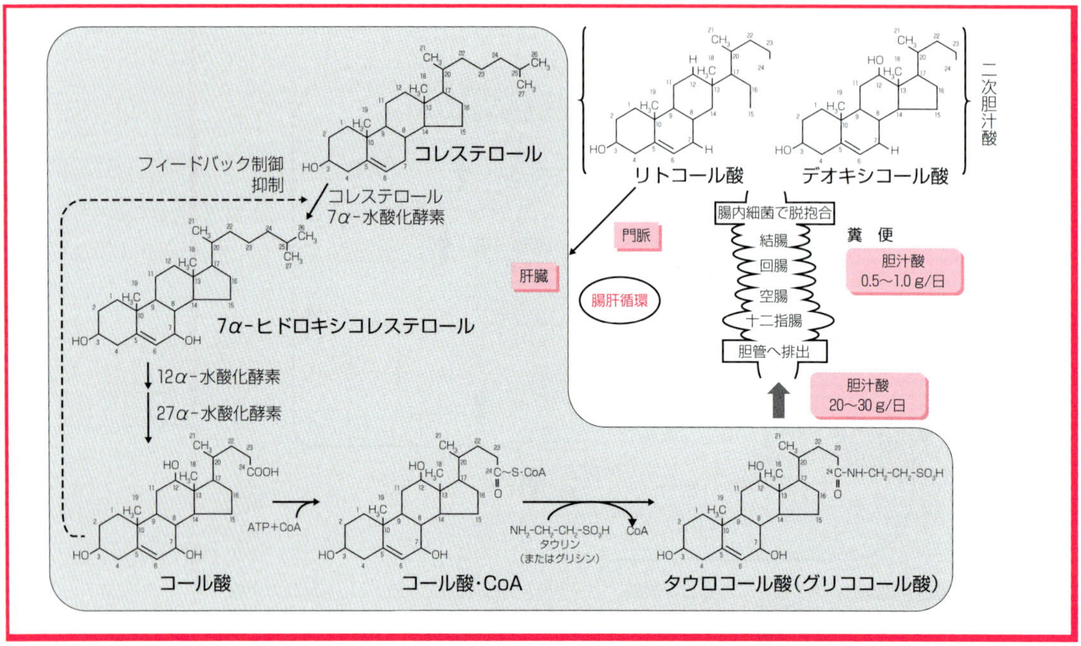

図6-11　コレステロールからの胆汁酸合成経路と胆汁酸の再利用過程（腸肝循環）

出典）板倉弘重編著：脂質の科学，朝倉書店，pp.54-58，1999より一部改変

み，Chl-Eとして蓄積する。蓄積したChl-Eは，遊離Chlに加水分解され，**グルココルチコイドホルモン**，**ミネラルコルチコイドホルモン**，**性ステロイドホルモン**など非常に微量であるが生理的に重要なステロイドホルモンが合成される。

（4）胆汁酸の腸肝循環

Chlは肝臓において**コレステロール-7α-ヒドロキシコレステロール水酸化酵素**の作用を受け7α-ヒドロキシコレステロールとなる。この反応が胆汁酸生合成系の律速段階で，コール酸によりフィードバック阻害を受ける。次いで胆汁酸の主要構成メンバーであるコール酸やケノデオキシコール酸が合成される。これらの胆汁酸は**一次胆汁酸**とよばれ，肝内でタウリンまたはグリシンと抱合し，胆嚢に貯蔵される。胆汁酸は強力な界面活性作用をもち，脂質の消化・吸収を効率よく進める役割を担っている。

一次胆汁酸は界面活性作用が非常に強いため小腸では吸収されず，最終的に結腸で腸内細菌によって，タウリン，グリシンが脱抱合され，**デオキシコール酸**や**リトコール酸**などの**二次胆汁酸**となった後，腸管より門脈を通り肝臓に再吸収され，肝臓で水酸化を受け一次胆汁酸となり再利用される。これを**腸肝循環**という。この再利用のため，糞便に排泄される胆汁酸は1日当たり0.5～1.0gしかなく，胆嚢から排泄した**胆汁酸20～30g**の95%以上は回収される（図6-11）。

5. 摂取する脂質の量と質の評価

(1) 脂肪のエネルギー比率

低脂肪・高炭水化物食は食後血糖値および血中中性脂肪値を増加させ，血中HDL-Chl値を減少させる。また極端な低脂肪食は脂溶性ビタミン特にビタミンA，Eの吸収を悪くする可能性がある。さらに，他の脂肪酸の目標量や目安量を考慮し，脂肪エネルギー比率の目標量（下限）として20%Eが設定された。また，肥満，糖尿病予防を考慮し，目標量は（上限）は，30%Eと設定された。

エネルギー比率の表現法
総摂取エネルギーに対する脂肪エネルギー比率（25%）を25%Eと表している。

(2) 必須脂肪酸

ヒトでは，リノール酸（18：2 $n-6$）や，α-リノレン酸（18：3 $n-3$）を生合成することができない。したがってこの２つの脂肪酸は必須脂肪酸である。次のステップである不飽和化酵素や鎖長延長酵素はヒトにも存在するため，アラキドン酸（AA：arachidonic acid），エイコサペンタエン酸（EPA：eicosapentaenoic acid）やドコサヘキサエン酸（DHA：docosahexaenoic acid）はヒトでも生合成可能である（図6-12）。しかし遺伝的にこれらの酵素活性が低い場合や，加齢などで必要量以下しか合成できないヒトもいるため，AA，EPA，DHAの３つの脂肪酸も広義の必須脂肪酸に入れている。

(3) $n-3$系，$n-6$系不飽和脂肪酸比

アメリカの**シモプロス**（Arternis P. Simopulos）は，工業化社会になったことで，食品中のn-6系のリノール酸，アラキドン酸やトランス脂肪酸が増え，地球上で最も多量に存在する緑葉中のn-3系α-リノレン酸が低下したと考えている。したがって，脂肪酸比を農業が始まる以前のn-3/n-6脂肪酸比である0.5～1.0程度に戻す必要があると述べている。ただし，この比は単なる質的な評価になる可能性があり，摂取量が少なければ期待される効果は望めない。また，n-3系脂肪酸の生理作用はn-6系脂肪酸の生理作用と競合して生じるものだけではなく，n-3系脂肪酸のもつ独自の生理作用も考えられるので，最近の評価基準は両脂肪酸の比ではなく，目安量として脂肪酸をある一定量以上を摂ることまたは摂らないことを推奨している。

シモプロス
ギリシャ生まれの女性小児科医。アメリカ遺伝・栄養・健康研究センター長。脂肪摂取量が多いにもかかわらず，心臓疾患の少ない地中海式食事法を長期にわたり研究している。

1) $n-6$系多価不飽和脂肪酸

完全静脈栄養を補給されている人では，n-6系脂肪酸欠乏症が見られ，リノール酸7.4～8.0g/日あるいは2%E投与により，欠乏症が消失する。しかし，健常な日本人にはn-6系脂肪酸欠乏が原因と考えられる皮膚炎等の報告はないので，平成22，23年国民健康・栄養調査の結果から算出されたn-6系脂肪酸摂取量の中央値

を1歳以上の目安量と設定された。リノール酸は炎症を惹起するプロスタグランジンやロイコトリエンを生成するので，多量摂取時の安全性が危惧されている。リノール酸過剰摂取で認められた乳がん罹患や心筋梗塞罹患の増加は，リノール酸の酸化しやすさ，炎症作用が原因と考えられる。

2）*n*－3系多価不飽和脂肪酸

小腸切除や脳障害等のため経口摂取のできない患者で，*n*－6系脂肪酸の摂取量はある程度維持され，*n*－3系脂肪酸摂取量が非常に少なく，鱗状皮膚炎，出血性皮膚炎または成長障害を生じていた患者に，*n*－3系脂肪酸（α－リノレン酸＋魚油）が与えられた。皮膚症状は0.2～0.3%Eのn－3系脂肪酸投与により改善され，体重増加は1.3%Eの*n*－3系脂肪酸投与により認められた。平成22，23年国民健康・栄養調査の結果から算出された*n*－3系脂肪酸摂取量の中央値を1歳以上の目安量と設定された。ドコサヘキサエン酸（22：6 *n*－3）は脳のリン脂質中に多量に含まれ脳の学習機能や記憶に関与していると考えられている。特に，記憶に関与するといわれる海馬ではアルツハイマー病の人の場合，DHAが約半分に減少している。*n*－3系脂肪酸は，血中TG値の低下，血管内皮細胞の血小板凝集抑制，平滑筋拡張など動脈硬化

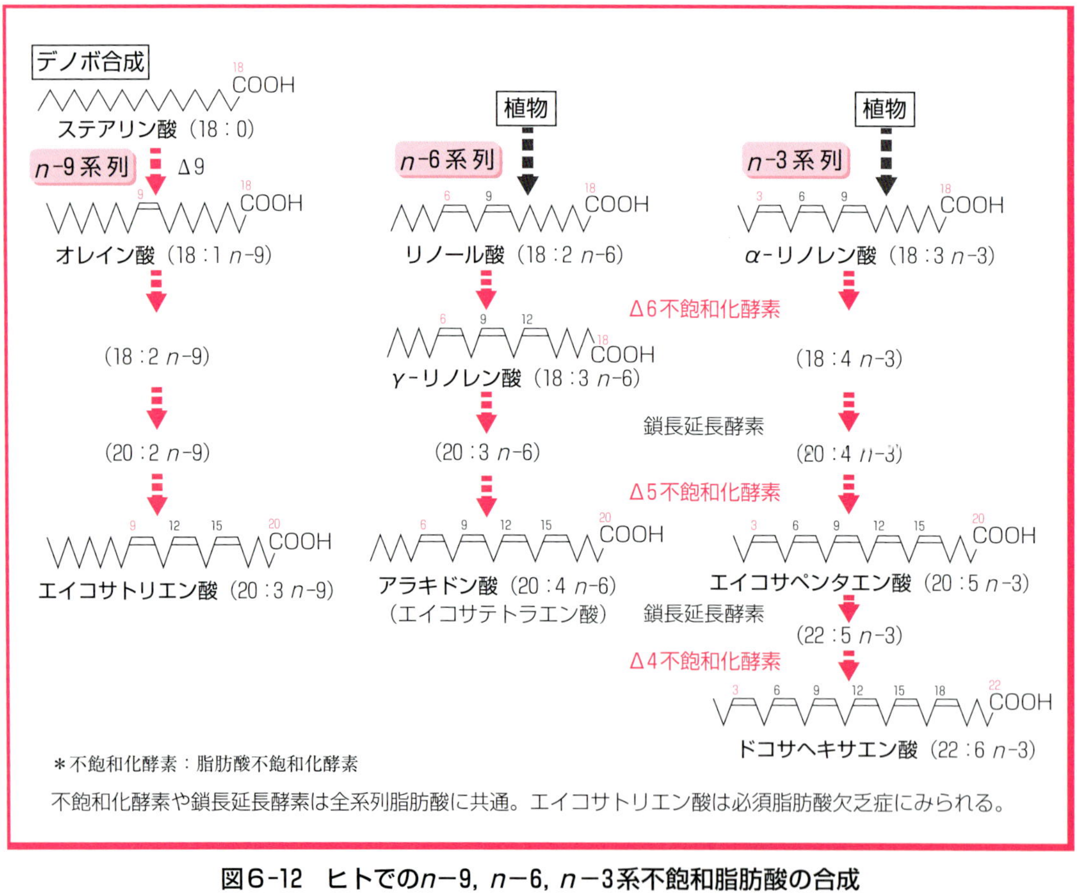

図6-12　ヒトでの*n*－9，*n*－6，*n*－3系不飽和脂肪酸の合成

出典）渡邊　昌：栄養学原論，南江堂，p.26，2009より一部改変

に対する予防効果を示す。なお耐容上限量は設定されていない。

(4) 飽和脂肪酸，一価・多価不飽和脂肪酸

飽和脂肪酸は，LDL受容体活性を抑制するため，血液中のLDL-Chl，血清総Chlが増加する。食事中のパルミチン酸をオレイン酸（**一価不飽和脂肪酸**，MUFA：mono-unsaturated fatty acid）に置換すると，血清総Chlが低下する。しかし，オレイン酸は血清HDL-Chlを低下させない。**多価不飽和脂肪酸**（PUFA：polyunsaturated fatty acid）のリノール酸は，LDL-Chl受容体活性を上昇させ，主としてLDL-Chlを低下させる。しかし，リノール酸はHDLの合成を抑制し，血清HDL-Chlを低下させてしまう。これらの摂取脂肪酸と血清Chl値に対する実験回帰式が出されている（表6-4）。

MUFA，PUFAの発音
一価不飽和脂肪酸（MUFA）をムーファ，多価不飽和脂肪酸（PUFA）をプーファと発音する。

1）多くても少なくても生活習慣病のリスクを高くする飽和脂肪酸

飽和脂肪酸は摂取量が少ないと動物性たんぱく質摂取量が減少し，脳出血などの罹患率増加の可能性があり，飽和脂肪酸を多く摂取する生活習慣は心筋梗塞，糖尿病の罹患率を増加させる。したがって飽和脂肪酸の成人目標量は7%Eが設定された。

2）一価不飽和脂肪酸

高オレイン酸（18：1 n-9）食は高飽和脂肪酸食や高炭水化物食に比べ，短期間の介入研究では血液Chl低下作用には優位性を示したが，長期間のコホート研究では冠状動脈疾患リスクの減少は認められなかった。一価不飽和脂肪酸の過剰摂取は肥満や冠状動脈疾患のリスクはあるが，脂肪エネルギー比率の20～30％Eを守っていれば，あえて一価不飽和脂肪酸の目安量を設定する必要はない。

表6-4　食事脂肪と血清コレステロール値との関係式

Δ血清総コレステロール（mg/dL）＝2.7×（Δ飽和脂肪酸摂取量（％E）－Δ多価不飽和脂肪酸摂取量（％E)/2)
＋1.5×Δ√（コレステロール摂取量(mg/1,000kcal)）
ただし，Δ＝変化（差）

出典）「日本人の食事摂取基準（2015年版）」策定検討会：「日本人の食事摂取基準（2015年版）」策定検討会報告書，厚生労働省，p.126，2014

●地中海式食事法●

地中海式食事法（Mediterranean diet）が2010年にユネスコの無形文化遺産に登録された。地中海式食事法とは，地中海沿岸に住む人々に特有の食事法のことである。この特色は乳製品や畜肉類に多く含まれる飽和脂肪酸（パルミチン酸，ステアリン酸）は少なく，オリーブオイルの一価不飽和脂肪酸MUFA（オレイン酸18：1 n-9）や，野菜や魚介類に含まれる多価不飽和脂肪酸PUFA（n-6系脂肪酸，n-3系脂肪酸）は多めにとることである。最近，パルミトオレイン酸（16：1 n-7）にインスリン抵抗性を抑制する作用が認められオレイン酸以外の効果も期待される。

(5) 脂肪酸由来の生理活性物質（エイコサ（イコサ）ノイド）

生体膜のリン脂質中のアラキドン酸（20：4 $n-6$）や，エイコサペンタエン酸（20：4 $n-3$）からさまざまな**生理活性物質**が生成される（図6-13，表6-5）。この生理活性物質は炭素数が20の化合物なので20の意味をもつ“eicosa”にちなみ**エイコサノイド**とよぶ。エイコサノイドには**プロスタグランジン（PG：prostaglandin）**，**トロンボキサン（TX：thromboxane）**，**ロイコトリエン（LT：leukotriene）**などがある。これらのエイコサノイドは共通のシクロオキシゲナーゼや5-リポキシゲナーゼがEPAやAAに作用しつくられる。これらの基質は生体膜を構成しているリン脂質の2位に取り込まれた多価不飽和脂肪酸で，必要に応じホスホリパーゼA_2によって切り出される。$n-3$系脂肪酸から産生されるエイコサノイドは炎症抑制的にはたらくので炎症性疾患であるアレルギー疾患や自己免疫疾

抗炎症作用のある新エイコサノイド
最近ではAAからリポキシン，EPAからはレゾルビン，ドコサヘキサエン酸（22：6 n-3）から抗炎症作用のあるプロテクチンが生合成されることが明らかとなった。

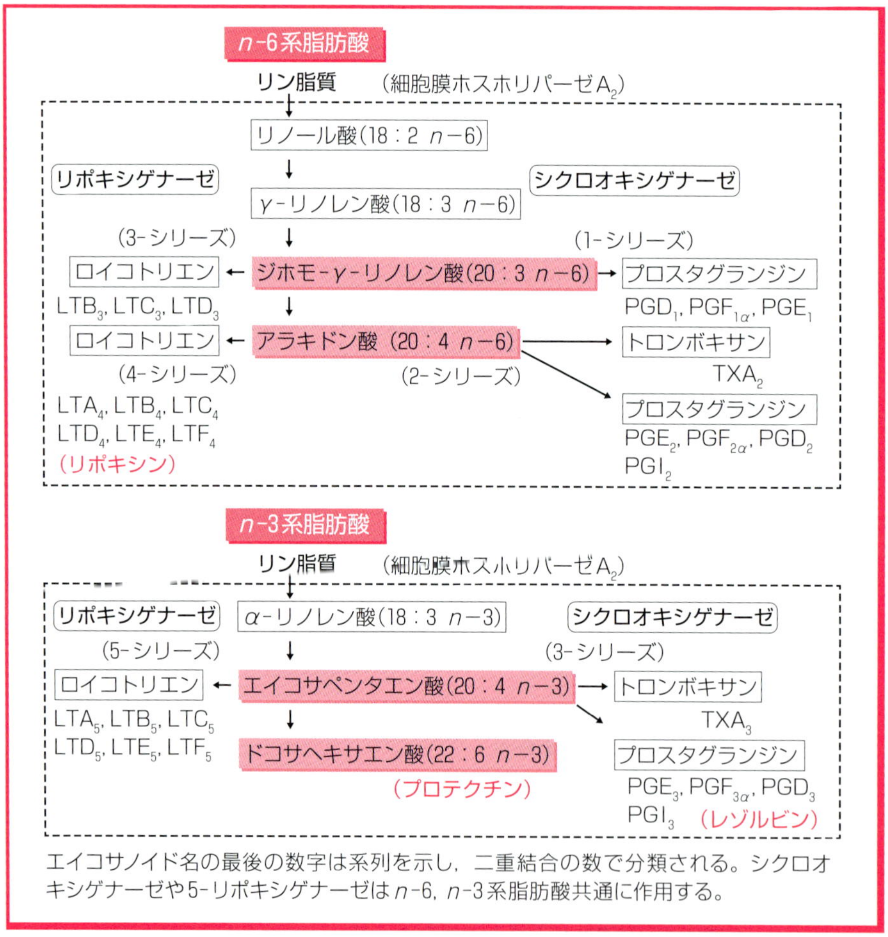

図6-13　$n-6$, $n-3$系脂肪酸由来の多彩な生理活性物質

出典）J. W. Erdman Jr., I. A. Macdonald, S. H. Zeisel（eds）: Present Knowledge in Nutrition（10th），Wiley-Blackwell, p.139, 2012より一部改変

患の症状改善に有望である。

デンマークに帰化したイヌイットでは血小板で**AA**由来の**TXA_2**が産生され，血管内で強い**血小板凝集能**や**平滑筋収縮作用**を示す。一方，**グリーンランド**に住むイヌイットは，**EPA**由来の**TXA_3**が産生され，**血小板凝集**や**血管平滑筋収縮作用**は

表6-5　主なエイコサノイドの産生細胞と生理作用

合成酵素	n−6系アラキドン酸			n−3系エイコサペンタエン酸		
	エイコサノイド	産生組織	生理活性	エイコサノイド	産生組織	生理活性
シクロオキシゲナーゼ	PGI_2	血管内皮細胞	血小板凝集抑制，血管弛緩作用　気管支弛緩	PGI_3	血管内皮細胞	血小板凝集抑制，血管弛緩作用　気管支弛緩
	PGE_2	血管，胃，腸管，子宮など	炎症促進作用	PGE_3	血管，胃，腸管，子宮など	PGE_2より炎症作用が弱い。
	TXA_2	血小板	血小板凝集亢進，血管収縮作用　気管支収縮	TXA_3	血小板	TXA_2より弱い　血小板凝集亢進，血管収縮作用，気管支収縮
リポキシゲナーゼ	LTB_4	白血球	白血球誘引	LTB_5	白血球	LTB_4と同様の作用をもつが活性は弱い。

PG：プロスタグランジン，TX：トロンボキサン，LT：ロイコトリエン

出典）和田　俊・後藤直宏：食品機能学―脂質，丸善，p.54，2008より一部改変

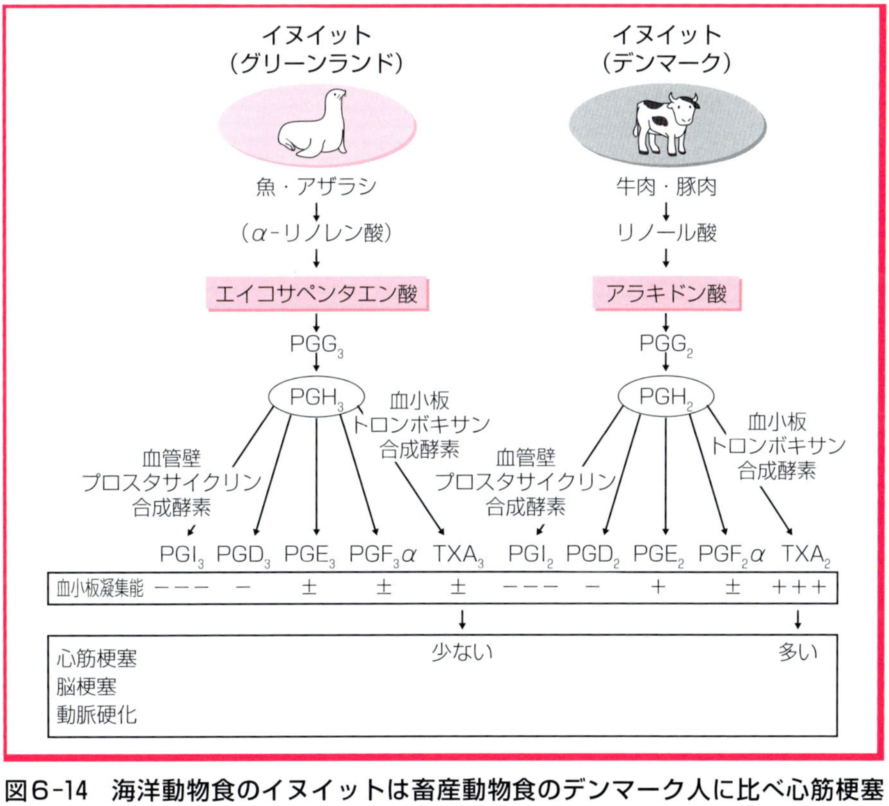

図6-14　海洋動物食のイヌイットは畜産動物食のデンマーク人に比べ心筋梗塞罹患率が低い

出典）室田誠逸：動脈硬化を防ぐプロスタグランディン，現代化学：9：12，1980より一部改変

弱くなる。EPA由来のPGI_3はAA由来のPGI_2と同様な血小板凝集阻止能や血管平滑筋弛緩作用を有するので，グリーンランドイヌイットのほうが動脈硬化は起こりにくい（図6-14）。

演習課題

❶ 1）脂肪酸は主に次の3つに分類できる。①飽和脂肪酸，②一価不飽和脂肪酸、③多価不飽和脂肪酸である。下記の脂肪酸の化学式を書き，どの脂肪酸に分類できるか答えなさい。
パルミチン酸（16：0），パルミトオレイン酸（16：1 *n*−7）オレイン酸（18：1 *n*−9），アラキドン酸（20：4 *n*−6），エイコサペンタエン酸（20：4 *n*−3），ドコサヘキサエン酸（22：6 *n*−3）

2）広義の必須脂肪酸を5つあげなさい。

❷ 脂質の栄養学上の特徴をできるだけ多く述べなさい。

❸ 適度な運動により血液中のHDL-Chl濃度はなぜ上がるのか。適度のアルコールを飲んでも上がるが，それらの理由を考え述べなさい。

❹ *n*−3/*n*−6脂肪酸比が食事の栄養評価に使われなくなった理由を考え述べなさい。
ただし，赤血球膜脂肪酸の*n*−3/*n*−6脂肪酸比はヒトの習慣的な脂肪酸栄養状態を表す。

❺ ヒトは飽和脂肪酸を体内で合成できるが，その目標量が7%E以下と設定されている。
どのような理由で目標量が決められたか理由を考え述べなさい。

参考文献

・「日本人の食事摂取基準（2015年版）」策定検討会：「日本人の食事摂取基準（2015年版）」策定検討会報告書，厚生労働省，2014
・日本人の食事摂取基準［2010年版］「日本人の食事摂取基準」策定検討会：「日本人の食事摂取基準」策定検討会報告書．厚生労働省，2009
・林　淳三編著：Nブックス 改訂 基礎栄養学，建帛社，2010
・板倉弘重編著：脂質の科学，朝倉書店，1999
・和田　俊，後藤直宏：食品機能学―脂質，丸善，2008
・栄養機能化学研究会：栄養機能化学，朝倉書店，1996
・坪田一男：ケトン体でアンチエイジング，日本抗加齢医学学会誌；9（3），2013
・H. Iso, M. Kobayashi, J. Ishihara, *et al.*：Intake of fish and n3fatty acids and risk of coronary heart disease among Japanese：the Japan Public Health Center-Based（JPHC）Study Cohort I., Circulation；113（2），2006
・A. P. Simopoulos：Evolutionary aspects of diet：the omega-6/ omega-3ratio and the brain, Mol Neurobiol；44, 2011
・深尾敏幸：ケトン体代謝異常症：特にアセトン血性嘔吐症と鑑別すべきサクシニル-CoA：3ケト酸CoAトランスフェラーゼ欠損症を中心に，日本小児科学会雑誌；111（6），2007
・有田　誠，C. N. Serhan：炎症を緩和するケミカルメディエーター－オメガ3脂肪酸に由来するレゾルビンとプロテクチン，蛋白質・核酸・酵素；52（4），2007
・J. W. Erdman Jr., I. A. Macdonald, S. H. Zeisel, *et al.*（eds）：“Present Knowledge in Nutrition（10th）”, Wiley-Blackwell, 2012

第7章 たんぱく質の栄養

たんぱく質は筋肉や各種組織における重要な構成成分であるだけでなく，生命現象全般をつかさどる重要な栄養素である。したがって，たんぱく質やアミノ酸は栄養素としての生理的意義を理解することは重要である。また，アミノ酸20種やヒトの９種の必須アミノ酸を覚え，さらにたんぱく質の栄養価の評価法（生物学的判定法および化学的判定法）やエネルギー代謝，糖新生などを介したほかの栄養素との関係も学ぶ。

1. たんぱく質・アミノ酸の体内代謝

（1）食事成分組成と体たんぱく質組成

生命を維持し，活動するためには生体が要求する栄養素を常に補給しなければならない。生体を構成している成分は，摂取した食品に含まれている栄養素によって常に入れ替わっている。

このため，ヒトはいろいろな食品を組み合わせて摂取している。人間が１日に摂取する最も多い栄養素は糖質であり，全栄養素重量の約70%にもなるが，身体構成の主な栄養素であるたんぱく質含有量はそれほど多くない[1)]（図７-１）。すなわち，食事成分としてたんぱく質は糖質に比べ多くはないが，生体内では最も多く，このことは，食事として摂取したたんぱく質の多くが生体の構成成分として利用されていることを意味している。

生体中のたんぱく質は絶えず合成と分解が繰り返されており，またその一部は窒素を含む成分として排泄される。すなわち，細胞あるいは生体中のアミノ酸やたんぱく質は基本的には合成や分解が絶えずなされた動的な定常状態（dynamic steady state）を保っている[2)]（図７-２）。たんぱく質の代謝物や酵素レベルには多少の変動はあるが，たんぱく質の代謝産物の濃度，あるいは生体中のたんぱく質の総量は平均してみると常に一定の値に保たれている。

（2）たんぱく質の動的状態

通常，成人は体重が変わらないため，生体中のたんぱく質は変化していないようにみえる。しかし，生体構成成分である骨格筋や肝臓，脳，また生体機能成分である酵素などは，生命活動を継続的に維持するために，絶えず合成と分解が繰り返さ

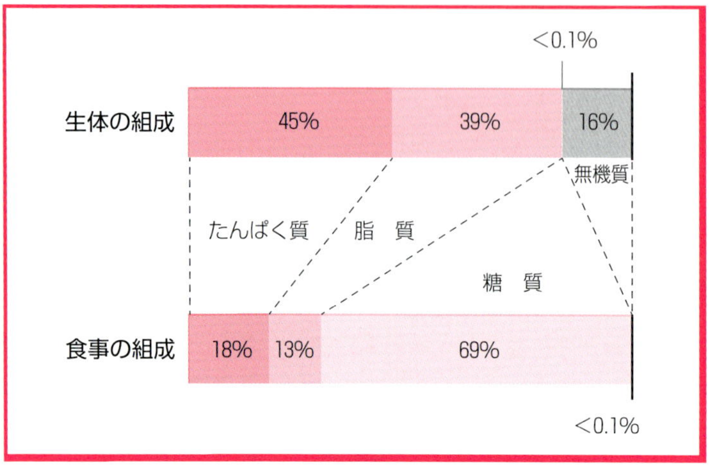

図7-1　食事中の栄養素の組成と生体の組成
出典）奥　恒行：生化学を学ぶために，基礎から学ぶ生化学（奥　恒行編），p.4, 2008，南江堂より許諾を得て改変し転載

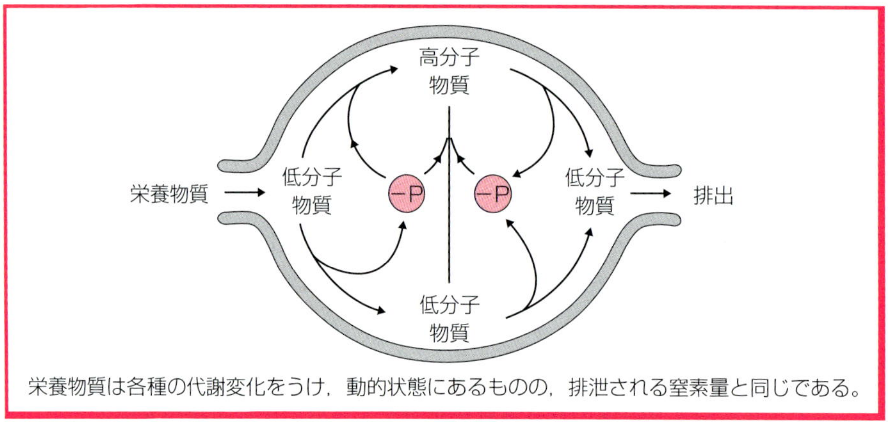

図7-2　概念的に見た定常状態にある細胞あるいは生体
出典）清水孝雄 監訳：イラストレイテッド ハーパー・生化学 原書29版，丸善出版，p.89，2013より一部改変

れている。このように古いたんぱく質は新しいたんぱく質に常に置換し続けられており，このことを代謝回転という。

また，健康な成人ではたんぱく質の摂取量と排泄量が常に一定の状態にあり，体たんぱく質量は一定量を保っている。すなわち，体たんぱく質は合成と分解を常に繰り返しており，これを動的状態にあるといい，また一定量にある状態を動的平衡という。

一般に成人では，体たんぱく質は1日に約180 gの分解と合成が行われ，新旧のたんぱく質の代謝回転が行われている。例えば，食事たんぱく質を80 g/日摂取するとともに，体たんぱく質の分解に由来する80 g/日に相当する窒素を含む成分が排泄され，動的平衡が保たれている[3]（図7-3）。

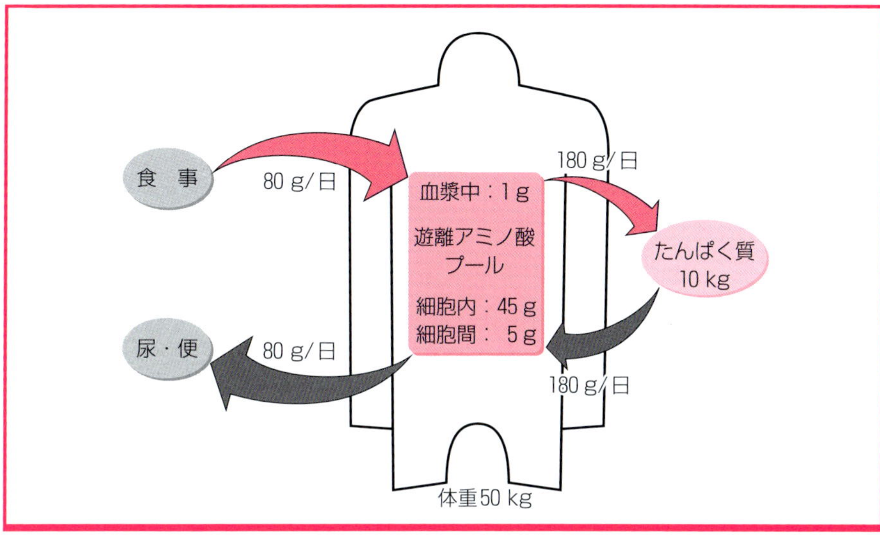

図7-3　たんぱく質の動的平衡状態

出典）安東敏彦：アミノ酸で健康を測る―アミノインデクス®，メディカル・サイエンス・ダイジェスト：36 (5)：815-819，2010より一部改変

一方，成長期にある乳児や小児，妊娠期の女性などは体たんぱく質の動的平衡が正に傾いており，**体たんぱく質の同化作用**が亢進し，このため体重は増加する。さらに，手術後早期や熱傷直後，敗血症などの疾患患者は動的平衡が負に傾いており，**体たんぱく質の異化作用**が亢進して，体重減少がみられ，動的平衡状態が崩れているとされる。

体たんぱく質の同化作用
低分子化合物から，生体を構成する高分子化合物へと合成する反応をいう。生体における合成反応を円滑に進行させるためには，十分なエネルギー産生が必要である。

体たんぱく質の異化作用
体たんぱく質が構成するアミノ酸へ，さらには尿素やアンモニアのように窒素を含む低分子化合物へと分解する反応をいう。そのため，生体中のたんぱく質は減少する方向に進行する。

（3）たんぱく質節約作用

糖質および脂質からのエネルギー供給が不足すると，生体の構成成分や生体の機能成分として利用されるべきたんぱく質は分解され，アミノ酸もしくはアミノ酸の炭素骨格部分を酸化することでエネルギー源として燃焼される。すなわち，食事中のたんぱく質は熱量素としてエネルギー代謝されて燃焼されることになる。このような状況では，摂取したたんぱく質が本来の目的として利用されないことになる。一方，糖質や脂質を十分に摂取している状態では，食事たんぱく質は本来の目的である生体の構成成分や機能維持として利用されて，体内に十分に保留されることになる。

すなわち，糖質や脂質の十分な摂取はたんぱく質がエネルギー源として燃焼するのを抑える一方で，体たんぱく質への利用を促すことから，この現象は糖質や脂質によるたんぱく質節約作用（protein sparing action，p.91）として知られている。

（4）血清中のたんぱく質成分

血液は成人体重の約６～９％を占め，有形成分である血球（赤血球，白血球，血小板）とそれらを浮遊させている液性成分すなわち血漿（plasma）よりなる。また，血漿からフィブリノーゲンおよび凝固に関与したトロンボプラスミン，プロトロンビンなどのいくつかの因子を除き，血液成分が凝固した後に残る液体は血清（serum）とよばれる。

血清もしくは血漿中のアルブミン（ALB：albumin），トランスサイレチン（TTR：transthyretin）またはプレアルブミン（PA：pre-albumin），レチノール結合たんぱく質（RBP：retinol-binding protein），トランスフェリン（Tf：transferrin）の濃度測定は栄養状態を鋭敏に判定でき，対象者の栄養を評価する指標として重要である。

1）アルブミン

血清アルブミン（serum albumin）は血清中に最も多量に含まれるたんぱく質であり，血清全たんぱく質の50～60%を占める。分子量は68,000，等電点は4.9であり，弱アルカリ性のpHで**電気泳動**を行うと，最も陽極側のピークとして分離される[4)]（図7-4）。ほかの血清たんぱく質の多くは糖たんぱく質であるが，アルブミンは糖を含んでいない。肝臓で合成され，血液中の遊離脂肪酸，胆汁色素，金属，各種薬剤などと結合し，それらの血液での運搬に重要な物質である。また，生体におけるアミノ酸供給などの機能がある。

電気泳動
セルロースアセテート膜やアガロースゲルなどを用い，大きさ（分子量）の違いでたんぱく質やDNAなどを分離する方法で，分子量の小さなものはゲル中の網目を縫って，陽極側に移動する。

血漿の浸透圧の大部分はNa^+を主とする低分子電解質およびグルコース，尿素などによるものである。しかし，血管内外（血漿と組織液）の浸透圧の差は主としてアルブミン量によって変動（コロイド膠質浸透圧）し，毛細血管壁における水や低分子物質の移動に大きな影響を与えている。血清アルブミンは，血液の膠質浸透圧の約3/4を担っており，その減少は浮腫の原因のひとつとなる。

アルブミンの半減期は21日であり，トランスサイレチン（またはプレアルブミン），レチノール結合たんぱく質，トランスフェリンに比べて半減期は長い（表7-1）。また血管外でのプールも多く存在するため血中濃度の変動は小さく，短期的な栄養状態を判定するのは適さないが，長期的な栄養管理や栄養障害者のスクリーニングに用いられる。

なお，上記の電気泳動にて示されるアルブミン以外の血清たんぱく質として，グロブリン（globulin）と総称される血清たんぱく質が約40%を占める。しかし，これらグロブリンはアルブミンのような単一のたんぱく質成分を意味するものではなく，いずれも多種類のたんぱく質成分の混合物である。

2）急速半減期たんぱく質（RTP：rapid turnover protein）

トランスサイレチン（プレアルブミン），レチノール結合たんぱく質，トランスフェリンはいずれもアルブミンに比べ，半減期の短いたんぱく質であり，そのためリアルタイムの栄養状態の評価が可能な指標として有用である。これらの血清濃度は敏感に栄養状態に反応するが，肝機能，腎機能，急性炎症などでも影響を受けるため，その評価には注意が必要である。

トランスサイレチンは半減期が2日で**甲状腺ホルモン**を運搬していることによ

甲状腺ホルモン
一般に全身の細胞に作用して細胞の代謝率を上昇させるはたらきをもち，アミノ酸誘導体のホルモンである。主なものにトリヨードチロニン（T_3），チロキシン（テトラヨードチロニン，T_4）などがある。

り，トランスサイレチンとよばれている。たんぱく質電気泳動ではアルブミンより陽極に泳動されるためにプレアルブミンともよばれる。たんぱく質欠乏で著しく減少し，補充療法で速やかに上昇するため，栄養療法の効果判定の指標となる。また，肝細胞障害の指標ともなる。

レチノール結合たんぱく質は肝臓でつくられる低分子のたんぱく質で，半減期は0.5日である。たんぱく質の名称のとおり，レチノール（ビタミンA）を運搬する機能をもつ。半減期が特に短いため，短期の栄養状態を鋭敏に示す。また，尿細管で再吸収されるので，腎機能の指標や肝胆道系疾患の指標ともなる。

トランスフェリンは肝臓でつくられるたんぱく質で，半減期7日である。鉄を運

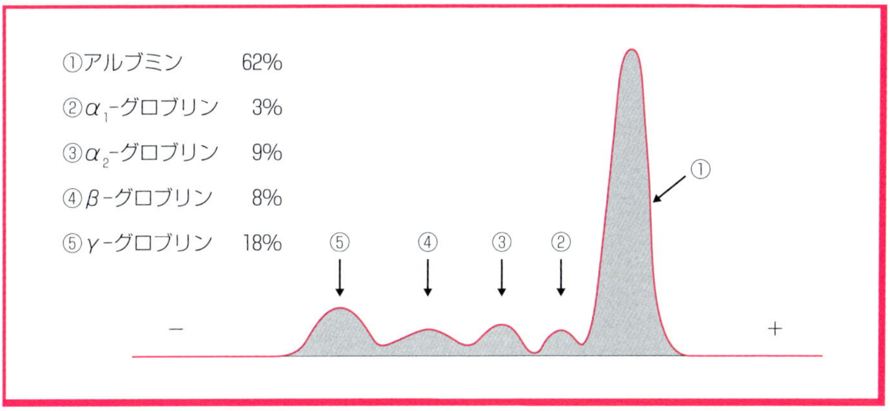

図7-4　弱アルカリ性pHにおけるセルロースアセテート膜電気泳動による正常血清たんぱく質の分画（たんぱく質を染色し，発色をデンシトメーターで測定したもの）

出典）林　典夫：血液，シンプル生化学（林　典夫，廣野治子編），改訂第5版，p.264，2007，南江堂より許諾を得て転載

表7-1　栄養状態の判定指標とたんぱく質の半減期など

	半減期	基準値	増加（高値）	減少（低値）
アルブミン ALB	21日	3.9～4.9 (g/dL)	脱水など	たんぱく欠乏性栄養障害，肝障害時，ネフローゼ症候群，慢性炎症，輸液過剰時など
トランスサイレチン TTR	2日	男：23～42 女：22～34 (mg/dL)	甲状腺機能亢進症，妊娠後期，高カロリー輸液時など	低たんぱく栄養状態，たんぱく欠乏性栄養障害，高度の肝障害時，炎症，家族性ポリアミロイドーシスⅠ型・Ⅱ型など
レチノール結合たんぱく質 RBP	0.5日	男：3.6～7.2 女：2.2～5.3 (mg/dL)	慢性腎不全，過栄養性脂肪肝など	ビタミンA欠乏症，たんぱく欠乏性栄養障害，肝障害や閉塞性黄疸，甲状腺機能亢進症，外傷など
トランスフェリン Tf	7日	男：190～300 女：200～340 (mg/dL)	鉄欠乏性貧血，妊娠中期～後期，たんぱく同化ホルモン上昇時など	たんぱく欠乏性栄養障害，肝障害時，ネフローゼ症候群，炎症など

出典）東口高志編：NST完全ガイド 経腸栄養・静脈栄養の基礎と実践，照林社，p.12，2009

搬する。主に貧血の検査に用いられる。また，著しい栄養障害では低値を示すが，半減期が7日と長いことと血清鉄の影響を受けるため，栄養療法の指標には利用しにくい。

2. アミノ酸の臓器間輸送

(1) アミノ酸プール

食事にて摂取したたんぱく質はアミノ酸にまで消化されて，ほとんどが腸管吸収され，門脈から肝臓や各組織に運ばれる。また，この吸収された食事由来のアミノ酸は体たんぱく質の分解によって生じたアミノ酸と合流する。このように生体中の遊離アミノ酸のうち，たんぱく質として合成されないものはアミノ酸プール（amino acid pool）として蓄積される。

肝臓や筋肉，各組織にてたんぱく質が必要になった際にはこのプールからアミノ酸が供給され，組織たんぱく質や各種酵素，ホルモンなどの合成に利用される。アミノ酸の量が過剰の場合は分解を受けて尿素に変換され，尿中成分として排泄される。

また，アミノ酸はアミノ基転移をうけ，糖質や脂質にも変換されたり，またはエネルギー源として利用されたりする。なお，糖質や脂質の炭素骨格の一部は，アミノ基転移反応を伴って非必須アミノ酸が合成され，供給される[5)]（図7-5）。

(2) 分枝（分岐鎖）アミノ酸の特徴

吸収された食事由来のアミノ酸，ならびに筋肉や各組織から循環血にて運ばれたアミノ酸は肝臓に取り込まれる。肝臓は末梢組織での必要量に応じて血中濃度を調節してアミノ酸を供給している。したがって，門脈血中とは異なり，循環血中のアミノ酸濃度やアミノ酸パターンはほぼ一定の範囲に保たれている。

しかし，肝臓組織では必須アミノ酸であるバリン，ロイシン，イソロイシンの分枝アミノ酸（BCAA：branched chain amino acid）を**α-ケト酸**に分解して利用することができない。したがって，食事から供給された分枝アミノ酸は例外的にそのまま肝臓から放出される。放出された分枝アミノ酸は主に筋肉で代謝され，アミノ基がとれてα-ケト酸となり，再び肝臓に運ばれてクエン酸回路（TCA回路）の中間体に転換され，あるいは糖新生の原料や脂肪酸の合成原料としても利用される。特に運動時では，α-ケト酸は直接筋肉においてエネルギー源としても利用されることから，分枝アミノ酸は筋肉における効率的なエネルギー源であるとされる。

脳では，神経伝達物質（**セロトニン**など）の前駆体となる芳香族アミノ酸（チロシンやトリプトファン）の供給が必要である。しかし，脳内への輸送の際に中性アミノ酸（主に分枝アミノ酸）との競合が起こる。そのため，血中の分枝アミノ酸/芳香族

α-ケト酸
α位炭素がケトン基であり，アミノ酸からアミノ基転移反応によって生成される。代表的なα-ケト酸はピルビン酸やα-ケトグルタール酸などがあげられる。

セロトニン
動植物に広く分布する生理活性アミンであり，インドールアミンの一種である。ヒトでは主に生体リズム・神経内分泌・睡眠・体温調節などに関与する。

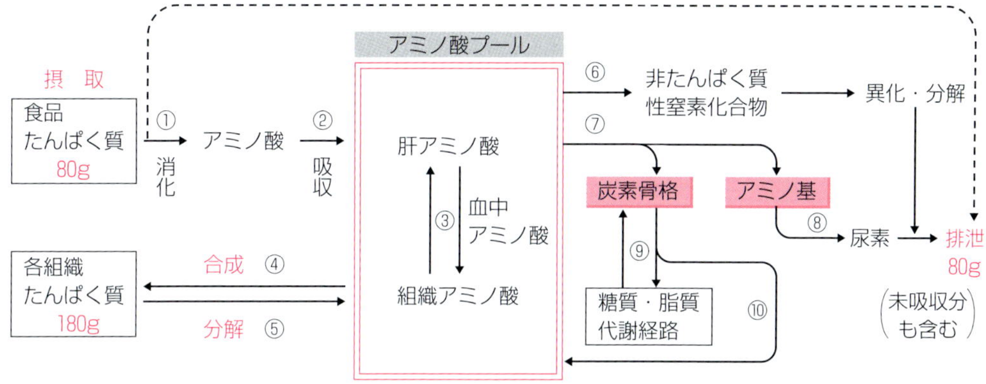

図中の矢印は，摂取から排泄まで，たんぱく質·アミノ酸代謝の流れを示したものである。食品たんぱく質は，消化①されペプチド・アミノ酸を生じる。腸管より吸収②されたアミノ酸は門脈を経て肝臓に運ばれる。肝のアミノ酸は血液を介して全身の組織と交流③する。各組織においては必要なたんぱく質の合成④にアミノ酸を利用し，一方でたんぱく質を分解⑤してアミノ酸を供給する。これらのアミノ酸は同等のものであり食事や組織内たんぱく質などの由来により分けられるものではない（アミノ酸プール）。アミノ酸は，アミノ基と非窒素部分（炭素骨格部分）に分解⑦され，アミノ基の大部分は最終的に尿素⑧となって排泄される。炭素骨格部分は糖，脂肪酸の代謝経路に入りエネルギーとして利用⑨される。一方，アミノ基と炭素骨格からアミノ酸が合成⑩され再利用される（可欠アミノ酸）。なお，組織のたんぱく質は合成④と分解⑤により絶えず新旧の交代がなされている。

図7-5　たんぱく質・アミノ酸代謝の概要とアミノ酸プール

出典）林　淳三 編著：Nブックス 改訂 基礎栄養学，建帛社，p.87，2010

アミノ酸（フィッシャー比）が脳の機能に重要な役割を果たしていると考えられている。

特に肝機能が低下している疾患（肝炎，肝硬変，劇症肝炎，肝性脳症など）ではアミノ酸代謝異常が起こり，芳香族アミノ酸の血中への供給量が増加し，一方筋肉での分枝アミノ酸の分解量の増加（血中濃度の低下）から，フィッシャー比が低下する。さらに，血中の芳香族アミノ酸が過剰量にまで血中に蓄積した場合には肝性脳症を伴った昏睡を起こすこともある。

3. 摂取するたんぱく質の量と質の評価

（1）アミノ酸の重要性

身体に必要なたんぱく質は，通常，すべてのアミノ酸を必要とする。一方，そのたんぱく質を構成するアミノ酸のうち１種類でも欠けていると，そのアミノ酸はほかのアミノ酸では代用することができないため，体たんぱく質の合成は阻害される。したがって，必要なたんぱく質を円滑に合成するためには，構成材料となるすべてのアミノ酸がそろっていなければならない。アミノ酸には以下の種類がある。

1）必須アミノ酸

アミノ酸のなかには体内で合成することができない，もしくは合成の速度が遅く身体に必要な量を十分満たすことができない計9種類のアミノ酸があり，これを必須アミノ酸（essential amino acid）あるいは不可欠アミノ酸（indispensable amino acid）という。これら9種のアミノ酸は健康な生活を営むうえで，食事から必ず摂取（補充）しなければならない。また，どれか1つのアミノ酸が欠けても筋肉や血液，骨などの合成が十分行えなくなるとされ，そのため必須性が示されている。

ヒトにおいて，必須アミノ酸にはヒスチジン，イソロイシン，ロイシン，リシン（リジン），メチオニン，フェニルアラニン，スレオニン（トレオニン），トリプトファンおよびバリンの9種類がある。ヒスチジンを除く8種類のアミノ酸は体内で合成できない。ヒスチジンは体内で合成できるが，合成速度が遅いため，これが食事中に入っていないと成長が悪くなるので必須アミノ酸に含めている。

なお，チロシンはフェニルアラニンから，システインはメチオニンから生成されるので，チロシンとシステインはフェニルアラニンとメチオニンを十分摂取していれば可欠アミノ酸とされる。一方，この両アミノ酸が十分あれば，フェニルアラニンとメチオニンの必要な量が少なくてすむことから，たんぱく質の栄養価を評価するうえでは，チロシン，システインを必須アミノ酸に含めて計算している。

2）非必須アミノ酸

体の中で必要十分な量を合成することのできるアミノ酸があり，これを非必須アミノ酸（non-essential amino acid）あるいは可欠アミノ酸（dispensable amino acid）という。体たんぱく質の合成のためにもちろん必要であるが，体内で生成することができるので，必ずしも食事から摂取しなくても，ほかのアミノ酸から生成される場合が多い。そこで，摂取する際にはその種類はあまり問題にする必要はない。ただし，非必須アミノ酸を含むたんぱく質の量を確保するという観点から，摂取量は十分な量とする必要がある。

3）食品中のたんぱく質

たんぱく質を含む食品は卵，牛乳，畜肉，魚肉，だいず，こめ，こむぎなど，数多くの種類がある。このうち，卵，牛乳，畜肉，魚肉，だいずはたんぱく質含量の多い食品としてあげられるが，こめやこむぎのような穀類でもたんぱく質は含有しており，こめ（精白米として）では可食部100 g当たり6.1 g，こむぎ（中力粉として）では可食部100 g当たり9.0 gのたんぱく質が含まれている[6)]。

たんぱく質の栄養価を調べる方法として，成長期の動物に一定量のたんぱく質を含む餌を与えてその際の体重増加（成長）と，栄養価が既知のたんぱく質を対照として比較する方法がある。ある食品たんぱく質とまったく同じ量のたんぱく質を含む餌を与えても，たんぱく質の種類（栄養価）によっては，体重増加は同等にならない。すなわち，与えたたんぱく質の種類（栄養価）により，吸収された際の体内での体たんぱく質の利用速度に違いがあることを示している。このことは，たんぱく質の利用性（栄養価）はその種類によって違いがあることを示している。

このようなたんぱく質の栄養価の違い（栄養効果）はそれを構成するアミノ酸，特に含有する必須アミノ酸の種類や量によって決まることが知られている。一般に，動物性たんぱく質は，植物性たんぱく質に比べ，生体中における筋肉をはじめとする各器官にて構成しているアミノ酸と類似性が高いため，栄養価は高いと考えられている。

なお，食品たんぱく質は摂取した後遊離アミノ酸として体内に入り，一部は体たんぱく質として同化されるが，体内蓄積される際の利用性が異なり，これが栄養価の違いとなる。一方，遊離アミノ酸が異化される際の経過は3種類に分類され，脱アミノ化され，残った炭素骨格からグルコースが生成される場合はそのアミノ酸を**糖原性アミノ酸**（glucogenic amino acid）といい，ケトン体（アセト酢酸，アセトン，ヒドロキシ酪酸，p.93）が生成されるアミノ酸を**ケト原性アミノ酸**（ketogenic amino acid）という。また，どちらも生成することが可能なアミノ酸を**ケト原性・糖原性アミノ酸**という。

糖原性アミノ酸
アラニン，アスパラギン酸，メチオニン，スレオニン，バリン，グルタミン酸などがあげられる。

ケト原性アミノ酸
ロイシン，リシンはアセチル-CoAにしか代謝されず，したがってケトン体として代謝されるため，ほかのアミノ酸は異化課程が異なる。

ケト原性・糖原性アミノ酸
フェニルアラニン，チロシン，トリプトファン，イソロイシンなどがあげられる。

（2）たんぱく質の栄養価判定法

食品たんぱく質の栄養価判定法は，ヒトや動物を用いた①「たんぱく質を摂取させる」という方法に基づく生物学的判定法と，食品たんぱく質に含まれる②「アミノ酸組成を調べる」という方法に基づく化学的判定法とに大別される。

1）生物学的判定法

a．体重を指標とする判定法　一般に，栄養価の良いたんぱく質は成長期の動物の体重増加を高める。一方，栄養価の悪いたんぱく質は相対的に体たんぱく質となりにくく，成長期の動物の体重増加は低いか，もしくは体重減少をもたらす。そこで，従来からヒトまたは動物を用いたたんぱく質の栄養価判定法として，体重の変化を指標とする方法が用いられている[7)]（図7-6）。

体重増加量および経時変化とは実験開始時の動物体重と一定期間後の動物体重との差（体重増加量）を求め，増加量を経時的に観察したもの（経時変化）である。体重比較量とは無たんぱく飼料を与えた動物体重と実験動物の体重との差を求めたものである。栄養価はいずれも調べたいたんぱく質を含む飼料を与えて，動物体重を測定し，その影響を観察して評価する方法である。

一定量の摂取たんぱく質を含む飼料を摂取させた際の体重増加量はたんぱく質効率（PER：protein efficiency ratio）とよばれる。また，一定量の摂取たんぱく質を含む飼料を摂取させた際の体重から，たんぱく質を含まない飼料を摂取させた際の体重を引いた値は正味たんぱく質効率（NPR：net protein ratio）とよばれる。いずれも，成長期のラットを用いるたんぱく質の栄養価の判定法であり，よく知られている方法である。

なお，すでに述べたように栄養価の低いたんぱく質を投与した場合では体重増加

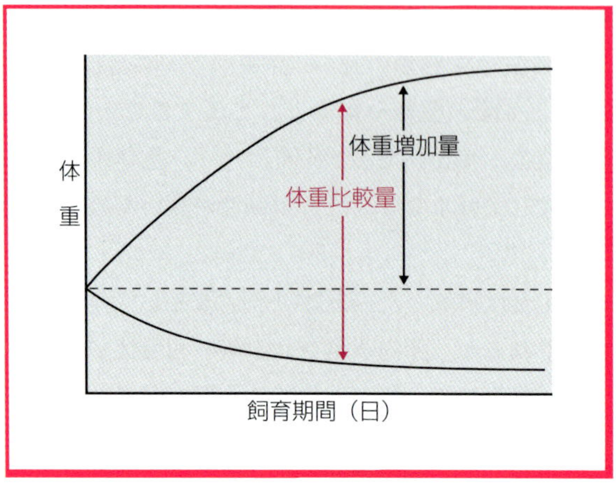

図7-6　体重比較法

出典）林　淳三 編著：Nブックス 改訂 基礎栄養学，建帛社，p.89，2010

がみられないことがある。したがって，PERにて体重が減少した場合，その値は負となる。この場合，食品たんぱく質を投与しているので，体重が増えない，あるいは減少したと考えるのではなく，体たんぱく質の摂取量に比べて体内にて異化されるたんぱく量が多かったと考えるべきである。一方，NPRは無たんぱく質飼料を投与した動物体重との比較であり，栄養価の悪いたんぱく質でも，投与したたんぱく質の正味の栄養価が観察できることから，PERよりは優れているとされる。

b．窒素出納，生物価を指標とする判定法　窒素出納（NB：nitrogen balance）とは，摂取した窒素量（食品中に含まれる窒素量として計算する）と，体内から失われた窒素量（異化されて体外に排泄される窒素量として計算する）の両者のバランスを計算した値である。

窒素が失われる経路は主に尿および糞便である。したがって，摂取した窒素量から尿および糞便中の窒素量を減じた値が窒素出納になる。なお，窒素が失われる経路として経皮（毛髪，汗，皮膚のアカ）由来もあるが，食事による影響や排泄される窒素量を考慮すると，その量は無視できる程度であることから，通常は測定されない。また，尿中の窒素量はアミノ酸として体内に吸収された後，生体で代謝分解されたものであり，また糞便中の窒素は吸収されなかった窒素，および腸内細菌や腸管内壁から剥離した窒素と考えられる。

したがって，窒素出納が高い場合は摂取した窒素量の多くが体内に保留された（利用された）ことを示しており，一方窒素出納が低い場合は体内に保留された（利用された）窒素量が少ないことを示している。すなわち，窒素出納が高値を示すたんぱく質は低値を示すたんぱく質に比べて栄養価が高く，体内でよく利用されるたんぱく質であると判断される（図7-7）。

図7-7に示すように，〔摂取窒素量〕－〔排泄窒素量〕＞０のときは，体内での

保留窒素が増えている状態を示し，栄養価の高いたんぱく質を摂取した場合のほかにも，乳児や小児期のような成長期，および妊娠期，さらにスポーツ時などの筋肉増強期の場合などのように筋たんぱく質が増加し，体たんぱく質が同化状態にあって，一般に「正の窒素出納」にあることを示している。

また，〔摂取窒素量〕－〔排泄窒素量〕< 0のときは，体内に保留された窒素が体外に放出していることを示し，栄養価の低いたんぱく質を摂取した場合，またはたんぱく質摂取量が不足の状態にあって，体たんぱく質がエネルギー源として喪失するような状態においては，一般に「負の窒素出納」にあることを示している。また，この状態は体たんぱく質が異化状態にあるとされる外科的手術，外傷直後，熱傷直後，進行がん，敗血症などの疾患でも発生するとされる。

〔摂取窒素量〕－〔排泄窒素量〕＝ 0のときは，「窒素平衡の維持状態」にあり，その条件下におけるたんぱく質の必要量を示しているといえる。また，窒素平衡の維持に必要なたんぱく質量が少ないほど，良質なたんぱく質である。通常，健康な成人では体重に大きな変動がみられないことから，窒素出納はほぼゼロに近似している。

さらに，図7-7の各値から，生物価（BV：biological value），正味たんぱく質利用率（NPU：net protein utilization）などが算出され，たんぱく質の栄養価を判定する指標として用いられることが知られている（表7-2）。

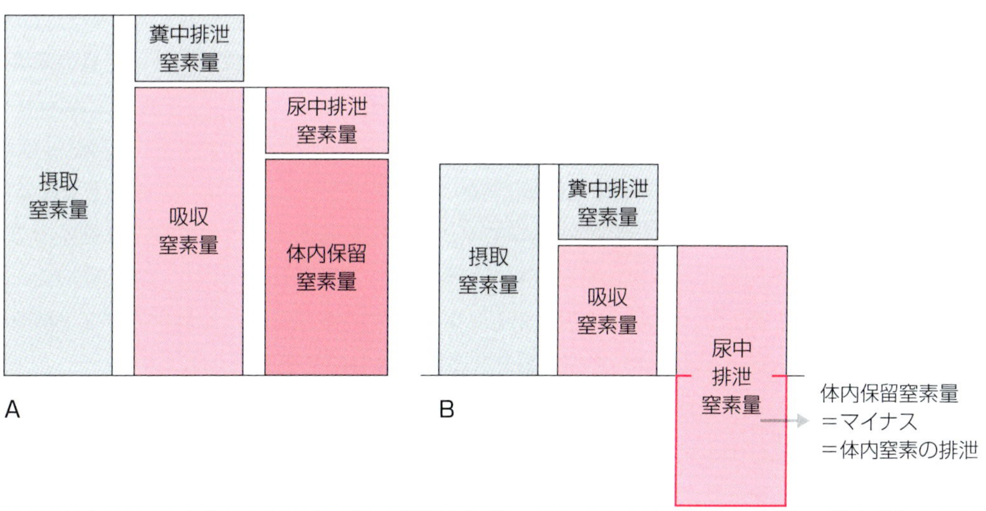

窒素出納とは体内に保留された窒素量（体内保留窒素量）であり，窒素出納＝〔摂取窒素量〕－〔糞中排泄窒素量〕－〔尿中排泄窒素量〕で算出される。

図Aは〔摂取窒素量〕－〔排泄窒素量〕>0であり，正の窒素出納を表す。

図Bは〔摂取窒素量〕－〔排泄窒素量〕<0であり，負の窒素出納を表し，摂取するたんぱく質が少ない，もしくは体たんぱく質が喪失する状態（異化亢進の状態）にあることを意味する。

図7-7　窒素出納を算出する際の考え方

表7-2　窒素の出納から算出される指標，および算出方法

窒素出納（体内保留窒素量）	＝摂取窒素量－尿中排泄窒素量－糞中排泄窒素量
生物価（BV）	＝（体内保留窒素量／吸収窒素量）×100
正味たんぱく質利用率（NPU）	＝（体内保留窒素量／摂取窒素量）×100
消化吸収率（%）	＝（吸収窒素量／摂取窒素量）×100

また，たんぱく質の消化吸収率が高ければたんぱく質としての栄養価も高いことが見積もられることから，消化吸収率（%）も栄養価の判定としては重要である。

なお，生物学的判定法は，ヒトや動物で実際に行われた結果によって評価できることから，実態に近い栄養価として求めることができるとの利点があるものの，時間，労力，コストがかかる。

2）化学的判定法

食品たんぱく質に含まれるアミノ酸組成は異なっている。アミノ酸のうち，非必須アミノ酸はほかのアミノ酸や栄養素から合成されるため，たんぱく質中の非必須アミノ酸の組成は栄養価に影響を与えない。

一方，必須アミノ酸は体内で合成されないことから，その組成比は重要である。すなわち，食品たんぱく質の栄養価は含んでいる必須アミノ酸の組成比（過不足状態）に大きく影響される。そこで，食品たんぱく質のアミノ酸含有量を比較たんぱく質と比べることで，その栄養価を計算で求めることができる。すなわち，食品たんぱく質のアミノ酸組成を分析することで簡便に栄養価を判定することができ，かつ複数のたんぱく質が含まれる加工食品や混合食のように多様なたんぱく質が存在しても，全体のアミノ酸組成を分析することで摂取した食品たんぱく質の栄養価を評価することが可能である。

ただし，この方法は必須アミノ酸の含有量のみで評価される方法であり，たんぱく質の固有の値（例えば消化吸収率など）は考慮されない点は注意すべきである。

このように食品たんぱく質のアミノ酸組成を基準として栄養価を評価する方法を化学的判定法という。すなわち，基準として考案された，あるいは実在のたんぱく質の必須アミノ酸の含有量に対し，評価したい食品たんぱく質中のアミノ酸含有量を百分率（%）で表した値であり，単純に計算にて求められる。

ここで，基準として考案された，あるいは実在のたんぱく質を対照としたアミノ酸組成によって評価結果が異なること，すなわち対照とする基準たんぱく質のアミノ酸パターンの選定によって，評価結果が大きく異なる場合があるので，この点も注意すべきである。

基準となるアミノ酸組成について，1973年FAO/WHOは新評点パターンとして新しい知見に基づいた必須アミノ酸必要量を提唱し，乳児，学齢期（10～12歳），成人の3つの年代別パターンで示した。ここで，乳児の必要量を満たすアミノ酸組成をもつたんぱく質は，成人にとっても良質なたんぱく質であるとし，乳児および

FAO
Food and Agriculture Organization of the United Nations，国際連合食糧農業機関。

WHO
World Health Organization，世界保健機関。

表7-3　1973年FAO/WHOと1985，2007年FAO/WHO/UNUから報告されたアミノ酸評点パターン

アミノ酸	たんぱく質あたりの必須アミノ酸（mg/gたんぱく質）													
	1973年（FAO/WHO）				1985年（FAO/WHO/UNU）				2007年（WHO/FAO/UNU）					
	乳児	学齢期10～12歳	成人	一般用	乳児	学齢期2～5歳	学齢期10～12歳	成人	0.5歳	1～2歳	3～10歳	11～14歳	15～18歳	成人
ヒスチジン	14	－	－	－	26	19	19	16	20	18	16	16	16	15
イソロイシン	35	37	18	40	46	28	28	13	32	31	31	30	30	30
ロイシン	80	56	25	70	93	66	44	19	66	63	61	60	60	59
リシン	52	75	22	55	66	58	44	16	57	52	48	48	47	45
含硫アミノ酸（メチオニン＋システイン）	29	34	24	35	42	25	22	17	28	26	24	23	23	22
芳香族アミノ酸（フェニルアラニン＋チロシン）	63	34	25	60	72	63	22	19	52	46	41	41	40	38
スレオニン	44	44	13	40	43	34	28	9	31	27	25	25	24	23
トリプトファン	8.5	4.6	6.5	10	17	11	9	5	8.5	7.4	6.6	6.5	6.3	6
バリン	47	41	18	50	55	35	25	13	43	42	40	40	40	39

出典）奥　恒行，柴田克己 編著：健康・栄養科学シリーズ 基礎栄養学 改訂4版，南江堂，p.113，2012

学童の必要量パターンを参考にアミノ酸評点用基準パターンが求められ，広く普及した。さらに，1985年FAO/WHO/UNU合同特別専門委員会は幼児（2～5歳）を加えた4つの年代別パターンを発表し，すべての年代層でヒスチジンが必須アミノ酸として加えられた。ほかの必須アミノ酸の必要量も見直されたが，栄養評価用の比較パターンが示されていなかったため，幼児のパターンが便宜的に比較たんぱく質パターンとして用いられた。次いで，2007年WHO/FAO/UNU合同専門協議会では，成人および乳児・児童（年代別）の必須アミノ酸推定平均必要量から評点パターンを報告した[8]（表7-3）。この最新の報告書で示された評点パターンは，現在わが国でも使用され始めている。

UNU
United Nations University，国際連合大学。

なお，基準となるアミノ酸組成に対し，評価したたんぱく質のアミノ酸量が100%に満たないアミノ酸は不足していると判断される。この不足しているアミノ酸のことを制限アミノ酸（limiting amino acid）という。また，その中で最も欠乏度の高いアミノ酸（数値の低いアミノ酸）を第一制限アミノ酸（first limiting amino acid）という。一般に動物性たんぱく質は100のものが多く，植物性たんぱく質は100未満のものが多い。

（3）アミノ酸の補足効果

特定の必須アミノ酸が不足しているようなたんぱく質の場合，そのたんぱく質の栄養価は不足している必須アミノ酸の含有量で決定され，栄養価は低いと評価される。そこで，不足している必須アミノ酸を添加するか，不足しているアミノ酸を豊富に含むたんぱく質を添加することで，栄養価を改善することができる。このような効果をアミノ酸の，またはたんぱく質の補足効果という。

なお，日常生活では制限アミノ酸の異なる複数の食品を摂取していることから，食品由来のたんぱく質も多種類を摂取していることになる。したがって，特定のアミノ酸が不足することなく，自然にアミノ酸の補足効果が現れていることが多い。

図7－8[9]は基準アミノ酸組成の各必須アミノ酸を100とした場合の各たんぱく質中のアミノ酸量を求め，そのアミノ酸量を板の長さとして表現したものである。桶(おけ)に入る水の量は，最も板の短い部分（アミノ酸量が最も少ない）で決定される。すなわち，たんぱく質の栄養価は第一制限アミノ酸で決定される。

食パンや精白米はリシン（リジン）が第一制限アミノ酸である。そこへ，リシンを添加することで桶の水は多く入るようになる。すなわち，たんぱく質に第一制限アミノ酸を加えることで，栄養価が高まることがわかる[10]（図7－9）。

4. ほかの栄養素との関係

（1）エネルギー代謝とたんぱく質

食品中のたんぱく質は体たんぱく質の合成に利用される。しかし，糖質や脂質の摂取量が少なく，摂取エネルギー量が不足した際には，たんぱく質もエネルギー源として利用される。ヒトの身体はエネルギーを確保することが第一優先である。したがって，摂取エネルギーが不足すると摂取したたんぱく質もエネルギー源として分解，利用されてしまう。すなわち，摂取したたんぱく質が体たんぱく質合成のために利用されなければ，たんぱく質の栄養学的な価値は低くなる。すなわち，たんぱく質が生体の構成成分あるいは酵素などのように生体の機能成分として円滑に利用されるためには，糖質や脂質からのエネルギーを十分に摂取することが必要である。

逆にエネルギーが不足した状態のときに，糖質や脂質を十分摂取すると，糖質や脂質はたんぱく質よりも優先的にエネルギー源として消費される。すなわち，エネルギー源として消費されていたたんぱく質は体たんぱく質の合成などに利用され，体たんぱく質は消費ではなく合成へ，すなわち節約されるようになる。

また，エネルギーが足りている状態に，さらに過剰のエネルギーを加えると，たんぱく質の必要量がさらに下がることも知られている。すなわち，エネルギー摂取量の増加は体たんぱく質が異化される状態（たんぱく質がエネルギー源として利用されたのち尿中窒素排泄量にて推定される）を抑制し，窒素平衡を維持するのに必要なたんぱく量をさらに減らすことが知られている。このような現象を糖質・脂質摂取に

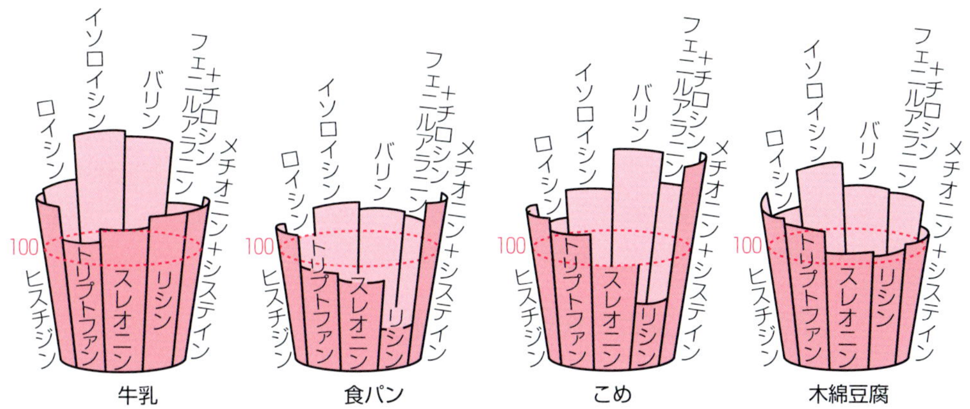

体たんぱく質の合成には，必要となるアミノ酸がすべて十分にそろっていることが重要であり，桶の板が1枚でも短いと，くみ取れる水の量（栄養価）が少なくなってしまう。

図7-8　アミノ酸の桶

出典）1985年FAO/WHO/UNU合同特別専門委員会報告より作成

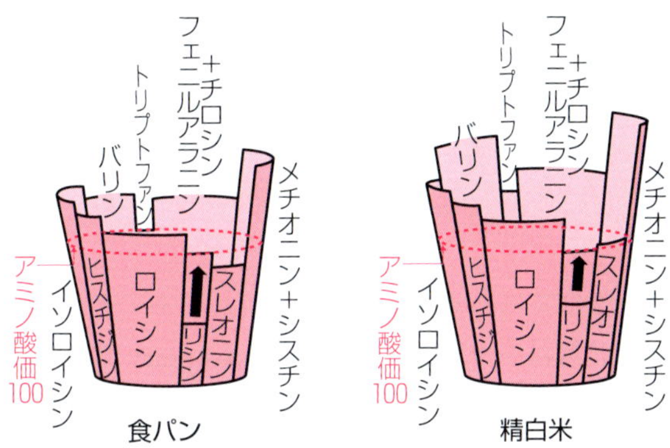

食パン，精白米にリシンを添加することで，木の桶に水が多く入る。すなわち，たんぱく質の栄養価は高まることになる。

図7-9　アミノ酸の桶

出典）吉田　勉，石井孝彦，篠田粧子編：新基礎栄養学 第8版，医歯薬出版，p.114，2013より一部改変

よるたんぱく質節約作用（protein sparing action，p.91）という。

このようにエネルギー供給の状況は，たんぱく質の体内での利用性（栄養価）に影響を与える。

また，運動時には平時よりもエネルギーを多く必要とする。このとき，体たんぱく質やアミノ酸がエネルギー源として利用される場合があり，分枝アミノ酸は筋肉でのエネルギー源として重要な役割を果たしている。

（2）糖新生とたんぱく質代謝

血糖や肝臓のグリコーゲンが減少すると，体たんぱく質の分解が促進され，糖新生も促進される。糖新生の材料として，糖原性アミノ酸が利用される。特に筋肉からは，アラニンが供給される。筋肉で生成されたアラニンが，肝臓でグルコースに変換され，そのグルコースは筋肉で再び利用される。これを，グルコース・アラニン回路という（「第5章糖質の栄養」，p.88参照）。

（3）ビタミンとたんぱく質代謝

栄養素の代謝には酵素が必要であり，さらに酵素のはたらきを助ける補酵素としてビタミンB群がある。特に，アミノ酸の代謝においてビタミンB_6（p.149参照）は体内で補酵素型のピリドキサール5'-リン酸（PLP：pyridoxal 5'-phosphate）に変換されて，アミノ基転移酵素の活性を助ける作用がある。したがって，たんぱく質だけをいくら多く摂っても，ビタミンB_6を摂らないとたんぱく質代謝が円滑に行われなくなり，不足すると疲労，食欲不振の原因となる。

5. たんぱく質の摂取不足

たんぱく質とエネルギーがともに十分に摂れていない状態のことをたんぱく質・エネルギー栄養障害（PEM：たんぱく質・エネルギー欠乏（症），protein energy malnutriton）という。

一方，エネルギー摂取量はある程度確保されているものの，たんぱく質摂取量が著明に不足している状態はクワシオルコル（kwashiorkor）とよばれる代謝異常症がある。これは，体重の低下は著しくはないが，大きくふくれた腹が特徴で，浮腫や腹水がみられ，食欲不振，下痢，毛髪変色，色素沈着，肝腫大，低たんぱく質・アルブミン血症などを伴う。さらに，たんぱく質摂取量の不足に著しいエネルギー欠乏が伴うと，重篤な飢餓状態となる。これはマラスムス（marasmus）とよばれてお

●クワシオルコルとマラスムス●

クワシオルコルにかかった子どもの最も一般的な特徴は，大きく突き出した腹部である。これは膠質浸透圧にかかわる血清アルブミン量の極端な低下が原因のひとつであり，腹水がたまるなどたんぱく質欠乏がもたらす浮腫である。巨大な腹部は過剰なカロリー摂取によるものではなく，たんぱく質欠乏（特にアルブミンの低下）による浮腫である。

このような患児の姿は，生命体においてたんぱく質が中心的な役割を果たしていることを悲惨な形で示している。

り，著明な「やせ」がみられるが，浮腫がみられることは少ない。

クワシオルコルやマラスムスは，もともとアフリカなどの開発途上国で認められた貧困と無知に基づく栄養障害であるとされるが，PEMは現在，開発途上国の，特に乳幼児に起こるという一部地域だけの特殊な栄養障害ではなくなっている。

一般の日本人のエネルギー・たんぱく質の摂取量は推奨量を満たしていることから，通常はまったく問題がないが，しかしながら，医療技術の進歩や福祉の充実とともに，高齢者を中心にPEM状態の患者が増していて，臨床の場で大きな問題となっている。

わが国において，病気療養中の患者では食事量やたんぱく質性食品の摂取量の減少などを伴い，悪性腫瘍やその治療にみられるような食欲不振，甲状腺機能亢進や消化管などホルモン環境の変化や代謝障害，高度侵襲状態（熱傷，外傷，外科的手術，褥瘡など）などによってたんぱく質の異化が亢進の状態にあり，いずれもたんぱく質が消耗しやすく，かつ摂取エネルギー量も減少する状態にある。このようにPEM状態になると，疾患の程度や予後に大きく影響することから，早期に発見すること，さらには栄養治療を行うことの重要性を広く認識する必要がある。

そのためには，原疾患の治療と同時に，血清アルブミン値などの測定などの栄養アセスメントを日常的に行うことが必要であり，また発見されたら，エネルギーやたんぱく質の栄養補給を行うことで栄養状態を適切に改善することが重要となってくる。

演習課題

❶ ヒトが摂取する最も多い栄養素は糖質であるにもかかわらず，たんぱく質は体構成の主な栄養素である理由を考えよう。

❷ たんぱく質やアミノ酸が糖質や脂質の栄養素としての生理的意義の違いについて整理しよう。

❸ たんぱく質の生物学的判定法である，窒素出納，生物価，正味たんぱく質利用率について理解しよう。

❹ 化学的判定法でのたんぱく質の栄養価の判定方法を理解するとともに，その利点や欠点についても理解しよう。

❺ 糖質や脂質の摂取の意義をたんぱく質節約作用との関連で理解しよう。

❻ 20種類のアミノ酸を覚えるとともに，ヒトの９種の必須アミノ酸を覚えよう。

❼ たんぱく質欠乏に伴う栄養状態の不良は開発途上国の問題であるばかりでなく，わが国でも今日的な問題であることを理解しよう。

引用文献

1）奥　恒行編著：基礎から学ぶ生化学，南江堂，p. 4，2008
2）清水孝雄監訳：イラストレイテッド ハーパー・生化学 原書29版，丸善出版，p.89, 2013
3）安東敏彦：アミノ酸で健康を測る　アミノインデクス®，メディカル・サイエンス・ダイジェスト；36(5)，815-819，2010
4）林　典夫，廣野治子編：シンプル生化学，南江堂，p.264，2010
5）林　淳三編著：Nブックス 改訂 基礎栄養学，建帛社，p.87，2010
6）ビジュアルワイド食品成分表：文部科学省科学技術・学術審議会資源調査分科会報告「五訂増補日本食品標準成分表」：東京書籍，pp.20-28，2010
7）前掲5），p.89
8）WHO Technical Report Series 935, "Protein and amino acid requirements in human nutrition"，奥　恒行，柴田克己編著：健康・栄養科学シリーズ 基礎栄養学 改訂4版，南江堂，p.113，2012
9）前掲5），p.92
10）吉田　勉，石井孝彦，篠田粧子編：新基礎栄養学 第8版，医歯薬出版，p.114，2013

第8章 ビタミンの栄養

ビタミンは，たんぱく質・糖質・脂質のはたらきと異なり，これらの栄養素の正常な代謝調節や生理機能を維持するために必要不可欠な有機化合物である。必要量は微量であるが，生体内では合成されないか，合成量が十分でないため食物から摂取しなければならない。各ビタミンの代謝と生理作用，欠乏症と過剰症，ほかの栄養素とのかかわりについて理解する。

1. ビタミンの構造と栄養学的機能

ビタミンは，脂溶性ビタミンと水溶性ビタミンに分けられる。脂溶性ビタミンにはビタミンA，D，E，Kの４種があり，水溶性ビタミンにはビタミンB群（B_1，B_2，ナイアシン，B_6，B_{12}，葉酸，パントテン酸，ビオチン）とビタミンCの９種がある。このうちビタミンB群８種は生体内の物質代謝の補酵素となる。

これら13種類のビタミンのうちいずれか１つでも欠乏すると**欠乏**症状が発現する。「日本人の食事摂取基準（2015年版）」ではこれらの必要量を満たすための指標として，推定平均必要量，推奨量あるいは目安量が策定されている。また，過剰摂取によって生じる健康障害をもたらすリスクがないと考えられる習慣的な摂取量の上限が耐容上限量として策定されている。

欠乏
欠乏する原因としては，摂取量の不足だけでなく，吸収・利用効率低下，あるいは要求量，分解・排泄量増加などがある。

2. 脂溶性ビタミン

脂溶性ビタミンは摂取後，脂質と同様にまず**胆汁**の作用により複合ミセルを形成することが不可欠であり，胆汁酸塩がない場合には脂溶性ビタミンの吸収は顕著に低下する。すなわち，消化管が脂質の正常な消化・吸収機構を維持している場合には脂溶性ビタミンも効率よく吸収される。小腸粘膜上皮細胞に吸収された後，**キロミクロン**に取り込まれてリンパ管を輸送される。

脂溶性ビタミンは体内に蓄積されやすいため，大量摂取に注意が必要である。ビタミンKを除いて，A，D，Eについて耐容上限量が策定されている。

胆汁
胆汁酸は肝細胞でコレステロールから合成される。乳化作用を有し，脂溶性栄養素が消化酵素による作用を受けやすくする。

キロミクロン
リポたんぱく質のひとつで，食事由来の中性脂肪を末梢組織に輸送する。

(1) ビタミンA（レチノール）

ビタミンAは動物性食品に含まれ，動物の成長や視覚感覚の維持，さまざまな

ビタミンA
側鎖の二重結合がすべてトランス（all-trans）型の生理活性が最も高い。

レチノール
網膜（retina）より得られアルコール基（-OH）をもつことからレチノール（retinol）と命名された。

細胞の正常な分化に不可欠なビタミンである。

1）種類と構造

動物性食品から供給される**ビタミンA**を**レチノール**といい，レチナール，レチノイン酸のような誘導体がある。これらはビタミンA_1系とよばれ，3位と4位の間に二重結合を1つ多くもつものはビタミンA_2系とよばれる。A_1系は，陸生動物や海産動物に，A_2系は淡水動物に多く含まれる。これらのビタミンAを総称してレチノイド（retinoid）という。

植物性食品には，生体内でビタミンAに転換されるプロビタミンAが含まれ，β-カロテン（carotene），α-カロテン，β-クリプトキサンチンなどがあり，総称してカロテノイド（carotenoid）という。最もビタミンA効力が高いのはβ-カロテンである（図8-1）。

2）消化・吸収と代謝

動物性食品中にはレチニル脂肪酸エステルとして存在し，微絨毛膜に局在するレチニルエステル加水分解酵素によりレチノールとなって小腸吸収細胞内に取り込まれる。取り込み速度は，回腸より空腸で速い。細胞内で再びレチニルエステルとなった後，キロミクロンに取り込まれリンパ管から大循環へ移行する。大部分は肝実質細胞に取り込まれるが，血漿から細胞内に取り込まれたレチノールは，レチナールを経由して生理活性を有するレチノイン酸に酸化される。

植物性食品に含まれるβ-カロテンは小腸吸収細胞へ受動拡散により吸収され，細胞内で中央開裂によって2分子のレチナールを生成した後還元されてレチノールとなる。β-カロテンからレチノールへの転換効率は1/2である。吸収率を1/6としたため，食品由来のβ-カロテンの生体利用率は1/12となる。他のプロビタミンAカロテノイドは，中央開裂により1分子のレチナールとなるため転換効率は1/4，生体利用率は1/24となる。すなわち，

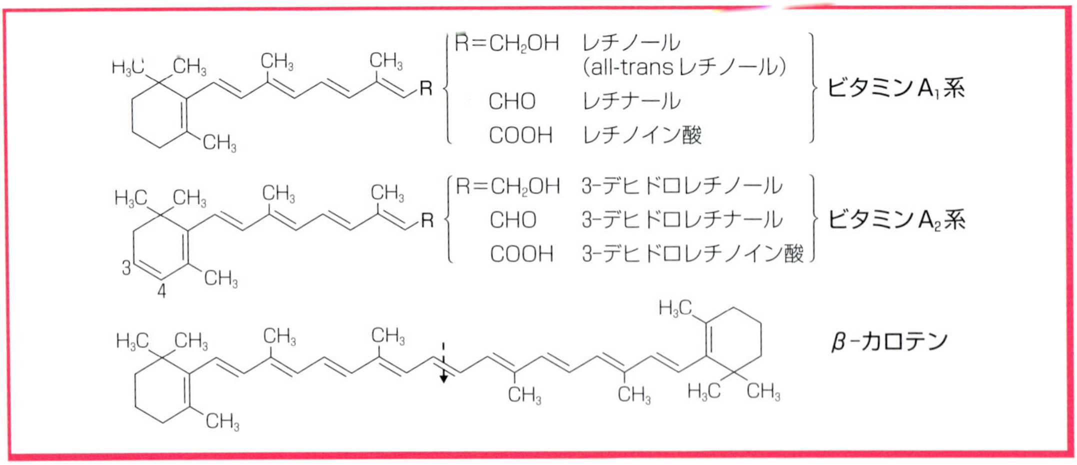

図8-1 ビタミンAとβ-カロテンの構造式

1 μgRAE（レチノール活性当量）＝1 μg　レチノール
＝12 μg　β-カロテン
＝24 μg　そのほかのプロビタミンAカロテノイド

なおサプリメントとして摂取する**油溶化β-カロテン**は，生体利用率が約1/2なので，2 μg β-カロテンが1 μgレチノールに相当する。

油溶化β-カロテン
精製β-カロテンを油に可溶化したもので，吸収率が高い。

3）生 理 作 用

暗順応において，視細胞ではレチノールはレチナールに代謝され，11-シス-レチナールがオプシン（たんぱく質）と結合して網膜桿体細胞の感光色素であるロドプシン（視紅）を構成しており，光刺激を網膜の神経細胞に伝達する役割を担っている。ロドプシンに光があたると，**シス型**レチナールは**トランス型**に転換され，さらにレチノールに還元される。暗所ではトランス型レチノールはシス型レチノールからレチナールに酸化され，オプシンとの結合性を回復する。そのためビタミンAが欠乏すると暗順応の反応性が低下する（図8-2）。

シス型とトランス型
二重結合を軸として同じ側に2個の置換基がある場合をシス，反対側にある場合をトランスという。

レチノイン酸は，核内受容体と結合して特定の標的遺伝子の発現調節を行うことにより，細胞の増殖と分化を正常に保つ。また上皮と粘膜および粘液の分泌を維持することで免疫機能にかかわっている。

プロビタミンAカロテノイドからのビタミンAへの変換は厳密に調節されている。ビタミンAに変換されなかったプロビタミンAカロテノイドやビタミンA効力のないカロテノイドであるリコペン，ルテイン，ゼアキサンチンなどは，一部が体内に蓄積される。これらのカロテノイドは**抗酸化作用**を有し，免疫賦活，がんの予防，皮膚の光保護に有効とされている。

抗酸化ビタミン
抗酸化ビタミンは自身が酸化されやすいため共存物質の酸化を防ぐのである。そのため抗酸化ビタミンの過剰摂取によりかえって生体の酸化を促進するとする説もある。

4）給源と食事摂取基準

動物性食品ではとり・豚の肝臓，うなぎなどに多く，植物性食品では，モロヘイヤ，にんじん，しゅんぎくなどの緑黄色野菜に多く含まれる。

推奨量：成人男性 800～850 μgRAE/日，成人女性 650～700 μgRAE/日

耐容上限量：成人男女ともに 2,700 μgRAE/日

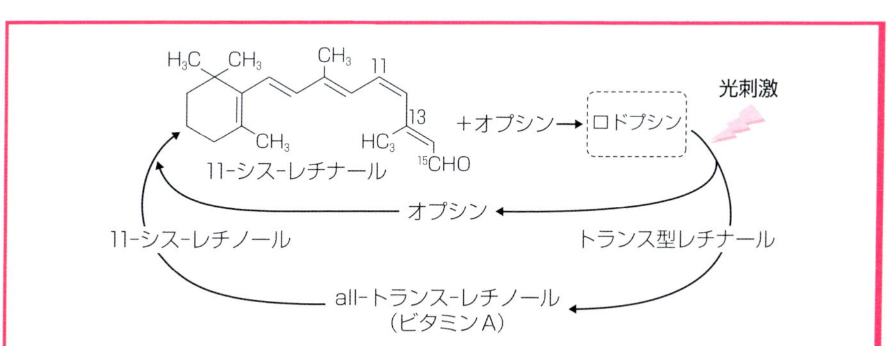

図8-2　視覚サイクル

5）欠乏と過剰

ビタミンAは肝臓に大量に貯蔵されており，ビタミンAの摂取が不足しても，貯蔵されているビタミンAが放出されるため，血漿レチノール濃度はビタミンAの体内貯蔵量の指標とはならない。

欠乏すると成人では夜盲症になる。乳幼児では角膜乾燥症から失明に至ることもある。成長阻害，骨や神経系の発達障害，上皮細胞の分化・増殖の障害，皮膚の乾燥・肥厚・角質化，免疫能の低下や粘膜上皮の乾燥などから感染症にかかりやすくなる。

過剰障害は頭痛が特徴的である。急性では，脳脊髄液の上昇，慢性では，頭蓋内圧亢進，皮膚の落屑，脱毛，筋肉痛，肝障害がみられる。妊婦では胎児奇形のリスクが高まる。なお，プロビタミンAの多量摂取によるビタミンA過剰障害はない。

（2）ビタミンD（カルシフェロール）

ビタミンDは，副甲状腺ホルモン（**PTH**：parathyroid hormone）とともにカルシウム代謝に必須のビタミンである。化学名はカルシフェロール（calciferol）という。

PTH
パラトルモン。血中カルシウム濃度を維持する。腎臓からの再吸収，骨吸収，活性型ビタミンDの生成を高めて腸管からのカルシウム吸収を促進する。

1）種類と構造

ビタミンDにはD_2～D_7が存在する。このうち自然界に広く分布し，生理的に重要なのはD_2とD_3である。

2）消化・吸収と代謝

ビタミンDは，植物性食品ではきのこや酵母などにエルゴステロール（**プロビタミンD_2**）として含まれ，紫外線照射によりエルゴカルシフェロール（ビタミンD_2）となる。動物性食品では，魚肉や乳製品からコレカルシフェロール（ビタミンD_3）として摂取する。

プロビタミンD_2
そのままの形で経口摂取した場合は，ビタミンD効力はない。

このような食品からの摂取以外に，ヒトの皮膚にはコレステロール合成の中間体である7-デヒドロコレステロール（**プロビタミンD_3**）があり，紫外線照射によりプレ**ビタミンD_3**に変化し，さらに体温による熱異性化によりコレカルシフェロールが生成される。このように皮膚で生成したビタミンD_3は，血中を循環するビタミンD結合たんぱく質（DBP：vitamin D binding protein）によって肝臓に運ばれる。

ビタミンD_3
食事からの摂取以外に，日光に当たることにより皮下で生成する。

これらのビタミンDが生理作用を発揮するためには，まず肝臓で25位の炭素が水酸化を受けて25-ヒドロキシコレカルシフェロール（25-(OH)-D_3）となり，さらに腎臓で1位の炭素が水酸化を受け1,25-ジヒドロキシコレカルシフェロール（1,25-$(OH)_2$-D_3）となって活性型ビタミンDが生成する。なお，ビタミンD_2とD_3の生理効力は同等である（図8-3）。

ビタミンDおよびその代謝物はDBPに結合して血中を循環した後，最終的には胆汁中に排泄される。

3）生理作用

活性型ビタミンDは，カルシウム代謝の調節に深く関与する。標的細胞の核内に存在するビタミンD受容体（VDR：vitamin D receptor）と結合し遺伝子発現を誘導することにより，小腸に発現するカルシウム結合たんぱく質（カルビンディン）の合成を促進させる。カルシウムとリンの小腸からの吸収や腎臓からの再吸収を促進し，血中カルシウム濃度を厳密に一定濃度に維持することにより，結果として骨の形成と成長を促すと考えられている（図8-4）。

4）給源と食事摂取基準

動物性食品ではいわしやさけなどの魚類に多く，植物性食品ではきくらげや乾しいたけなどのきのこ類に多い。日照の少ない環境にある場合は，特に食事からの摂取量に注意する必要がある。

目安量：成人男女ともに5.5 μg/日

耐容上限量：成人男女ともに100 μg/日

5）欠乏と過剰

血中25-(OH)-D濃度は，ビタミンD栄養状態をよく反映する。

欠乏すると成人では**骨軟化症**，乳幼児ではくる病。ビタミンD欠乏により，副甲

骨粗鬆症と骨軟化症
骨粗鬆症は骨組成はあまり変わらないが骨量が病的に減少し，骨がもろくなる病気。骨軟化症やくる病は骨の石灰化不全つまりカルシウムやリンが沈着不良となる疾患をいう。

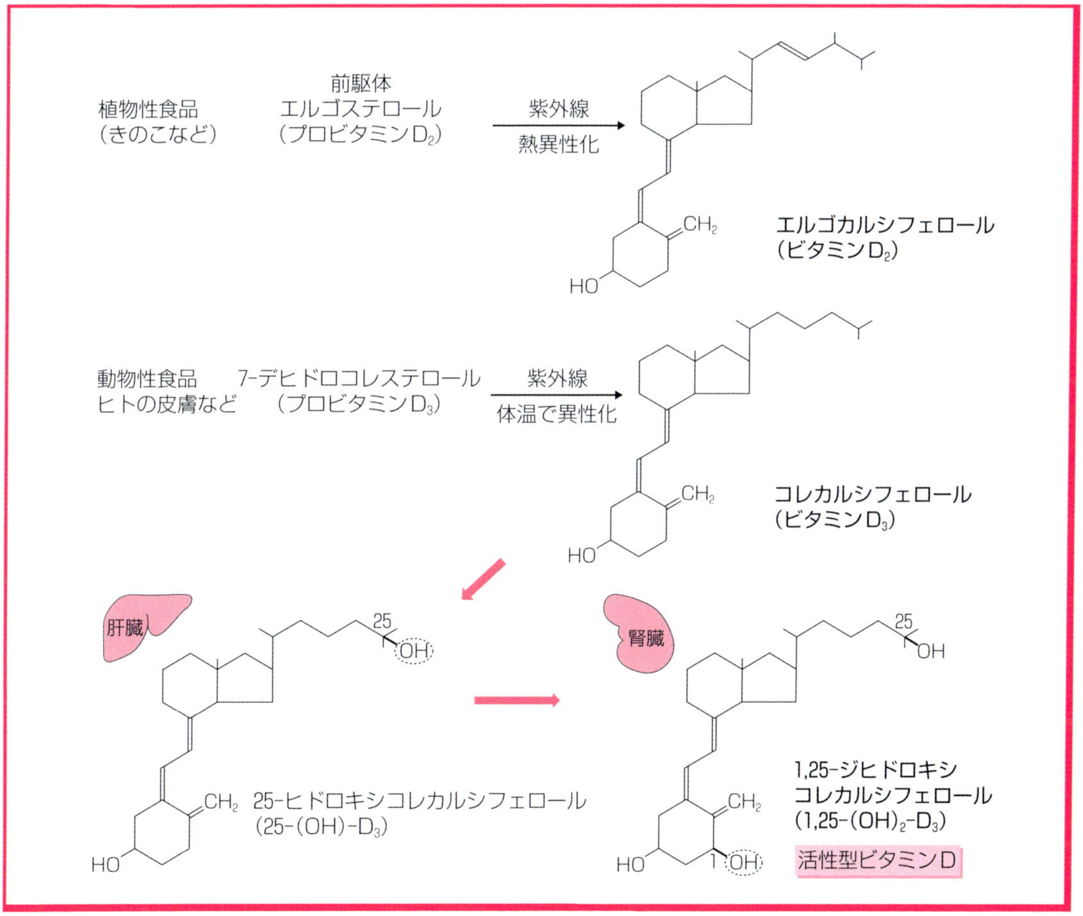

図8-3　ビタミンDの構造と体内におけるビタミンDの活性化

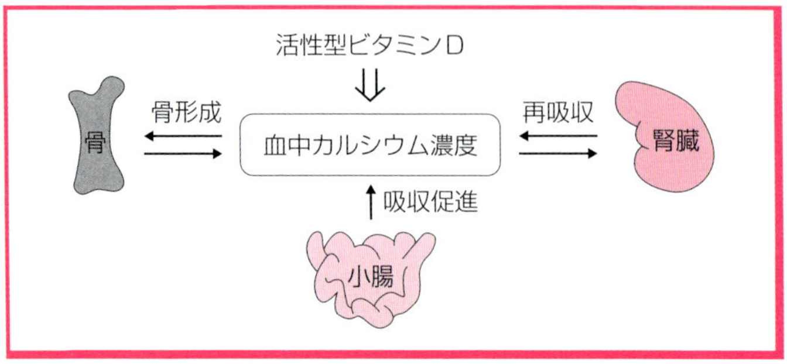

図8-4　活性型ビタミンDとカルシウム代謝

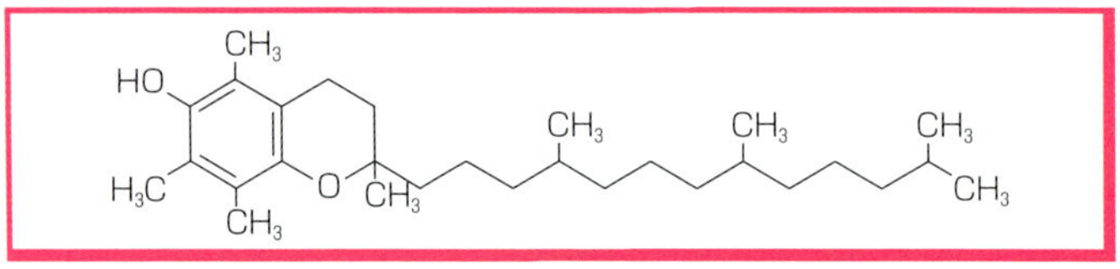

図8-5　α-トコフェロールの構造式

状腺ホルモンの分泌が亢進し，骨吸収が亢進することにより起こる。軽度の不足では，血中副甲状腺ホルモン濃度上昇，骨密度低下，骨折リスクの増加をきたす。

過剰になると高カルシウム血症，腎障害，軟組織の石灰化障害，食欲不振，嘔吐などが起こる。

（3）ビタミンE（トコフェロール）

ビタミンEは，細胞膜において脂溶性抗酸化物質として機能している。

トコフェロール
ラットの抗不妊因子として発見された。ギリシャ語のtocos（子を産む）とphero（力を与える）に由来しアルコール基をもつことからトコフェロール（tocopherol）と命名された。

1）種類と構造

ビタミンEには，α-，β-，γ-，δ-**トコフェロール**およびトコトリエノール（側鎖に3つの二重結合がある）の8種類の同族体がある。そのうち最も生理活性の強い，すなわち強い抗酸化活性を示すものはα-トコフェロールである（図8-5）。

2）消化・吸収と代謝

食事から摂取するビタミンEの大部分は植物油脂に含有されるα-トコフェロールとγ-トコフェロールである。摂取されたビタミンEは，キロミクロンに取り込まれ，最終的には大半が肝臓に取り込まれる。血液，組織中に存在するビタミンE同族体のうち，大部分がα-トコフェロールである。血液中ではリポたんぱく質に結合して存在する。また，過剰のビタミンEは，肝臓から胆汁を介して小腸に排泄される。

3）生理作用

ビタミンEは，強力な抗酸化作用を有する。魚油のような二重結合を多く含む多価不飽和脂肪酸を多量に摂取する場合は，ビタミンEの摂取量を増加させる必要がある。ビタミンEは生体内ではほとんどが細胞膜・赤血球膜や細胞内小器官の膜中

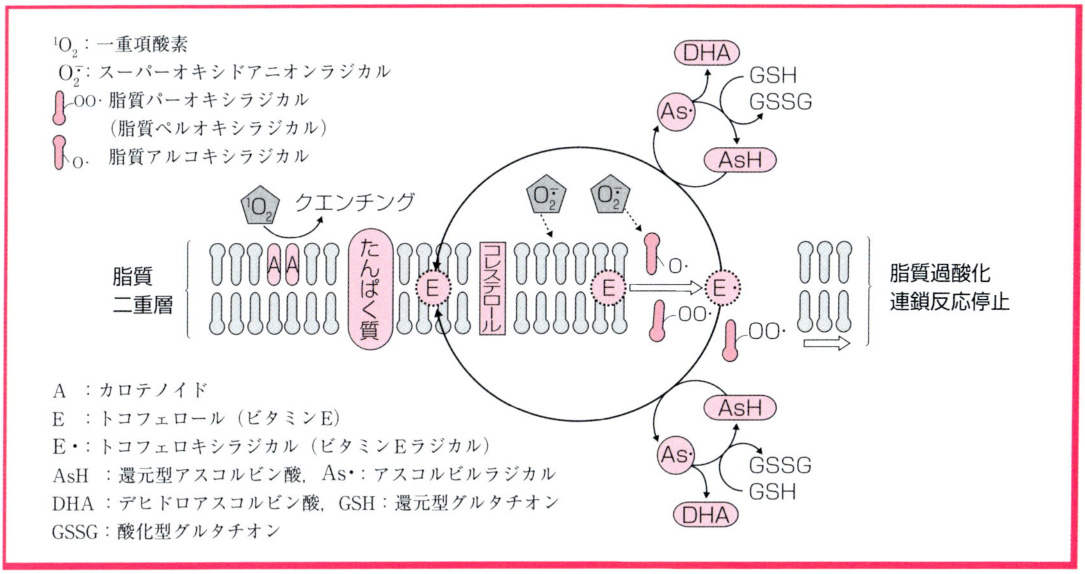

図8-6　ビタミンE，C，カロテノイドの抗酸化作用

出典）林　淳三編著：Nブックス 改訂 基礎栄養学，建帛社，p.115，2003

に局在しており，生体膜や血中リポたんぱく質の**フリーラジカル**連鎖反応において，その伝播を妨げる連鎖停止型抗酸化物質となる。脂質過酸化反応を防ぐ際に，ビタミンE自身が酸化されてラジカルとなるが，血漿中のビタミンCや**グルタチオン**のような生体内抗酸化物質によりもとのトコフェロールに還元され，再び抗酸化作用を示すようになる。ビタミンE欠乏を原因とする異常は，生体膜やリポたんぱく質に多量に含まれる多価不飽和脂肪酸の酸化を防止する抗酸化作用がはたらかないためである（図8-6）。

フリーラジカル　遊離基。有機化合物から元素が引き抜かれた形の物質であり，不対電子をもつため反応性に富む。

グルタチオン　グルタミン酸，システイン，グリシンが結合したトリペプチド。筋肉や肝細胞内にほとんどが還元型として存在する。

4）給源と食事摂取基準

ビタミンEが多く含まれる食品は，アーモンドやらっかせいなどの種実類，小麦はいが，サフラワー油，米ぬか油などの植物性油脂などがある。

目安量：成人男性6.5 mg/日，成人女性6.0 mg/日

耐容上限量：成人男性800～900 mg/日，成人女性650～700 mg/日

5）欠乏と過剰

血中α-トコフェロール濃度が，12 μmol/L以上あれば，**過酸化水素**による溶血反応を予防することができる。

過酸化水素（H_2O_2）　生体内では，アミノ酸オキシダーゼなどの作用により生成し，グルタチオンペルオキシダーゼやカタラーゼなどにより分解される。

欠乏すると動物では不妊症が報告されているが，ヒトでは明らかでない。通常摂取する食品中に豊富に含まれるため欠乏症は起こりにくいが，低出生体重児はビタミンE欠乏の影響を受けやすく，赤血球膜が不安定になることによる溶血性貧血や血小板増加症，浮腫の原因となる。また，食事から摂取するビタミンEの大部分は植物油からの摂取であるため，極端な脂質制限に注意が必要である。

過剰症としては低出生体重児に補充投与した場合，出血傾向が上昇したという報

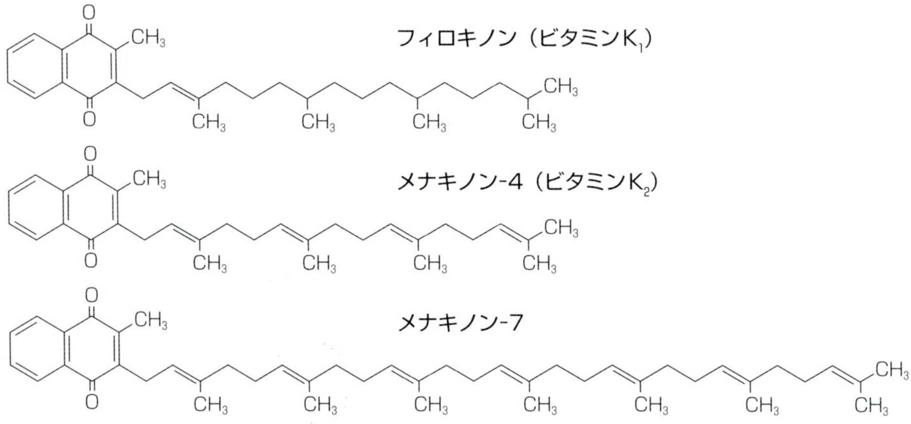

図8-7　ビタミンKの構造式

告がある。

(4) ビタミンK（フィロキノン，メナキノン）

ビタミンK

肝臓や植物体抽出物中に存在する脂溶性の抗出血物質であることから，血液凝固(独語系のKoagulation)の頭文字をとりビタミンKと名づけられた。ウシのスイートクローバー（ビタミンK拮抗物質のジクマロールが含まれる）病や，脂肪を含まない餌で飼育されたニワトリに出血傾向が起こることから発見された。

ジクマロール

腐ったスイートクローバーから単離された物質で，ジクマロールの構造をもとにしてワルファリンが合成された。

ビタミンKは血液凝固に必須のビタミンである。

1）種類と構造

ビタミンKには，植物の葉緑体で産生されるフィロキノン(ビタミンK_1) と動物性食品に広く分布するメナキノン－4(ビタミンK_2) および納豆菌が産生するメナキノン-7がある（図8-7）。

2）消化・吸収と代謝

食物中のビタミンKは，消化管内で胆汁酸塩と膵液によってミセル化された後，小腸上部から吸収される。

3）生理作用

ビタミンKの作用は，肝臓におけるプロトロンビンやその他の血液凝固因子の活性化反応における補因子的作用である。プロトロンビン前駆体たんぱく質のグルタミン酸（Glu）残基が，ビタミンKを補酵素とするγ-グルタミルカルボキシラーゼにより，γ-位の炭素にもうひとつの-COOH（カルボキシル基）を導入してγ-カルボキシグルタミン酸（Gla）残基に変換される。すなわち，グルタミン酸残基のγ-位に-COOHが2個付加されてCa^{2+}イオンが結合できるようになることにより，血液凝固因子たんぱく質が活性化される。プロトロンビン（第Ⅱ因子）や血液凝固第Ⅶ，Ⅸ，Ⅹ因子など種々の血液凝固因子たんぱく質がγ-カルボキシグルタミン酸を有する（図8-8）。

また，γ-カルボキシグルタミン酸を有するたんぱく質として，骨に存在するたんぱく質のオステオカルシンがあり，ビタミンKは骨形成にも関与している。その他，ビタミンK依存性たんぱく質のMGP（matrix gla protein）を活性化することに

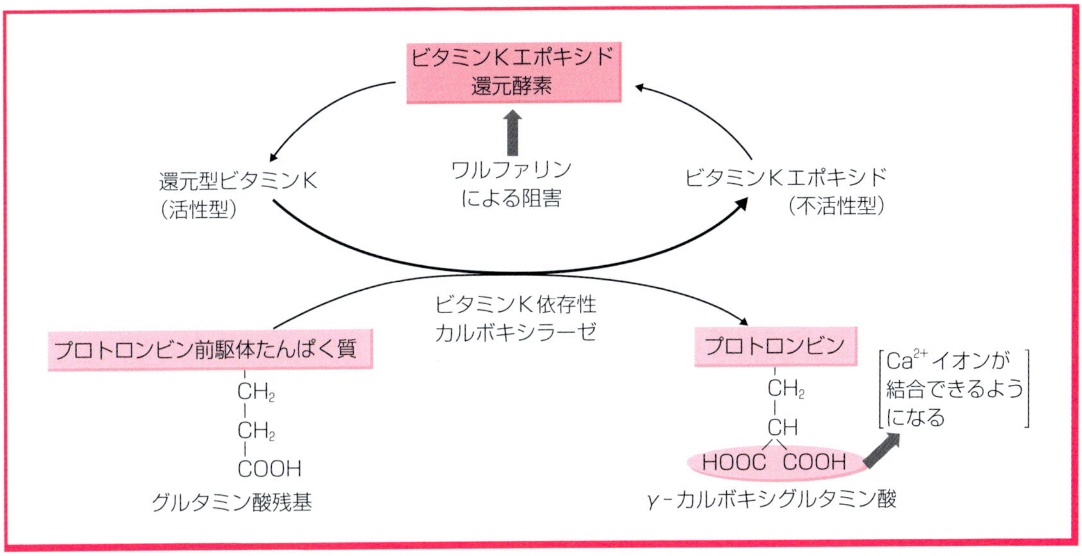

図8-8　ビタミンKサイクル

より動脈の石灰化を防止する。

これらのたんぱく質中のγ-カルボキシグルタミン酸は，アミノ酸の一種であるがそれをコードする遺伝子はない。つまり翻訳後修飾反応によりGla基が導入されてそれぞれの生理活性を発揮するようになる。このGla化反応にビタミンKが補因子として必須なのである。

4）給源と食事摂取基準

ビタミンK_1はほうれんそう，モロヘイヤなどの緑黄色野菜や，わかめなどの藻類に多く，ビタミンK_2は納豆に多く含まれるほか，腸内細菌によって合成される。

目安量：成人男女ともに150 μg/日

耐容上限量：策定されていない。

5）欠乏と過剰

ヒトにおける明確な欠乏症は，血液凝固の遅延である。ほかの脂溶性ビタミンと異なり蓄積性が低いため常に供給する必要があるが，通常の食品に広く分布することと腸内細菌により合成されるため，健常成人では欠乏症は起こりにくい。しかし，ビタミンKは胎盤を通過しにくい，母乳中濃度が低い，乳児では腸内細菌叢が未発達なため産生供給量が低いなどの理由で，新生児（母乳栄養児に多い）では欠乏による出血性疾患が起こりやすい。出生後数日で起こる新生児メレナ（消化管出血）や約1か月後に起こる特発性乳児ビタミンK欠乏症（頭蓋内出血）などがある。現在では出生時，約1週間後，1か月後に，ビタミンK製剤の経口投与が行われている。また，長期の抗生物質投与により腸内細菌が死滅することがあるため，ビタミンK欠乏に注意が必要となる。その他，腸内細菌叢は健康状態や食生活などにより変化することや慢性の胆道閉塞症，脂肪吸収不全などの場合注意が必要である。

ビタミンK_1およびK_2の多量投与による過剰障害は知られていない。

6）そ の 他

経口血液凝固阻止薬ワルファリンは，ビタミンK還元系を阻害してビタミンK欠乏状態にすることにより血液凝固を阻止する（図8-8）ため，ワルファリンの投与を受けている人はビタミンK含有量の多い納豆，青汁，クロレラは禁忌とされている。また，1回の食事での大量の野菜摂取にも注意が必要である。

3. 水溶性ビタミン

B群ビタミン
B群ビタミンは代謝の補酵素となるもので，生体分子代謝学と合わせて理解することが必要。

補酵素
酵素に結合して，酵素反応の化学基の受け渡し反応に関与する低分子の有機化合物。

9種類の水溶性ビタミンの中で**B群ビタミン**の8種類は，食品中ではほとんどが主としてたんぱく質と結合した結合型ビタミンとして存在している。そのため，食品中のB群ビタミンは遊離型の状態にまで消化された後，吸収されるという過程が必要である。一方，サプリメントやビタミン剤は遊離型であるため，食品から摂取する場合とは利用率が異なる。一般的に，水溶性ビタミンは生細胞中では**補酵素**型で存在しているが，必要量をこえると尿中に排泄される。しかし，近年サプリメントや強化食品の利用が増えているため，「日本人の食事摂取基準（2015年版）」においてナイアシン，B_6，葉酸について過剰摂取による健康障害を防ぐ観点から，耐容上限量が策定されている。

また，ビタミンB_6，B_{12}，葉酸，パントテン酸，ビオチンは腸内細菌により一部合成され，それを吸収して利用できると考えられている。

（1）ビタミンB_1（チアミン）

脚気
かつては，ニワトリの白米病，江戸患い，ベリベリとよばれた。

白米を主食とする日本人が長い間苦しめられてきた**脚気**（かっけ）を抑制する物質として発見された。エネルギー産生代謝，特に糖質代謝において中心的役割を果たしている。

1）種類と構造

ビタミンB_1は，化学名をチアミン（thiamin）といい，白色結晶で水に溶けやすく酸や熱には安定であるが，アルカリには不安定である。補酵素型は，チアミン二リン酸（TDP：thiamin diphosphateまたはチアミンピロリン酸（TPP：thiamin pyrophosphate））である（図8-9）。

2）消化・吸収と代謝

経口摂取されたチアミンは遊離型となって空腸と回腸において能動輸送で吸収される。細胞内では補酵素型のTDPとして存在しているが，体内蓄積量は30 mgと少なく代謝回転が速いため，摂取不足による欠乏を起こしやすい。

3）生 理 作 用

補酵素として関与する反応は2種類あり，1つ目は脱炭酸反応で，ピルビン酸からアセチルCoAに変換するピルビン酸脱水素酵素複合体，クエン酸回路においてα-ケトグルタル酸をスクシニルCoAに変換するα-ケトグルタル酸脱水素酵素の

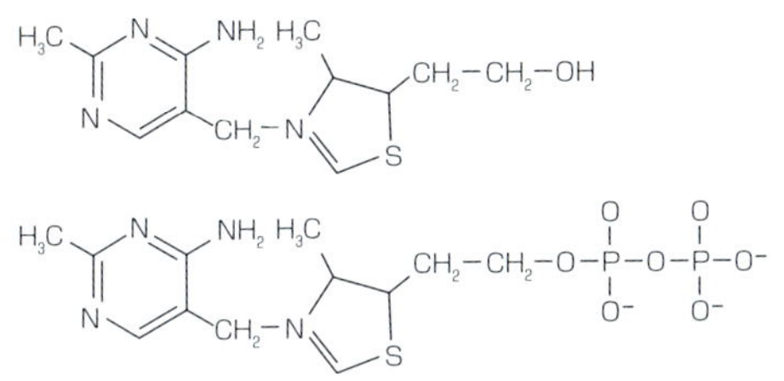

図8-9　チアミンとチアミン二リン酸（補酵素型）の構造式

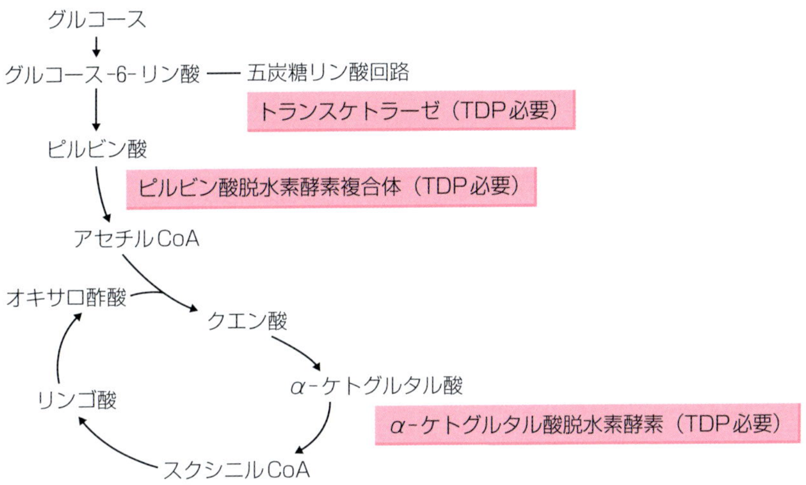

図8-10　チアミン二リン酸（TDPまたはTPP）のはたらき

補酵素としてはたらく。また，ピルビン酸カルボキシラーゼや分枝アミノ酸の脱炭酸にも関与する。2つ目はケトン基転移反応で，五炭糖リン酸回路におけるトランスケトラーゼの補酵素となる（図8-10）。

4）給源と食事摂取基準

ビタミンB_1を特に多く含む食品はぶた肉である。生ハム，うなぎ，ふな，たらこなどにも含まれる。植物性食品では小麦はいが，だいず，らっかせい，酵母，米ぬかなどに多い。

推奨量：成人男性1.2～1.4 mg/日，成人女性0.9～1.1 mg/日

耐容上限量：策定されていない。

5）欠乏と過剰

チアミンの充足状態の指標として，全血中のTDP濃度がHPLC（高速液体クロマトグラフィー）により測定できる。

ビタミンB_1が欠乏すると，ピルビン酸からアセチルCoAへの代謝が進まなくなり，ピルビン酸や乳酸の血中濃度が上昇し，乳酸アシドーシスの原因となる。脳細

胞では，糖代謝に特に多くのビタミンB_1を必要とするため，欠乏すると神経系や脳に障害が出る。欠乏症は，米飯を主食とする東洋に多い脚気と，西洋に多いウェルニッケ脳症がある。乾性脚気では運動能力失調を呈する末梢神経障害を症状とし，しびれと痛み，腱反射消失が起こる。湿性脚気では心血管症状が起こり，急激に発病し死に至ることがある。ウェルニッケ脳症は，中枢神経疾患であり，眼球運動障害，失調性歩行，意識障害を症状とする。慢性化するとコルサコフ症という精神病に移行する。アルコール依存症の患者ではこれらを合併したウェルニッケ・コルサコフ症候群が知られている。

チアミンの慢性的な服用は，頭痛，いらだち，不眠，速脈，脆弱化，接触性皮膚炎，かゆみの発生などが報告されているが，耐容上限量を算定すべき根拠がないため策定されなかった。

6）その他

生の貝類，淡水魚，わらびなどのシダ類にはビタミンB_1分解酵素であるアノイリナーゼが含まれるが，加熱処理により失活する。また，ビタミンB_1がにんにく，にら，ねぎなどに含まれる有臭成分のアリシンと反応してアリチアミンという脂溶性で生理作用の優れたビタミンB_1誘導体になることが知られている。

(2）ビタミンB_2（リボフラビン）

リボフラビン
蛍光性の黄色色素であることとその構造からリボフラビン（riboflavin）という。

発育に対する影響が特に顕著である。生体内では補酵素型のビタミンB_2がたんぱく質と結合してフラビン酵素となり，多くの酸化還元反応，酸素添加反応を触媒してエネルギー獲得，脂肪酸代謝，薬物代謝，情報伝達などに関与している。

1）種類と構造

水溶性ビタミンに分類されるが，水に対する溶解度は低い。熱には安定であるが，光分解されやすい。補酵素型は，フラビンモノヌクレオチド（FMN：flavin mononucleotide）とフラビンアデニンジヌクレオチド（FAD：flavin adenine dinucleotide）であり，広く酸化還元反応を触媒する（図8-11）。

2）消化・吸収と代謝

食物中のリボフラビンの多くは補酵素型で存在し，経口摂取されたビタミンB_2は遊離型となって小腸上皮細胞において能動輸送で吸収される。血液中では一部のリボフラビンはアルブミンと結合しているが，大部分は免疫グロブリン（IgG，IgA，IgM）に結合して存在している。

3）生理作用

電子伝達系（呼吸鎖）の成分として糖質，脂質，たんぱく質からのエネルギー産生に関与する。すなわち，クエン酸回路中のコハク酸デヒドロゲナーゼやβ酸化系のアシルCoAデヒドロゲナーゼなどの補酵素としてはたらく。また，胆汁酸やコレステロールの合成，薬物代謝，キサンチンオキシダーゼや過酸化脂質生成防御系にも関与する。

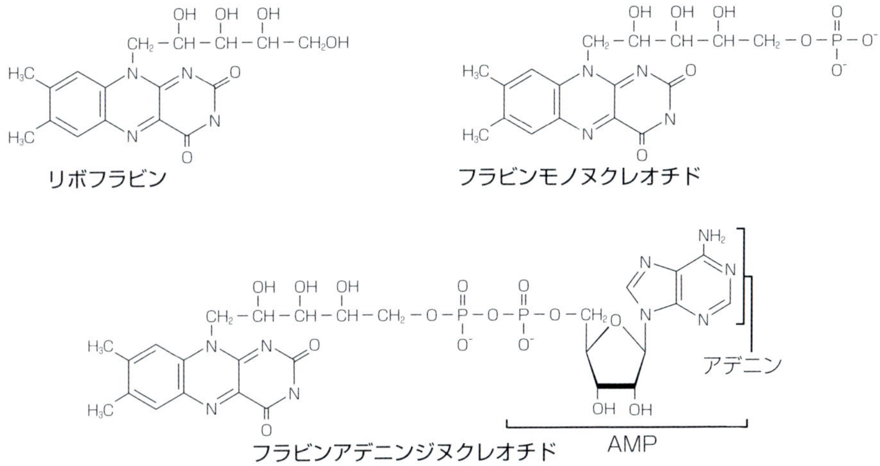

図8-11　リボフラビンとフラビンモノヌクレオチドとフラビンアデニンジヌクレオチドの構造

4）給源と食事摂取基準

ビタミンB_2を多く含む食品はぶたやうしの肝臓，にわとりやぶたの心臓などの内臓類，脱脂粉乳，いかなご，イクラ，納豆などである。欠乏症は摂取不足だけでなく，吸収され補酵素型に変換されて生理作用を発揮するまでの過程で障害が起こった場合にも欠乏症状が発現する。

推奨量：成人男性1.3～1.6 mg/日，成人女性1.1～1.2 mg/日

耐容上限量：策定されていない。

5）欠乏と過剰

ビタミンB_2の欠乏あるいは充足度の目安となる酵素にグルタチオン還元酵素があり，赤血球や肝臓で高い活性を示す。欠乏状態では，赤血球中のグルタチオン還元酵素活性のFAD添加効果が増大する。

ビタミンB_2欠乏症
かつて青森県津軽地方ではシビガッチャキ症といわれた。

欠乏により成長障害が認められる。その他，眼，口唇，舌，皮膚などに症状がみられる。症状としては角膜炎，口角炎，口唇炎，舌炎，脂漏性皮膚炎などがある。

吸収率は摂取量が増加するとともに顕著に低下する。余剰のリボフラビンは速やかに尿中排泄されることから多量摂取による過剰障害はみられない。

(3) ナイアシン（ニコチン酸，ニコチンアミド）

エネルギー要求量に応じて必要量が増大するビタミンである。必須アミノ酸であるトリプトファン60 mgから肝臓で1 mgのナイアシン（niacin）が生成されるが，必要量には満たないため，食品から摂取する必要がある。

1）種類と構造

ナイアシンにはニコチン酸（nicotinic acid）とニコチンアミド（nicotinamide）が

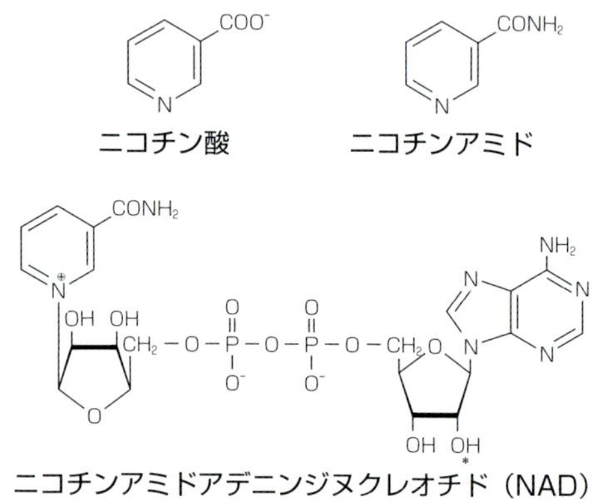

図8-12　ナイアシン（ニコチン酸，ニコチンアミド）とニコチンアミドアデニンジヌクレオチド

ある。ニコチンアミドは水によく溶け，加水分解されるとニコチン酸に変換する。ニコチン酸の水に対する溶解度はそれほど高くないが，非常に安定で熱にも強く分解されにくい。いずれもビタミン効力に差はない。

補酵素型は，ニコチンアミドアデニンジヌクレオチド（NAD：nicotinamide adenine dinucleotide）とニコチンアミドアデニンジヌクレオチドリン酸（NADP：nicotinamide adenine dinucleotide phosphate）である（図8-12）。

2）消化・吸収と代謝

ナイアシンは，細胞内で補酵素型のNAD（P）として存在している。調理や加工の過程で分解されて動物性食品ではニコチンアミド，植物性食品ではニコチン酸となり小腸から受動拡散で吸収される。ニコチンアミドの肝臓による取り込み速度は遅く，肝臓以外の組織に送られ細胞内に取り込まれた後，核内でPRPP（5-ホスホリボシル-1-ピロリン酸）と縮合して補酵素型に変換される。このニコチンアミドからNAD^+の生成経路はすべての組織に存在する。一方，ニコチン酸は速やかに肝臓に取り込まれ，ニコチンアミドに変換された後，細胞質でPRPPと結合して補酵素型になる。ニコチン酸からの生成経路は主に肝臓のみに発現している。

3）生 理 作 用

多くの酸化還元酵素の補酵素として電子の授受に関与する。解糖系，TCAサイクル，アルコール発酵，アミノ酸の生合成などにおいて重要な役割を果たす。アルコールデヒドロゲナーゼなどNAD（P）が電子受容体としてはたらく酸化還元酵素とそれらの還元型が補酵素として関与する酵素は約680種類が知られている。

4）給源と食事摂取基準

主な供給源は，獣鳥肉類である。たらこ，びんながまぐろ，かつお，肝臓などに多く含まれる。らっかせいにも多く含まれるが，植物性食品からの供給はきわめて少ない。また，トリプトファンから体内で生成するため，たんぱく質の摂取状況に

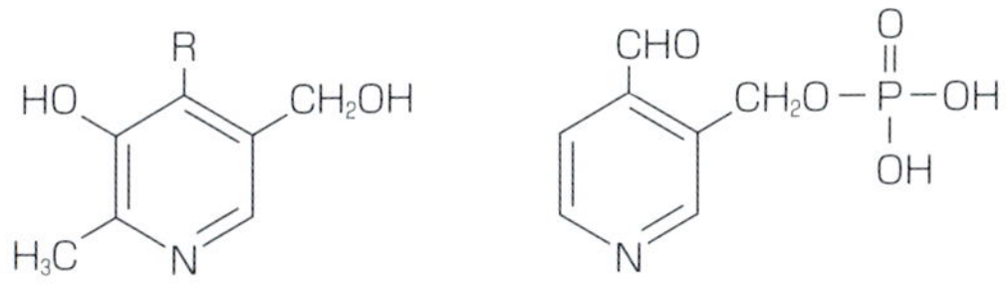

ビタミンB_6　　ピリドキサール5'-リン酸（PLP）

R：CH_2OH　ピリドキサール
　CHO　ピリドキシン
　CH_2NH_2　ピリドキサミン

図8-13　ビタミンB_6とピリドキサール5'-リン酸

よっても必要量が異なる。

ナイアシン当量（mgNE）＝ニコチンアミド（mg）＋ニコチン酸（mg）
＋1/60トリプトファン（mg）

推奨量：成人男性13～15 mgNE/日，成人女性10～12 mgNE/日

耐容上限量：ニコチンアミドとして成人男性300～350 mg/日
成人女性250 mg/日

5）欠乏と過剰

ナイアシン欠乏症は**ペラグラ**である。とうもろこしたんぱく質であるゼイン（zein）はトリプトファン含有量が少ないため，とうもろこしを主食とする地域で多発した。ペラグラの三主徴は，皮膚炎，下痢，精神神経症状である。皮膚炎では，日光にあたった部分に紅斑（こうはん）を生じ隆起する。

ペラグラ
イタリア語で"粗い皮膚"の意。イヌでは黒舌病といわれるもので，日光のあたる舌が黒変する。

ニコチンアミドの大量投与により消化器系（消化不良，重い下痢，便秘）や肝臓（肝機能低下，劇症肝炎）に障害が生じた例が報告されている。なお，ニコチン酸摂取による軽度の皮膚発赤（ほっせき）作用（ナイアシンフラッシュ）は一過性のものであり，健康上悪影響を及ぼすものではないとされている。

（4）ビタミンB_6（ピリドキシン）

アミノ酸代謝酵素の補酵素となるビタミンである。

1）種類と構造

ビタミンB_6活性を有するものは，ピリドキシン（PN：pyridoxine），ピリドキサール（PL：pyridoxal），ピリドキサミン（PM：pyridoxamine）とそれぞれのリン酸エステルである。これら6種類の化合物は動物体内で相互変換される（図8-13）。

ビタミンB_6
ネズミのペラグラ様皮膚炎の予防因子として発見された。

2）消化・吸収と代謝

食品として摂取したピリドキサール5'-リン酸（PLP：pyridoxal 5'-phosphate）は加水分解されてピリドキサール，ピリドキシン，ピリドキサミンとして空腸で吸収され，門脈を経て肝臓に取り込まれる。肝細胞では再びリン酸型に変換され，肝臓で合成されたPLPは，アルブミンと結合し，体内を循環する。ビタミンB_6の体内貯蔵量は比較的多く，そのうち大部分は筋肉中のグリコーゲンホスホリラーゼと結

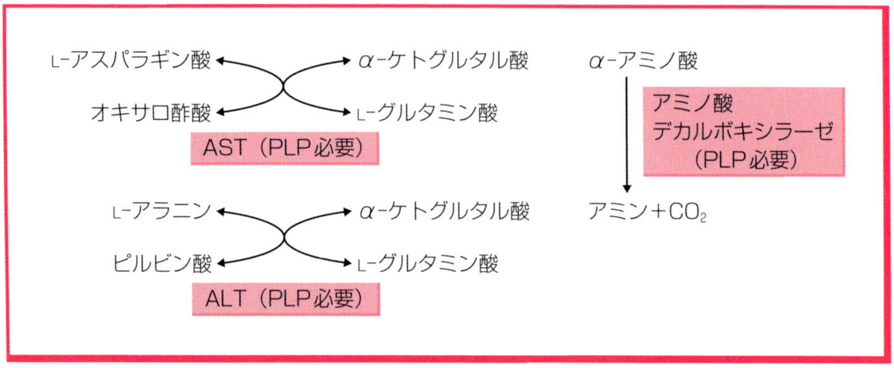

図8-14　アミノ基転移反応およびアミノ酸の脱炭酸反応におけるビタミンB_6（PLP）の補酵素作用

合している。

3）生理作用

PLPは，アミノ基転移や脱炭酸反応に関する多くの酵素の補酵素となる。また，**グリコーゲンホスホリラーゼ**の補因子でもある。アミノ基転移酵素として，アスパラギン酸アミノトランスフェラーゼ（AST：aspartate aminotransferase）とアラニンアミノトランスフェラーゼ（ALT：alanine aminotransferase）があり，PLPはこれらの補酵素として作用している。また，アミノ酸から生理活性アミンを生成する脱炭酸反応にも関与する（図8-14）。このようにビタミンB_6はアミノ酸代謝に深く関与するため，たんぱく質摂取量が増加すると必要量が増大する。

グリコーゲンホスホリラーゼ
グリコーゲン分解における律速酵素。リン酸を付加してα-1,4-グリコシド結合を切断し，グルコース-1-リン酸を生成する。

4）給源と食事摂取基準

ビタミンB_6はまぐろ，かつおなどの魚類や肉類，にんにく，ピスタチオなどの種実類とさまざまな食品に含まれている。また，腸内細菌によっても合成され利用できる。

推奨量：成人男性1.4 mg/日，成人女性1.2 mg/日

耐容上限量：成人男性50～60 mg/日，成人女性40～45 mg/日

5）欠乏と過剰

血漿PLP濃度は比較的長期にわたるビタミンB_6摂取状況を反映するので，ビタミンB_6栄養状態を知るのに有用である。

腸内細菌により合成されるため，通常欠乏症はみられない。欠乏症は，口内炎，舌炎，神経障害などである。また，ビタミンB_6欠乏によりトリプトファン代謝経路に支障をきたし，尿中へのキサンツレン酸排泄が増大する。メチオニンからシステインへの変換にも支障をきたし，ホモシステイン蓄積を招く。

長期多量摂取により，感覚性ニューロパシー（無感覚神経障害）という悪影響が認められた。症状は手足のしびれや歩行障害などである。

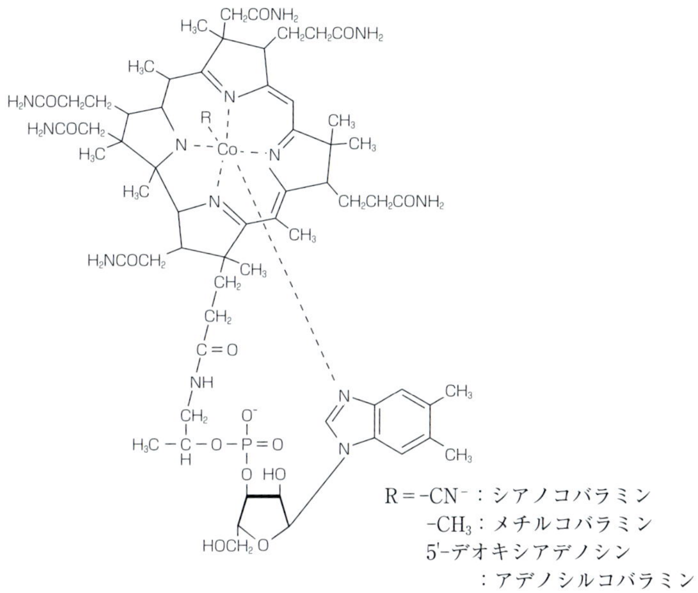

図8-15　ビタミンB_{12}の構造

(5) ビタミンB_{12}（コバラミン）

コバルトを含有する赤色のビタミンである。狭義にはシアノコバラミン（cyanocobalamin）が**ビタミンB_{12}**である。特殊な吸収機構を有する。

ビタミンB_{12}
肝臓に含まれる抗悪性貧血因子として発見された。

1）種類と構造

シアノコバラミン，アデノシルコバラミン，メチルコバラミンがある。シアノコバラミンが生体内に取り込まれると，活性型であるアデノシルコバラミンとメチルコバラミンに変換され，補酵素としてはたらく（図8-15）。

2）消化・吸収と代謝

ビタミンB_{12}の吸収と輸送には，**内因子**（IF：intrinsic factor），ハプトコリン（HC：haptocorrin），トランスコバラミン（TC：transcobalamin）という3種のビタミンB_{12}結合たんぱく質とそれらの受容体（receptor）が関与しており，以下のように吸収される。

①食品中のビタミンB_{12}は多くの場合たんぱく質と結合しており，上部消化管で胃酸や消化酵素の作用によって遊離する。

②遊離したビタミンB_{12}は唾液腺由来の糖たんぱく質であるHCに結合し，十二指腸においてHCが膵消化酵素により部分的に分解される。

③HCから遊離したビタミンB_{12}は，胃の壁細胞から分泌される糖たんぱく質であるIFに移行する。

④IF-B_{12}複合体がカルシウム存在下，回腸下部の受容体を介して腸管上皮細胞に吸収される。

⑤血液中ではTCに結合した状態で輸送され，受容体により細胞に入り，補酵素型に変換される。また，胆汁中には，多量のビタミンB_{12}が排泄されるが，約半分は腸肝循環により再吸収され，残りは糞便中に排泄される。

ビタミンB_{12}貯蔵量
生体内では，肝臓や筋肉などに約5,000μg程度蓄えられており，貯蔵量が1/10以下になると欠乏症をきたす。

ホモシステイン
ホモシステインには酸化作用があり，血管内に過酸化水素やラジカルの生成を増加させ，血管に損傷を与える。

3）生理作用

ヒトにおけるビタミンB_{12}の作用は，メチルコバラミンがメチオニン合成酵素，アデノシルコバラミンがメチルマロニルCoAムターゼの補酵素となることである。前者は，5-メチルテトラヒドロ葉酸からメチル基を受け取り，それを**ホモシステイン**に移すことによりテトラヒドロ葉酸とメチオニンの合成を触媒する（図8-16）。ビタミンB_{12}欠乏によりメチオニン合成酵素の活性が低下し，ホモシステインの蓄積とテトラヒドロ葉酸生成量の低下を引き起こす。テトラヒドロ葉酸が不足すると赤血球産生に必要なチミジル酸（dTMP：チミジン一リン酸）が生成されず，未熟な赤血球前駆細胞を循環血流へ送り込むことになり，巨赤芽球性貧血が誘発される。後者は，分枝アミノ酸，奇数鎖脂肪酸などの代謝系の最終段階であるメチルマロニルCoAからTCAサイクルの中間体であるスクシニルCoAを生成する炭素骨格転移反応を触媒する酵素系である。

4）給源と食事摂取基準

ビタミンB_{12}は，動物性食品にのみ含まれるため，厳格な菜食主義者は注意が必要である。しじみ，あさりなどの貝類，肝臓や，イクラ，まいわしなどの魚類などに多く含まれている。また，腸内細菌により一部合成される。

推奨量：成人男女とも2.4μg/日

耐容上限量：策定されていない。

5）欠乏と過剰

ビタミンB_{12}欠乏により，細胞内にメチルマロニルCoAが蓄積し，血中および尿中のメチルマロン酸量が増加する。

欠乏すると葉酸の代謝を損なうことによるDNA合成障害のため，赤血球の分化成熟が阻害され悪性貧血（巨赤芽球性貧血であるが，胃の内因子欠乏によるビタミンB_{12}欠乏状態）を引き起こし，神経障害を伴う。胃全摘出者では内因子分泌がないため，ビタミンB_{12}の投与なしでは胃切除後数年で欠乏症を発症する。また，中高年では萎縮性胃炎などで胃酸分泌が低下するため，食品中のたんぱく質結合ビタミンB_{12}の吸収が低下する。特に高齢者ではビタミンB_{12}の貯蔵量も減少するため，欠乏に注意が必要である。このような中高齢者でも胃の内因子は分泌されているため，遊離型のビタミンB_{12}強化食品やサプリメント摂取が推奨される。

過剰に摂取しても，内因子を介した吸収機構が飽和するとそれ以上吸収されないため，大量投与による過剰障害はない。

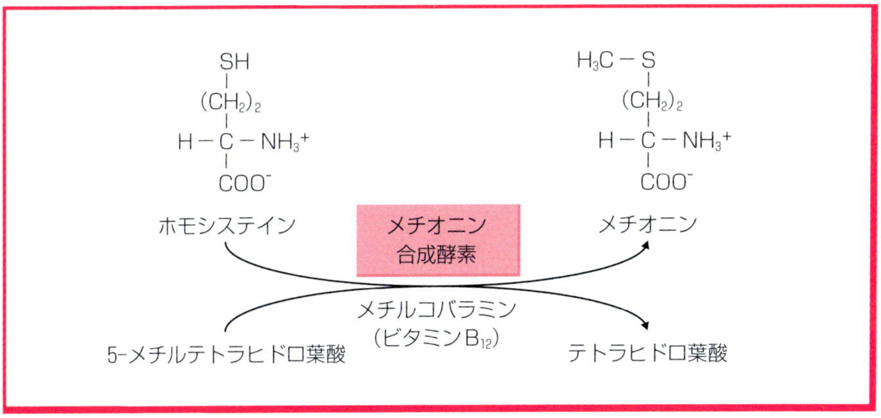

図8-16　メチオニン代謝とビタミンB_{12}，葉酸

出典）上代淑人監訳：イラストレイテッド ハーパー・生化学 原書27版，丸善，p.530，2007を改変

（6）葉酸（プテロイルグルタミン酸）

葉酸（folic acid）は，アミノ酸代謝や核酸合成（チミジル酸やプリン体生合成反応など）における1炭素転移反応に不可欠なビタミンである。

1）種類と構造

葉酸は，プテロイン酸とグルタミン酸が結合したもので，補酵素型はテトラヒドロ葉酸である。食品中の葉酸は，補酵素型の1炭素単位置換のポリグルタミン酸型で存在し，酵素たんぱく質と結合している。生体内では大部分が還元されたポリグルタミン酸として存在している（図8-17）。

2）消化・吸収と代謝

食品中の葉酸は，空腸の刷子縁膜に存在するコンジュガーゼにより，モノグルタミン酸型となり能動的に吸収される。このように，腸粘膜からの吸収のためにはグルタミン酸が1つのモノグルタミン酸に転換されなければならないため，食品由来葉酸の生体利用効率は50%とされる。一方，加工食品やサプリメントではモノグルタミン酸として存在するため，空腹時では100%が利用され，食物と同時摂取しても85%利用される。したがって利用率は食事性葉酸の2倍量に相当することになる。

3）生 理 作 用

核酸合成において，葉酸は炭素やC1を受け渡すことによりプリン塩基やdTMPの生合成，すなわち細胞の増殖にかかわるため必須である。また，メチルテトラヒドロ葉酸はメチオニン合成反応においてメチル基をビタミンB_{12}依存性メチオニン合成酵素に渡し，次いでホモシステインが受け取り，メチオニンが合成される（図8-16）。

4）給源と食事摂取基準

葉酸は肝臓や緑黄色野菜など種々の食品に広く含まれ，また，腸内細菌によって

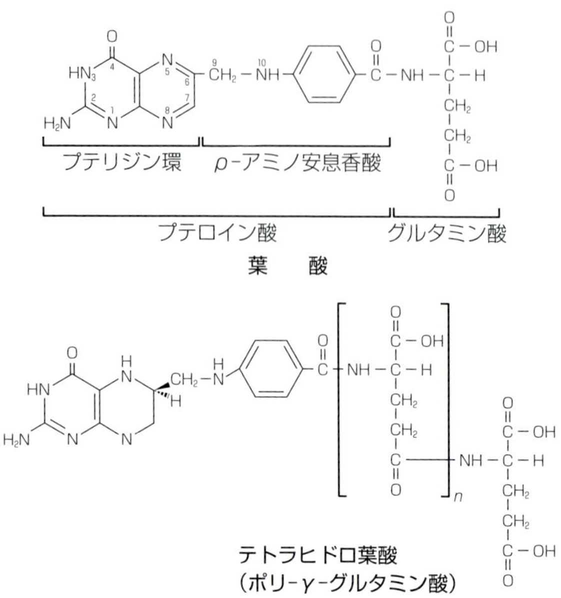

図8-17　葉酸とテトラヒドロ葉酸の構造式

合成されるため，摂取不足はまれと考えられる。しかし，熱や酸素に不安定であるため，調理中の損失が大きい。

推奨量：成人男女とも240 μg/日

耐容上限量：900～1,000 μg/日

5）欠乏と過剰

葉酸体内貯蔵量
生体内では肝臓や腎臓などに貯蔵されると考えられているがその量は，100mgをかなり下回ると予想されている。

血液中葉酸濃度は，葉酸栄養状態を反映する。血清葉酸濃度は短期的な食事の影響を受け，赤血球中葉酸濃度は長期的指標となる。また，葉酸欠乏により血清ホモシステイン濃度が上昇する。特に妊婦は必要量が増加するため，欠乏しないよう注意が必要である。

葉酸が欠乏すると新規のプリン合成，dTMP合成量が低下し骨髄における赤芽球から赤血球への分化成熟に支障をきたすことにより巨赤芽球性貧血が起きる。また，血清中ホモシステインの増加は虚血性心疾患や脳卒中などの心血管系疾患の発症につながるとする報告もある。

葉酸の摂取は胎児の正常な発育に必須であり，妊娠初期における欠乏は胎児に神経管閉鎖障害を起こし，神経管下部の場合は二分脊椎，上部では無脳症を発症する。胎児の中枢神経の形成は妊娠4週目までに起こるため，妊娠初期あるいは妊娠前からの葉酸摂取が重要となる。プテロイルモノグルタミン酸として，400 μg/日の摂取が勧められている。

食事性葉酸（プテロイルポリグルタミン酸）の場合，過剰障害はない。しかし，モノグルタミン酸の大量投与により，メチオニン合成酵素，非依存的にdTMPを合

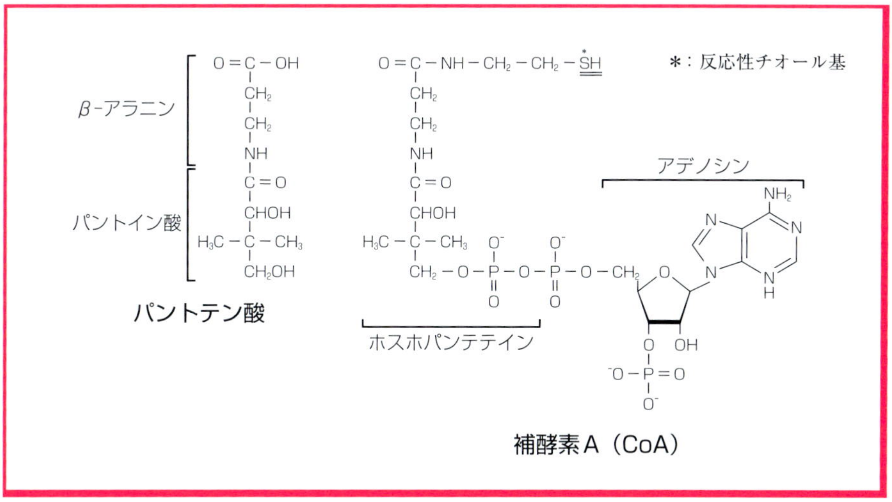

図8-18　パントテン酸と補酵素A（CoA）

成してしまう。すなわち，ビタミンB_{12}欠乏による大赤血球貧血が顕在化されずに，より深刻な神経疾患症状が進行する。ある量をこえるとプテロイルモノグルタミン酸は葉酸の拮抗剤となる。過剰症は，悪性貧血のマスキング，神経障害である。

（7）パントテン酸

脂質や糖質代謝など多くの酵素反応に補酵素として関与する。

1）種類と構造

パントテン酸は，パントイン酸とβ-アラニンが結合したもので，生体内では補酵素A（CoA：coenzyme A）や，**アシルキャリアーたんぱく質（ACP：acyl carrier protein）**の構成成分として機能している（図8-18）。

パントテン酸
パントテン酸は，酵母の成長促進因子として発見され，微生物から動物・植物まで自然界に広く分布しており，"いたるところに存在する酸"という意味で命名された。

アシルキャリアーたんぱく質（ACP）
脂肪酸合成酵素の一部であり，マロニルCoAがACPのSH基に結合することにより炭素鎖を伸長していく。

2）消化・吸収と代謝

細胞中では，ほとんどが補酵素型のCoA誘導体であるアセチルCoAやアシルCoAとして存在している。また，ホスホパンテテインのように酵素たんぱく質と結合している。食品の調理の過程あるいは，胃酸により遊離後腸内の酵素によって消化され，パントテン酸として吸収される。

3）生 理 作 用

CoAは，糖代謝では解糖系のピルビン酸をアセチルCoAとしてTCA回路に導入する反応に，脂質代謝ではβ酸化反応など非常に多くの酵素反応に補酵素として関与する。ACPは脂肪酸合成過程における脂肪酸の輸送体となる。

4）給源と食事摂取基準

パントテン酸は，肝臓，卵黄，魚卵，納豆などほとんどすべての食品に含まれ，腸内細菌によっても合成されるため，欠乏症は起こりにくい。

目安量：成人4～5 mg/日，耐容上限量は策定されていない。

5）欠乏と過剰

下肢に痛みを伴う神経症状が欠乏症とみられたが，パントテン酸欠乏症を実験的に再現できないため，明確な欠乏症の報告はない。動物では脂質代謝異常が認められ，成長抑制，皮膚炎，脱毛などが認められたという。

通常の食品の摂取による過剰障害はない。また，ヒトに過剰投与した報告はない。

(8) ビオチン

ビオチン
酵母の成長促進因子として発見された。

ビオチン（biotin）は，4つのカルボキシラーゼの補酵素として作用している。

1）種類と構造

ビオチンは分子構造中に硫黄を含み，五員環の部分は輸送たんぱく質やアビジン（avidin：糖たんぱく質）との結合に，側鎖部分は酵素たんぱく質のリシン残基との結合や細胞内への取り込みにおける認識部位となっている（図8-19）。

2）消化・吸収と代謝

消化管に存在するビオチンは，食品由来のものと腸内細菌により産生されたものである。食品中では，ほとんどがたんぱく質中のリシンと結合したビオシチンの形で多くの食品に広く分布する。消化管内で分解された後，遊離したビオチンは主に空腸から吸収される。また，腸内細菌は大腸において大量の遊離のビオチンを産生している。

3）生理作用

ビオチンは，各種のカルボキシラーゼに共有結合し，炭酸固定反応や炭酸転移反応に直接関与している。ビオチンが関与する酵素は，アセチルCoAカルボキシラーゼ（アセチルCoAをマロニルCoAに変換），ピルビン酸カルボキシラーゼ（アセチルCoAをオキサロ酢酸に変換），プロピオニルCoAカルボキシラーゼ，β-メチルクロトニルCoAカルボキシラーゼであり，脂肪酸合成，β酸化，糖新生，分枝アミノ酸，コレステロールの側鎖，奇数脂肪酸の代謝に関与している。生命維持に必要な過程において重要な役割を果たしている。

4）給源と食事摂取基準

ビオチンは，肝臓，魚介類，らっかせい，卵黄などに広く含まれ，腸内細菌によっても合成されるため，通常欠乏症は起こらない。

目安量：成人男女ともに50 μg/日

耐容上限量：策定されていない。

5）欠乏と過剰

生卵白の大量摂取により，卵白障害が起こる。生卵白中に含まれる糖たんぱく質であるアビジンはビオチンと結合しやすく，大量の生卵白摂取によりビオチンが不溶性となり腸管吸収を阻害する。加熱卵白は無害である。また，ビオチンを含まない完全静脈栄養や抗てんかん薬の使用による欠乏症の報告がある。症状は乾いた鱗状の皮膚炎，萎縮性舌炎，食欲不振，吐き気などである。

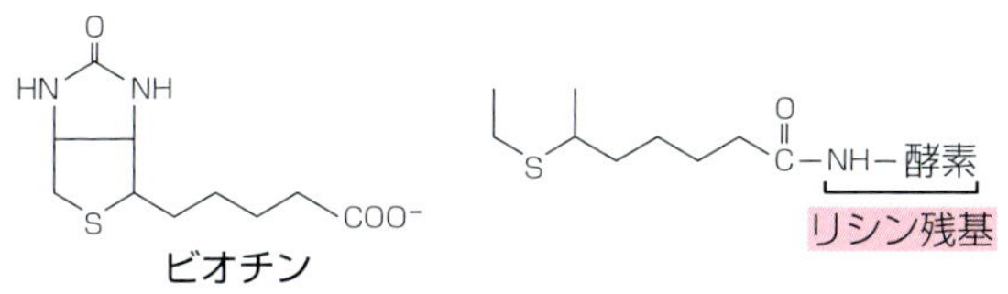

図8-19 ビオチンと補酵素型の構造

ビオチンは食品添加物として認められているが，調製粉乳には添加することができないため，わが国の人工栄養児のビオチン摂取量の不足が懸念されている。

過剰に摂取しても速やかに排泄されるため，ヒトでの毒性の報告はない。

(9) ビタミンC（アスコルビン酸）

ビタミンCは抗酸化性を有する水溶性ビタミンである。

> **ビタミンC**
> ヒトをはじめとする霊長類やモルモットなどは他の大部分の哺乳類と異なり，グルクロン酸回路中のL-グロノラクトン酸化酵素を遺伝的に欠損しているため体内合成できない。抗壊血病作用を有する酸という意味で命名された。

1）種類と構造

L-アスコルビン酸（還元型）がL-デヒドロアスコルビン酸（酸化型）に変換される際，遊離した水素がほかの物質の還元にはたらく（図8-20）。細胞内には還元型グルタチオンやNADPHを用いて酸化型を還元型に戻す酵素が存在するため，細胞や血液中では通常95%以上が還元型のアスコルビン酸として存在している。ヒトでは体内蓄積能力が比較的高く，毎日100 mg程度の摂取を続けると約1,500 mg蓄積される。過剰な分は尿中に排泄される。

2）消化・吸収と代謝

食品中には還元型と酸化型のアスコルビン酸が存在するが，両者の効力は同等とされている。ビタミンCは，消化管の中で消化されることはなく，小腸から能動輸送で速やかに吸収され，血中に送られる。食品中のビタミンCもサプリメントからの摂取でも生体利用率に差はない。

3）生 理 作 用

ビタミンCの生理機能は還元力によるもので，次のような作用がある。

①**コラーゲン**は体たんぱく質の約1/3を占める結合組織の主要なたんぱく質であ

> **コラーゲン**
> 軟骨や皮膚を構成する繊維状たんぱく質。熱変性したものがゼラチン。

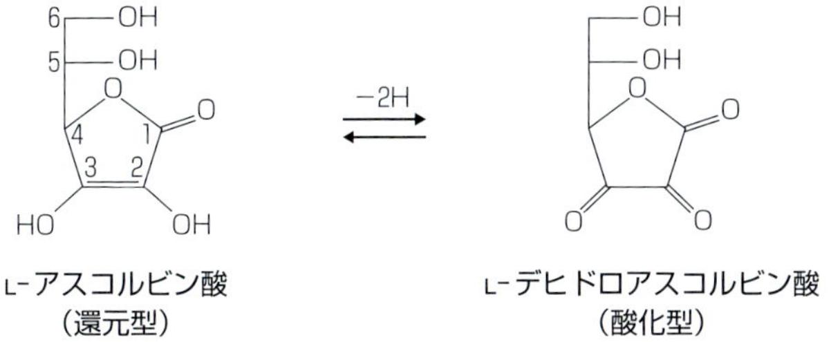

図8-20 アスコルビン酸の還元型と酸化型

る。ビタミンCは体内でコラーゲンの合成に関与するプロリン水酸化酵素とリシン水酸化酵素の補因子として重要である。これらの酵素の活性中心には非ヘム鉄が存在し，ビタミンCがこの鉄を2価の安定状態に保つことにより酵素活性を維持する。

②ビタミンCは，骨のコラーゲン合成・分化にも密接に関与し，骨形成においても重要な役割を果たしている。

③食物中の非ヘム鉄の腸管における吸収を促進する。ビタミンCは3価鉄を2価鉄に還元して鉄の溶解性を高める。

④副腎髄質や神経組織でチロシンから**アドレナリン**を合成する過程において，ドーパミンβ-ヒドロキシラーゼによってドーパミンからノルアドレナリンへの変換が行われる。この酵素はCu^{+}を２原子有し，反応過程においてCu^{2+}をCu^{+}へ戻す反応にビタミンCの還元力が使われる。

⑤コレステロールから胆汁酸への変換において，ビタミンC欠乏状態であると**コレステロール-7α-ヒドロキシラーゼ**の活性が低下し，血中コレステロール濃度が上昇することが示されている。すなわちコレステロール代謝に有効であることが考えられる。

⑥その他，心血管系疾患，動脈硬化症，糖尿病，炎症性疾患などは成因や病態に生体内の酸化障害が関与していると考えられている。ビタミンCの抗酸化能によりこれら疾患の予防・改善効果が期待されている。

アドレナリン
副腎髄質ホルモン。ストレスホルモンといわれ，フェニルアラニンからチロシンを経て合成される。

コレステロール-7α-ヒドロキシラーゼ
胆汁酸の前駆体である7α-ヒドロキシコレステロールを合成する酵素。

4）給源と食事摂取基準

ビタミンCは，ピーマン，パセリ，レモン，柿などの新鮮な野菜や果物に多く含まれる。

推奨量：成人男女ともに100 mg/日

耐容上限量：策定されていない。

5）欠乏と過剰

ビタミンCが欠乏すると，皮膚や血管の重要な構成たんぱく質であるコラーゲンの合成が阻害されるため，毛細血管がもろくなり，壊血病を発症する。症状は，初期には脱力感，皮膚の乾燥，うつ状態，その後大腿での出血斑や紫斑，毛包周囲での点状出血。さらに進行すると歯肉，皮下，粘膜から出血し，消化管や尿路からも出血し，死に至る。乳児期での壊血病は，メーラー・バーロー（Möller Barlow）病とよばれ，骨や歯の発育不全を特徴とする。

喫煙（受動喫煙者を含む），運動，ストレスなどによりビタミンCの必要量は倍増するため，不足しないよう注意が必要である。

健常人が過剰摂取しても，消化管からの吸収率が低下し尿中排泄量が増加するため，安全と考えられている。しかし，腎機能障害者においてシュウ酸結石のリスク増加と，過剰摂取による消化管障害の報告がある。症状は，吐き気，下痢，腹痛といった胃腸への影響である。

4. ほかの栄養素との関係

(1) エネルギー代謝とビタミン

ヒトにおけるエネルギーの役割は，体成分の合成・分解，体温の維持，基礎代謝および筋肉運動つまり活動時に消費されるATPを再合成することにある。ATPをつくるための基質となる栄養素は糖質，脂質，たんぱく質である。なかでも糖質はすべての組織でエネルギー基質として直接利用され，脂質は貯蔵エネルギーとしての役割を果たす。エネルギー産生過程では種々の酵素が関与しており，その多くはビタミンを補酵素として必要とする。したがって，エネルギー代謝を円滑に行うためには，これらのビタミンの摂取が必須となり，糖質，脂質，たんぱく質の摂取量が増加するとビタミンの必要量も増す。食事摂取基準では，ビタミンB_1，B_2，ナイアシンは摂取エネルギー1,000 kcal当たりで算定されている。

(2) 糖質・脂質代謝とビタミン

食物として摂取した糖質は，種々の代謝系に入る。エネルギー産生系は解糖系とクエン酸回路である。解糖系では，ホスホグリセルアルデヒドデヒドロゲナーゼおよび乳酸デヒドロゲナーゼの補酵素としてナイアシン（NAD）が必要である。解糖系からクエン酸回路への入り口では，ピルビン酸デヒドロゲナーゼ複合体の補酵素としてビタミンB_1（TDP），ビタミンB_2（FAD），NADおよびパントテン酸（CoA）が必要である。クエン酸回路では，イソクエン酸デヒドロゲナーゼはNAD，α-ケトグルタル酸脱水素酵素はNADとCoA，コハク酸デヒドロゲナーゼはFAD，リンゴ酸デヒドロゲナーゼはNADを補酵素として必要とする。電子伝達系では，NADとFADが補酵素となる（図8-21）。

エネルギー産生系以外の糖質代謝については，糖新生系ではピルビン酸カルボキシラーゼの補酵素としてビオチン，リンゴ酸デヒドロゲナーゼの補酵素としてNADが関与する。ペントースリン酸回路ではトランスケトラーゼがTDPを補酵素とし，脂肪酸やコレステロールを合成する組織においては，この回路で供給されるNADPが必要となる。また，脂肪酸合成の律速酵素であるアセチルCoAカルボキシラーゼはビオチンを補酵素とし，CoAはアシルキャリアーたんぱく質（ACP）の成分となっている。脂肪酸の分解（β酸化）や脂肪酸不飽和化反応などにもCoAは密接に関与している。

(3) たんぱく質・核酸代謝とビタミン

アミノ基転移反応において，アミノトランスフェラーゼはビタミンB_6（PLP）を補酵素として必要とする。さらに，グルタミン酸脱水素酵素の作用で酸化的脱アミ

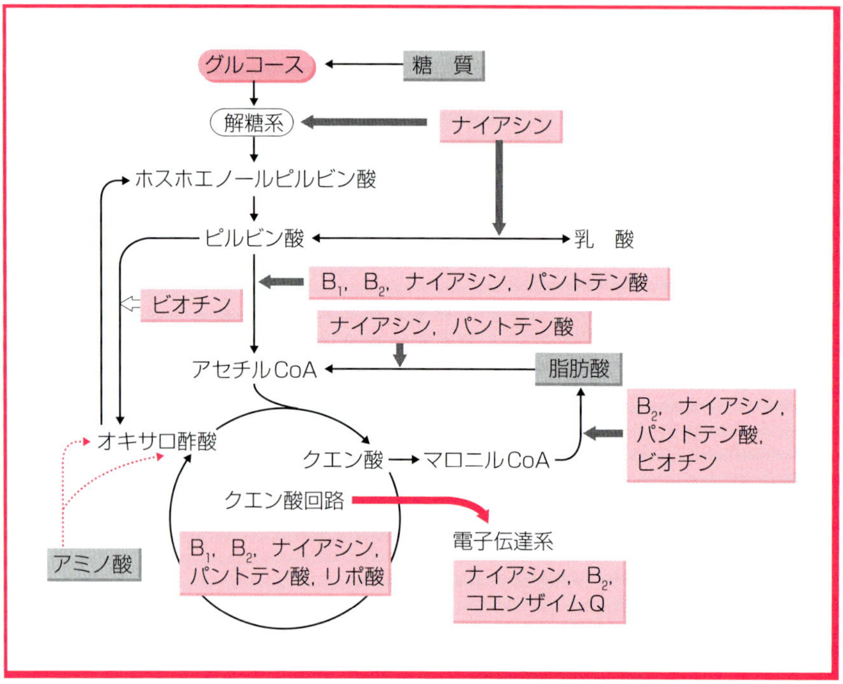

図8-21　糖質，脂質，アミノ酸代謝とビタミン

出典）林　淳三編著：Nブックス 改訂 基礎栄養学，建帛社，p.117，2010

ノ反応が行われアンモニアを遊離する反応において，補酵素としてNADあるいはNADPを必要とする。また，生理活性アミンを生成する脱炭酸反応におけるアミノ酸デカルボキシラーゼは，PLPを補酵素とする。分枝アミノ酸の代謝ではCoA，芳香族アミノ酸代謝ではビタミンB_6とビタミンC，トリプトファン代謝ではビタミンB_6を補酵素としてニコチン酸およびニコチンアミド（ナイアシン）が生成される。

核酸代謝では，プリンヌクレオチドの*de novo*合成過程において葉酸は炭素の供与体として作用する。ビタミンB_{12}は，メチル基を転移することによりメチオニンとテトラヒドロ葉酸を生成するメチル基転移反応を触媒する。すなわち，葉酸とビタミンB_{12}は核酸合成に密接に関与する。そのため，葉酸やビタミンB_{12}の欠乏は，巨赤芽球性貧血を引き起こすことになる。

（4）カルシウム代謝とビタミン

生体にとって，細胞内外のカルシウム濃度を一定に保つことはきわめて重要である。血中カルシウム濃度が低下しないよう上昇させる方向に作用するホルモンが副甲状腺ホルモン（パラトルモン；PTH）と活性型ビタミンDである。小腸では，活性型ビタミンDは十二指腸，空腸および回腸の漿膜に存在するカルシウム輸送活性を上昇させる。また腎臓では，遠位尿細管に作用してカルシウムの再吸収を促進させる。骨組織では，活性型ビタミンDが直接もしくは血中カルシウム濃度上昇を介して，副甲状腺からのPTH分泌を抑制することで骨代謝回転を抑制する。

骨芽細胞は骨基質たんぱく質であるオステオカルシンを産生し，ビタミンK依存性カルボキシラーゼによりGla（γ-カルボキシグルタミン酸）化され，Glaオステオカルシンとなって骨に蓄積する。しかし，ビタミンKが不足すると，骨ヒドロキシアパタイト（リン酸カルシウム）結晶に対して結合能をもたない低Gla化オステオカルシンが生成し，血流中へ移行する。つまり，ビタミンKは骨代謝調節作用を有する。また，骨を構成するたんぱく質であるコラーゲンの合成には，ビタミンCが必要である。

演習課題

❶ ビタミンはなぜ生体にとって必要なのか考えてみよう。

❷ ビタミンの欠乏症と過剰症について覚えよう。

❸ エネルギー代謝に必要なビタミンのはたらきについて生化学概論・生体分子代謝学と関連づけて整理してみよう。

❹ ビタミンを強化食品やサプリメントなどから摂取することの利点と問題点について考えてみよう。

❺ 減量目的で脂肪摂取を控えると，どのような問題が起こるか考えてみよう。

参考文献

・日本ビタミン学会編：ビタミン総合事典，朝倉書店，2010
・上代淑人監訳：イラストレイテッド ハーパー・生化学 原書27版，丸善，2007
・「日本人の食事摂取基準（2015年版）」策定検討会：「日本人の食事摂取基準（2015年版）」策定検討会報告書，厚生労働省，2014
・国立健康・栄養研究所：ポケット 食事摂取基準，建帛社，2011
・武藤泰敏，細谷憲政：消化・吸収―基礎と臨床，第一出版，2002
・林　淳三編著：Nブックス 改訂 基礎栄養学，建帛社，2010
・林　淳三監修：Nブックス 生化学―人体の構造と機能，建帛社，2003
・川端輝江：基礎栄養学―栄養素のはたらきを理解するために，アイ・ケイ コーポレーション，2010
・五明紀春，渡邉早苗，山田哲雄：スタンダード人間栄養学 基礎栄養学，朝倉書店，2010
・上原万里子，真鍋祐之，鈴木和春：サクセス管理栄養士講座6 基礎栄養学，第一出版，2010
・野口　忠：栄養・生化学辞典，朝倉書店，2002

第9章 ミネラル(無機質)の栄養

ミネラルとは，生体を構成する元素のうち，酸素（O），炭素（C），水素（H），窒素（N）を除くすべての元素をいう。生体に占めるミネラルの割合は４％である。ミネラルは身体の硬組織の構成成分となっているほか，生体のさまざまな機能を調節する役割も果たしている。本章では，どのようなミネラルが必須か，食品中の存在形態および消化・吸収と排泄の過程，体内分布とはたらき，欠乏と過剰の害などについて学習する。

1. ミネラルの分類と栄養学的機能

現在，生体にとって必要と考えられているミネラルは20数種類ある（表9-1）。これらのうち，下線を引いた13種類について「日本人の食事摂取基準（2015年版）」で策定されている。

バナジウム，ケイ素，ニッケル，ヒ素，リチウム，鉛，ホウ素は，日常の食生活の中で，欠乏する可能性がほとんどなく，ヒ素や鉛などは過剰の害のほうが問題となるミネラルである。コバルトは，ビタミンB_{12}の構成元素であり，コバルト単体で摂取する必要性はわかっていない。また，硫黄は含硫アミノ酸として，塩素は食塩やその他のミネラル塩として摂取しているため，食事摂取基準は策定されていない。

（1）多量ミネラルと微量ミネラル

多量ミネラルは，１日の摂取量が100 mg以上になるものをいう。カルシウム，リン，カリウム，硫黄，塩素，ナトリウム，マグネシウムの７種が多量ミネラルに分類される。食事摂取基準では，硫黄，塩素を除いた５種類について数値が策定さ

表9-1　必須ミネラル

	ヒトにおいて必須性が明らかにされているもの	実験動物で必須性が明らかにされているもの
多量ミネラル	カルシウム，リン，ナトリウム，塩素，カリウム，マグネシウム，硫黄	
微量ミネラル	鉄，ヨウ素，銅，マンガン，コバルト，モリブデン，セレン，亜鉛，クロム	フッ素，バナジウム，ケイ素，ニッケル，ヒ素，リチウム，鉛，ホウ素，スズ

注１）下線は「日本人の食事摂取基準 2015年版」で値が策定されているもの。

出典）B. L. O'Dell, R. A. Sunde : Handbook of nutritionally essential mineral elements, marcel Dekker, Inc., 1997を一部改変

れている。

微量ミネラルは，１日の摂取量が100 mg未満のものをいう。食事摂取基準では，鉄，亜鉛，銅，マンガン，ヨウ素，セレン，クロム，モリブデンの８種について数値が策定されている。

（2）栄養学的機能

ミネラルの一般的な機能は以下のように分類できる。

①生体組織の構成成分となる。

・硬組織（骨や歯）の構成成分となる（カルシウム，リン，マグネシウムなど）。

・軟組織（筋肉，皮膚，血液，臓器）の構成成分となる（リン脂質（リン），ヘモグロビン（鉄），含硫アミノ酸（硫黄）など）。

②生体機能の調節をする。

・血液や体液のpHや浸透圧の調節をする（カリウム，ナトリウム，カルシウム，マグネシウム，リンなど）。

・筋肉の収縮・神経線維の興奮性の調節をする（カリウム，ナトリウム，カルシウム，マグネシウムなど）。

・酵素反応の活性化物質として作用する（マグネシウム，亜鉛，銅，マンガン，カルシウムなど）。

・生理活性物質の構成成分となり，生命活動の調節をする（ヨウ素，鉄，亜鉛，リン，モリブデンなど）。

2. 個々のミネラルの機能

（1）カルシウム

1）体内分布

カルシウム（Ca）は生体に最も多く含まれるミネラルで，体重の１～２％を占める。成人男性で約1,200 g，女性で900～1,000 gのカルシウムが体内に存在する。その約99％は骨に**ハイドロキシアパタイト**として存在し，残り約１％は血液，体液，軟組織に存在する。血中のカルシウムの50％はアルブミン，グロブリンなどのたんぱく質と結合しており，残りの50％はイオンの形で存在する。イオン化カルシウム濃度が低下すると，たんぱく質と結合したカルシウムが遊離される。血中のカルシウム濃度は9～11 mg/dLに厳密に調節されている。細胞外のカルシウムイオン濃度は，細胞内より高い。

ハイドロキシアパタイト（hydroxyapatite）
ヒドロキシアパタイトともいう。$Ca_{10}(OH)_2(PO_4)_6$。骨と歯の主成分で，不溶性で力学的にも安定なリン酸カルシウムの化合物。

2）吸収と代謝

食品中のカルシウムが吸収されるためには，まず，口腔内で食物がよく咀嚼（そしゃく）され，胃酸（塩酸）でカルシウムが可溶化（イオン化）されることが重要である。ま

4）生理作用

カルシウムは，骨や歯の主な構成成分となっている。骨中のカルシウムは常に新しく貯蔵され（骨形成），また分解され（骨吸収），ほかの組織で利用されたり，排泄されたりしている。その他，体内のカルシウムは，カルシウムイオンとして，血液のpHの維持，血液凝固，神経の情報伝達，筋肉の収縮，酵素の賦活作用などに関与している。

5）食事摂取基準

推奨量：18歳以上の男性650～800 mg/日，女性650 mg/日

耐容上限量：成人男女ともに2,500 mg/日

6）欠乏症と過剰症

カルシウムの欠乏症には，骨疾患の骨軟化症，骨粗鬆症（こつそしょうしょう），くる病がある。骨軟化症は成人，くる病は幼児にみられる骨の病変で，骨中の骨塩量（ハイドロキシアパタイト）が低下する疾患である。骨粗鬆症は，閉経後の女性や高齢者にみられ，骨塩量と類骨組織量が低下し，骨がもろくなり，骨折しやすくなる疾患である。閉経後は，骨にカルシウムを貯留させる女性ホルモン（エストロゲン）の分泌が激減するため，骨からカルシウムが溶出し，骨粗鬆症になりやすくなる。骨粗鬆症の予防には，成長期，青年期に最大骨量を増やしておくことが重要である。また，代謝異常などでカルシウム欠乏になると，骨中カルシウムの低下とともに副甲状腺肥大，神経過敏，**テタニー**などの症状が起こる。過剰症には，**ミルクアルカリ症候群**や軟組織へのカルシウムの沈着がある。

テタニー（tetany）
四肢のけいれん，咽頭けいれん。低カルシウム血症，低マグネシウム血症のときに発症する。

ミルクアルカリ症候群（milk-alkali syndrome）
消化性潰瘍において，制酸剤（酸化マグネシウム）と大量のミルクを長期間にわたって摂取したときにみられる高カルシウム血症。アルカローシスや腎不全を発症することもある。脱力感，頭痛，悪心，嘔吐がみられる。塩化カルシウム，塩化マグネシウム，炭酸カルシウムなどとミルクの摂取でも起こる。

（2）リン

1）体内分布

成人の体内には最大で約850 gのリン（P）が含まれ，その85%がハイドロキシアパタイトとして骨や歯の硬組織に，14%が軟組織，1%が細胞内，細胞外液および細胞膜に存在している。リンは，硬組織骨ではリン酸カルシウムの無機リンとして存在し，そのほかの組織の細胞では脂質，たんぱく質，糖質などと結合した有機リンとして存在している。細胞外液には**リン酸イオン**として存在している。

リン酸イオン
$H_2PO_4^-$，HPO_4^{2-}，PO_4^{3-}がある。リン酸はH_3PO_4である。

2）吸収と代謝

リンの吸収は主に小腸上部でなされ，吸収率は成人で60～70%である。リンの吸収・代謝は，腸管からの吸収，骨への沈着と血液への溶出，腎臓での再吸収によって調節されている。この調節には，カルシウムと同様にPTH，カルシトニン，活性型ビタミンDが関与している。

3）生理作用

リンは，硬組織の構成成分となっている。軟組織では，リン脂質として細胞膜の構成成分となっている。また，ATPやクレアチンリン酸（creatine phosphate）としてエネルギー代謝に必須であるほか，核酸（DNA：deoxyribonucleic acid，RNA：

ribonucleic acid），リンたんぱく質の構成成分として，生体内のさまざまな代謝に関与している。体液中のリン酸イオンは，細胞内外液の浸透圧やpHの調節，細胞内の情報伝達に関与している。

4）食事摂取基準

目安量：18歳以上の男性1,000 mg/日，女性800 mg/日

耐容上限量：成人男女ともに3,000 mg/日

5）欠乏症と過剰症

欠乏症についてはリンはあらゆる食品に含まれているため，欠乏することはほとんどない。過剰症については，加工食品などに各種リン酸塩が広く使用されているため，過剰摂取しやすい状況にある。リンの過剰摂取はカルシウムの吸収阻害，骨成長不全，PTHの分泌過剰に由来する腎不全を引き起こす。カルシウムとリンの摂取比は1：1～1：2が望ましいとされている。

リン欠乏
腎障害がある場合や，アルミニウムやマグネシウムを多量に含む胃薬を摂取している場合，リン不足となることがある。長期的にリンが不足すると発育不全や骨の石灰化が阻害される。

（3）マグネシウム

1）体内分布

成人の体内には約25 gのマグネシウム（Mg）が含まれ，その約60%が骨に，30%が筋肉に，残り10%が脳・腎臓などの組織や細胞外液に存在している。マグネシウムは，骨中にリン酸塩，炭酸塩として沈着している。血液中のマグネシウム濃度が低下すると骨中のマグネシウムが動員される。

2）吸収と代謝

食品中のマグネシウムは，胃酸で可溶化され，その大部分が小腸で吸収される。主な排泄経路は尿である。マグネシウムの吸収は，たんぱく質や糖質，ナトリウム，ビタミンD，PTHによって促進され，多量の脂肪酸，カルシウム，リンによって抑制される。

3）生理作用

マグネシウムは300種以上の酵素の補助因子として，解糖系，TCA回路，脂肪酸のβ酸化，脂肪酸合成，核酸・たんぱく質の合成，ビタミンDの活性化にかかわっている。また，体温の調節や，神経の興奮，筋肉の収縮にも関与している。

筋肉の収縮とマグネシウム
筋肉たんぱく質のミオシンに存在するATPアーゼはMg^{2+}を必要とするため，筋肉の収縮にはMg^{2+}が必須である。

4）食事摂取基準

推奨量：18歳以上の男性320～370 mg/日，女性270～290 mg/日

耐容上限量：成人男女ともに350 mg/日

5）欠乏症と過剰症

マグネシウムとカルシウムの摂取比率が低下すると心疾患の危険性が高まる。マグネシウム欠乏は，低カルシウム血症，筋肉のけいれん，肝動脈の収縮を引き起こす。また，血中中性脂肪やVLDL-，LDL-コレステロール濃度の上昇，HDL-コレステロール濃度の低下，低カリウム血症もみられる。その他の症状として，神経過敏症，テタニー，不整脈などの神経・精神障害や循環器障害がみられる。一方，食

品からマグネシウムを過剰に摂取しても過剰障害は起こらない。しかし，食品以外（サプリメントなど）からマグネシウムを過剰に摂取すると下痢を発症する。

(4) ナトリウム

1) 体内分布

成人の体内には約100 gのナトリウム（Na）が含まれ，その約50%が細胞外液中に，約40%が骨，約10%が細胞内液中に存在している。ナトリウムは細胞外液の主要な陽イオン（Na^+）である。

2) 吸収と代謝

ナトリウムは主に食塩として摂取され，摂取したナトリウムのほぼすべてが小腸上部で吸収され，98%以上が塩素とともに尿中へ排泄される。その他，皮膚や呼気からも少量が排泄される。激しい発汗がない場合，尿中のナトリウム量からナトリウム摂取量（食塩摂取量）が推測できる。ナトリウムの恒常性は**レニン・アンギオテンシン・アルドステロン系**，**抗利尿ホルモン（バソプレシン）**などによって調節されている。

レニン・アンギオテンシン・アルドステロン系
血圧や細胞外液量の調節にかかわるホルモン系の総称。血圧低下や循環血液量の低下により活性化させる。アンギオテンシンやアルドステロンはNaイオンやClイオンの腎臓での再吸収を亢進させる。

抗利尿ホルモン（バソプレシン）
脳下垂体後葉から分泌される利尿を妨げる作用をもつ。血管を収縮させて，血圧を上げる作用もある。

3) 生理作用

ナトリウムは体液量の調節，浸透圧の維持，酸塩基平衡の調節，神経の興奮，筋肉の収縮，糖やアミノ酸の細胞膜の能動輸送などに関与している。

4) 食事摂取基準

推定平均必要量：18歳以上の男女では600 mg/日（食塩として1.5 g/日）

目標量：食塩として，18歳以上男性8.0 g/日未満，女性7.0 g/日未満

5) 欠乏症と過剰症

多量の発汗，激しい下痢，利尿薬の服用などでナトリウムの損失が大きい場合に，ナトリウム欠乏となることがある。ナトリウムが欠乏すると，食欲不振，倦怠（けんたい）感，吐き気，筋肉痛，血液濃縮が起こる。一方，ナトリウムを過剰摂取すると血圧が上昇する。また，胃がんや脳卒中の発症ともかかわっている。

(5) カリウム

1) 体内分布

成人の体内には，約120～160 g（2 g/kg体重）のカリウム（K）が含まれ，その約98%が細胞内液中に，約2%が細胞外液中に存在する。カリウムは細胞内液の主要な陽イオン（K^+）である。

2) 吸収と代謝

食品中のカリウムは小腸で90%以上吸収され，吸収されたカリウムのほとんどは尿中へ排泄される。体内のカリウム量は，主に腎臓での再吸収量の調整によって維持されている。

3）生理作用

ナトリウムとともに，細胞内浸透圧の調節，酸塩基平衡，神経刺激の伝達，筋肉の収縮，水分の保持に関与している。また，酵素の活性化，エネルギー代謝にも関与している。カリウムは腎臓からナトリウムの排泄を促し，高血圧の予防効果ももつ。

4）食事摂取基準

目安量：18歳以上の男性2,500 mg/日，女性2,000 mg/日

高血圧の一次予防を進めるために設定された目標量：

18歳以上の男性3,000 mg/日以上，女性2,600 mg/日以上

5）欠乏症と過剰症

欠乏症は激しい嘔吐や下痢などによる消化管からのカリウムの損失や，腎疾患や糖尿病および利尿降圧剤の長期服用により尿中へのカリウムの損失が増加した場合，欠乏状態になることがある。カリウムが欠乏すると，脱力感，食欲不振，筋無力症，精神障害，低血圧，不整脈，頻脈，心電図異常などが起こる。一方，過剰症は腎疾患によりカリウムの排泄機構に異常が出た場合，高カリウム血症になる。高カリウム血症により，疲労感，四肢の異常，精神障害，徐脈，不整脈，心電図異常などが起こる。

(6) 鉄

1）体内分布

成人の体内には男性4.0 g，女性2.5 gの鉄（Fe）が含まれ，その60～70%は赤血球中のヘモグロビンとして，20～30%は肝臓，脾臓，骨髄に貯蔵鉄として，約10%は筋肉中のミオグロビンとして，約1%が鉄含有酵素として存在している。体内の鉄は，代謝または酵素活性に必須な機能鉄（ヘモグロビン，ミオグロビン）と貯蔵または輸送形態である貯蔵鉄（フェリチン，ヘモジデリン）に分類できる。全身鉄に対する貯蔵鉄の割合は，男性1/3，女性1/8で男性のほうが多い。

2）吸収と代謝

鉄は主に小腸上部で吸収される。吸収率は1～50%と変動が大きく，食品中の鉄の量と化学形態，食品中の共存物質，体内の貯蔵鉄量などの影響を受ける。小腸の吸収上皮細胞内へ吸収された鉄（Fe^{2+}）は，**セルロプラスミン**のはたらきによりプロトランスフェリンと結合してトランスフェリンとなり血中を輸送される。肝臓や脾臓に送られた鉄はアポフェリチンと結合したフェリチンとして貯蔵される。フェリチンから離れた鉄はヘモグロビンの合成にも利用される。鉄はFe^{2+}，Fe^{3+}と酸化・還元されながら，たんぱく質と結合して，体内を移動・貯蔵・利用されている。ヘモグロビンや**シトクロム**，**カタラーゼ**などの鉄は**2価鉄**（Fe^{2+}），フェリチンの鉄は**3価鉄**（Fe^{3+}）である。鉄は閉鎖的に循環しており，血清鉄→骨髄→**赤血球**→脾臓→血清鉄の中で再利用されている。糞便，尿，皮膚などから体外に排

セルロプラスミン（ceruloplasmin）
銅の運搬機能をもつ糖たんぱく質。1分子当たり6個の銅を含む。フェロオキシダーゼ活性，抗脂質過酸化能をもつ。

シトクロム（cytochrome）
酸化還元機能をもつヘム鉄を含有するヘムたんぱく質。酸化型シトクロム（Fe^{3+}）は，電子を受け取って還元型シトクロム（Fe^{2+}）となり，次の電子受容体に電子を渡して再度酸化型に戻る。

カタラーゼ（catalase）
過酸化水素を酸素と水に分解する酵素。

2価鉄，3価鉄

$$Fe^{2+} \underset{還元}{\overset{酸化}{\rightleftarrows}} Fe^{3+}$$

赤血球の寿命
赤血球の寿命は120日であり，その間に毎日入れ替わる鉄の量は20 mg/日である。寿命が尽きた赤血球に由来する鉄の大部分はヘモグロビンの合成に再利用されている。

泄される鉄は1 mg/日程度である。月経血として損失される鉄の量は1 mg/日程度である（図9-3）。

3）生理作用

鉄は赤血球のヘモグロビンや筋肉中のミオグロビンの構成元素，またシトクロム，カタラーゼなどの鉄含有酵素の構成成分として酸素の運搬，電子伝達系や組織内の酸化還元反応に重要なはたらきをしている。

4）ヘム鉄と非ヘム鉄

食品中の鉄はヘム鉄と非ヘム鉄に分類される。ヘム鉄は，ヘモグロビン，ミオグロビンなどに由来し，動物性食品（赤身の肉・魚）に含まれる鉄である。非ヘム鉄は，卵，豆類，緑黄色野菜などに含まれる鉄で，ヘム鉄より吸収されにくい。非ヘム鉄の多くは3価鉄（Fe^{3+}）であるが，ビタミンCと一緒に摂取すると還元されて2価鉄（Fe^{2+}）となり，吸収されやすくなる。また，非ヘム鉄は動物性たんぱく質と一緒に摂取すると吸収率が上がる。ヘム鉄は食品中の共存物質の影響を受けないが，非ヘム鉄はフィチン酸，シュウ酸，タンニンなどにより吸収が阻害される。

5）食事摂取基準

推奨量：18歳以上の男性7.0～7.5 mg/日，女性（月経あり）10.5 mg/日

耐容上限量：18歳以上の男性50～55 mg/日，女性40 mg/日

6）欠乏症と過剰症

鉄欠乏により，貧血や運動機能，認知機能などの低下が起こる。体温調節機能の阻害，免疫・感染抵抗力の低下，匙状爪（さじじょうそう）などもみられる。鉄需要が高まる成長期の

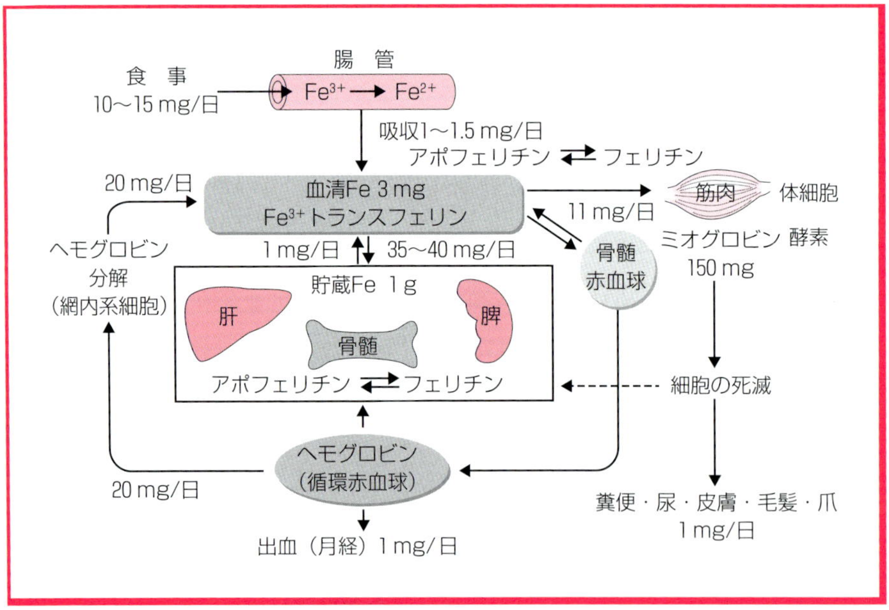

図9-3　鉄（Fe）の代謝

出典）岡部紘明，千場梅子：微量金属，NEW 臨床検査診断学（宮井　潔編），p.624，1992，南江堂より許諾を得て改変し転載

男女や妊婦に発症しやすい。月経による出血，腸管からの吸収能の低下も原因となる。また，動物性食品の摂取が少なく，フィチン酸など鉄の吸収を阻害する物質の摂取量が多い食生活も鉄欠乏を引き起こす。鉄欠乏症は，３つの段階に分けて定義される。

・第１段階：最も程度の軽い潜在性鉄欠乏症であり，貯蔵鉄（血清フェリチン）の減少のみが起こり，それ以外の異常はみられない。
・第２段階：貯蔵鉄が枯渇し，血清鉄濃度の減少によるトランスフェリンの鉄飽和度の低下。ヘモグロビン合成の阻害による赤血球**プロトポルフィリン**濃度の増加。ただし，血中ヘモグロビン濃度は正常範囲内。
・第３段階：明らかな鉄欠乏性貧血。血中ヘモグロビン濃度の低下，ヘマトクリット値の低下がみられる。

過剰症には**ヘモクロマトーシス**がある。

プロトポルフィリン
ヘム鉄の前駆体。

貧血の診断
一般にヘモグロビン濃度が男性で14g/dL以下，女性で12g/dL以下になると貧血と診断される。

ヘモクロマトーシス
鉄吸収機構の障害，輸血によって皮膚や臓器の細胞内に鉄が過剰に沈着すること。

（7）亜　鉛

1）体内分布，吸収と代謝

成人の体内には約2gの亜鉛（Zn）が含まれ，その約60%が筋肉に，約20%が皮膚に存在している。全量の約0.5%は血液中にあり，その70%が赤血球に，10～20%が血清中に存在している。食品中の亜鉛は，十二指腸と空腸から吸収され，その吸収率は30～70%である。吸収率は高齢になると低下する。また，吸収の過程で２価の陽イオンである鉄や銅などと拮抗することがある。食品中のフィチン酸，シュウ酸，食物繊維，ポリフェノールは吸収を阻害する。

血清中亜鉛
血清中亜鉛の約70%がアルブミンと，約30%がα_2-マクログロブリンと結合している。

2）生理作用

亜鉛は生体の200種以上の酵素の必須元素となっている。活性酸素を消去するスーパーオキシドジスムターゼをはじめ，アルカリホスファターゼ，炭酸脱水素酵素，アルコール脱水素酵素，DNAポリメラーゼ，RNAポリメラーゼなどの構成成分としてはたらいている。

3）食事摂取基準

推奨量：18歳以上男性9～10 mg/日，女性7～8 mg/日

耐容上限量：18歳以上の男性40～45 mg/日，女性35 mg/日

4）欠乏症と過剰症

主な欠乏症は，皮膚炎と味覚障害であり，その他，慢性下痢，低アルブミン血症，成長障害，免疫力低下，性腺発育障害がみられる。また，先天的な欠乏疾患として，**腸性肢端皮膚炎**がある。通常の食事で過剰障害は起こらないが，サプリメントなどから過剰に摂取した場合，発熱，悪心，嘔吐，胃痛，下痢などがみられる。また，多量に継続的に摂取すると銅の吸収阻害による銅欠乏症が起こることもある。

腸性肢端皮膚炎
先天的な亜鉛の腸管吸収障害で，小児にみられる。眼や口の周囲，手足に皮膚炎ができる。

（8）銅

1）体内分布，吸収と代謝

成人の体内には約80 mgの銅（Cu）が含まれ，その約50％が筋肉や骨，約10％が肝臓に存在している。食品中の銅は，主に十二指腸で吸収されるが，亜鉛，鉄，モリブデン，スズは銅と拮抗作用をもつため，その吸収を妨げる。また，ビタミンCも銅と安定なキレートを形成するため，吸収を阻害する。小腸で吸収された銅は肝臓に運ばれ，セルロプラスミンと結合して各組織に運ばれる。細胞内に銅が過剰に存在すると毒性を示すため，銅の吸収と排泄は厳密に維持されている。吸収した銅の90％以上は，肝臓から胆汁経由で排泄され，再吸収はほとんどされない。

血清中銅
血清中銅の約95％がセルロプラスミンと，残りがアルブミンと結合している。

2）生 理 作 用

銅は，約10種類の酵素の必須元素となっている。セルロプラスミンはフェロオキシダーゼともいわれ，貯蔵鉄のトランスフェリンへの結合に関与している。また，赤血球中で銅が結合しているエリスロクプレインは，スーパーオキシドジスムターゼ（SOD）であり，活性酸素を消去するはたらきをもつ。細胞内の酸化還元酵素を触媒する呼吸酵素シトクロムCも銅が必須因子となっている。

3）食事摂取基準

推奨量：18歳以上の男性0.9～1.0 mg/日，女性0.7～0.8 mg/日

耐容上限量：18歳以上の男女ともに10 mg/日

4）欠乏症と過剰症

銅の欠乏症には，先天的な疾患として銅の腸管吸収能の欠如が原因の**メンケス病**（メンケスちぢれ毛症）がある。また，摂取不足・吸収不良などが原因で起こる後天的な欠乏症では，**鉄剤不応性貧血**，白血球減少，好中球減少，骨形成の異常，成長障害，心血管系・神経系の異常，毛髪の色素脱失，筋肉緊張力の低下がみられる。また，感染症に罹患しやすくなること，コレステロールや糖代謝に異常をきたすことも報告されている。過剰症には，先天的な疾患である**ウィルソン病**がある。

メンケス病
（メンケス症候群，Menkes syndrome）
伴性劣性遺伝疾患で男性にみられ，血中，肝臓や脳の銅含有量の著しい低下，毛髪の縮れ，知能低下，発育障害を引き起こす。

鉄剤不応性貧血
鉄剤を投与しても改善されない貧血。

ウィルソン病
（Wilson disease）
常染色体劣性遺伝疾患。銅代謝異常により，肝臓，角膜，脳に銅が沈着し，組織障害が起こる。肝硬変や精神神経症状がみられる。角膜に銅が沈着するとカイザー・フライシャー輪（青緑色色素沈着）が現れる。

（9）マンガン

1）体内分布，吸収と代謝

成人の体内には約15 mgのマンガン（Mn）が含まれ，その25％は骨に存在している。マンガンは，トランスフェリンなど，鉄と同様の系で輸送されるため，食事中の鉄含有量と反比例の関係となっている。消化管で吸収率は約3～5％と低く，吸収されたマンガンも胆汁経由でほとんどが糞便中に排泄される。

2）生 理 作 用

マンガンは，アルギニン分解酵素，乳酸脱炭酸酵素，マンガンスーパーオキシドジスムターゼの構成成分として機能している。また，グリコシルトランスフェラーゼ，グルタミン合成酵素など，多くの酵素反応に関与している。

3）食事摂取基準

目安量：18歳以上の男性4.0 mg/日，女性3.5 mg/日

耐容上限量：18歳以上の男女ともに11 mg/日

4）欠乏症と過剰症

通常の食生活では欠乏症はみられない。マンガンが不足すると，骨代謝，糖脂質代謝，運動機能，皮膚代謝に障害がみられる。食事由来の過剰症の報告例はほとんどない。

マンガン過剰症
恒常性が低下している人がマンガンを過剰に摂取すると，脳にマンガンが蓄積し，睡眠障害などの神経症状が現れる危険性がある。

(10) ヨ ウ 素

1）体内分布，吸収と代謝

成人の体内には約15 mgのヨウ素（I）が含まれ，その70～80%は甲状腺に存在している。血清中のヨウ素の多くはヨウ化物イオンとして存在し，甲状腺や腎臓に運ばれる。食事中のヨウ素は，胃と小腸からほぼ完全に吸収される。

2）生 理 作 用

ヨウ素は**甲状腺ホルモン**（トリヨードチロニン（T_3），チロキシン（T_4））の必須元素である。甲状腺ホルモンは，エネルギー代謝を亢進させ，たんぱく質の合成を促進，また交感神経の感受性を高め，呼吸促進，物質代謝促進，心拍数を増加させる。胎児の脳，末梢組織，骨格などの発達も促す。

甲状腺ホルモン
（サイロイドホルモン，thyroid hormone）
トリヨードチロシン（T_3）はヨウ素が3つ，チロキシン（T_4）はヨウ素が4つ・アミノ酸のチロシン2分子とヨウ素からなる。
甲状腺から分泌されるカルシトニンは甲状腺ホルモンとはいわない。

3）食事摂取基準

推奨量：18歳以上の男女ともに130 μg/日

耐容上限量：18歳以上の男女ともに3.0 mg/日

4）欠乏症と過剰症

欠乏症には，**甲状腺腫**と**クレチン症**がある。

一方，過剰症では甲状腺機能亢進症が知られている。食品のなかには，甲状腺へのヨウ素蓄積を阻害して甲状腺腫を引き起こす**ゴイトロゲン**（甲状腺腫誘発物質）が含まれるものがある。

甲状腺腫
ヨウ素欠乏により甲状腺ホルモンが低下すると，甲状腺刺激ホルモンの分泌が亢進し，甲状腺が異常肥大または過形成を起こして，甲状腺機能が低下し甲状腺腫となる。

クレチン症（先天性甲状腺機能低下症）
先天的な甲状腺ホルモン不足による甲状腺機能低下症。発育障害や知能低下がみられる。

ゴイトロゲン
ゴイトロゲンには，アブラナ科植物などに含まれるチオシネート，豆類に含まれるイソフラボン，硬水中のカルシウムイオンなどがある。

(11) セ レ ン

1）体内分布，吸収と代謝

成人の体内には約13 mgのセレン（Se）が含まれる。生体中のセレンのほとんどがたんぱく質と結合しており，ヒトには25種類の含セレンたんぱく質が存在している。食品中のセレンの多くは，セレノメチオニン，セレノシステインなどの含セレンアミノ酸の形で存在し，遊離の含セレンアミノ酸の吸収率は90%以上である。

2）生 理 作 用

含セレンたんぱく質には，抗酸化反応に関与する**グルタチオンペルオキシダーゼ**があり，ビタミンEと同様に過酸化脂質を還元する役割をもつ。また，甲状腺ホルモンの代謝にかかわるヨードチロシン脱ヨウ素酵素，細胞内で抗酸化的な役割を果

グルタチオンペルオキシダーゼ
過酸化水素を水と酸素に分解する。

たすチオレドキシンレダクターゼなどもある。セレンは生体内でヒ素，カドミウム，水銀などと拮抗作用を示し，それらの毒性を軽減させる。

3）食事摂取基準

推奨量：18歳以上の男性30 μg/日，女性25 μg/日

耐容上限量：18歳以上の男性400～460 μg/日，女性330～350 μg/日

4）欠乏症・過剰症

欠乏症として，心筋障害を起こす克山病（けしゃんびょう）（Keshan disease；中国東北部でみられる），変形性骨軟化症のカシン・ベック病（Kaschin-Beck disease；中国東北部やチベットなどでみられる）が知られている。いずれも土壌中のセレン濃度が低い地域で起こる地方病である。また，完全静脈栄養時において，下肢の筋肉痛，皮膚の乾燥・薄片状などがみられ，心筋障害を起こして死亡した例も報告されている。慢性中毒として，変形や脱毛がみられるほか，胃腸障害，皮膚疾患，呼気ニンニク臭，疲労などが報告されている。

(12) クロム

クロモデュリン
細胞内に糖を取り込むグルコーストランスポーターを活性化させるため，血中の糖が細胞内に取り込まれ，血糖値が下がる。

クロム過剰症
作業現場などで人工的に産出される6価クロムに曝露された場合，アレルギー性皮膚炎，肺がんなどを発症することがある。

1）体内分布，吸収と代謝

成人の体内には約2 mgのクロム（Cr）が含まれている。血清中クロムは，トランスフェリンと結合して輸送される。吸収率は数％と低く，この吸収は亜鉛，シュウ酸，フィチン酸で阻害され，ビタミンCで促進される。

2）生理作用

クロムは，正常な糖代謝，脂質代謝，たんぱく質代謝の維持，免疫反応の改善などに関与している。糖代謝関連では，**クロモデュリン**の構成成分としてインスリンの作用を増強するはたらきをする。

3）食事摂取基準

推奨量：18歳以上の男女ともに10 μg/日

4）欠乏症・過剰症

食生活が原因の欠乏症は知られていない。完全静脈栄養時に，体重減少，耐糖能低下，運動失調，呼吸商の低下などがみられることがある。3価クロム（自然界の存在形態）の過剰症は，報告されていない。

(13) モリブデン

1）体内分布，吸収と代謝

成人の体内には約9 mgのモリブデン（Mo）が含まれている。血清モリブデンは，α_2-マクログロブリンと結合して輸送される。モリブデンはモリブデン酸塩の形で，胃と腸から受動輸送または能動輸送により吸収される。モリブデン酸アンモニウムとして摂取した場合の吸収率は88～93％である。吸収されたモリブデン酸の大部分は腎臓から尿中へと排泄される。

2）生理作用

モリブデンは，**キサンチンオキシダーゼ（キサンチン酸化酵素）**，**アルデヒドオキシダーゼ（アルデヒド酸化酵素）**，**亜硫酸オキシダーゼ（亜硫酸酸化酵素）**の補因子（モリブデン補欠因子）として機能している。

キサンチンオキシダーゼ
プリン体から尿酸の産生に関する酵素。

アルデヒドオキシダーゼ
アルデヒドをカルボン酸にする酵素。例えばアセトアルデヒドを酢酸にする。

亜硫酸オキシダーゼ
亜硫酸（H_2SO_3）を硫酸（H_2SO_4）にする酵素。

3）食事摂取基準

推奨量：18歳以上の男性25～30 μg/日，女性20～25 μg/日

耐容上限量：18～29歳の男性550 μg/日，女性450 μg/日

4）欠乏症

食生活が原因の欠乏症は知られていない。完全静脈栄養時に，高メチオニン血症や低尿酸血症，神経過敏，昏睡，頻脈，頻呼吸などの神経症状がみられることがある。

(14) その他のミネラル

1）硫黄

硫黄（S）は含硫アミノ酸（メチオニン，システイン）の構成成分として，毛髪や爪のたんぱく質であるケラチンに多く存在するほか，ほとんどすべての細胞に存在している。また，ビタミンB_1，ビオチン，補酵素A（コエンザイムA；CoA：coenzyme A）などのビタミンや，インスリン，胆汁の成分であるタウリン，細胞間物質のコンドロイチン硫酸，血液凝固を阻害するヘパリンなどの構成成分となっている。

2）フッ素

フッ素（F）は主に骨や歯に存在する。主な生理作用は，虫歯（う歯）予防である。歯の表面のエナメル質はハイドロキシアパタイト結晶をしているが，この結晶は酸に弱い。フッ化ナトリウムは，このハイドロキシアパタイトを酸に強いフッ化

●マグネシウムと糖尿病●

カルシウムとマグネシウムの摂取比（Ca/Mg）が低下すると心疾患にかかりやすくなるという多くの研究報告[1)]から，カルシウムとマグネシウムの摂取比率は2：1が好ましいとされている。

近年，心疾患のみでなく，マグネシウムは2型糖尿病の発症とも関係があるとの報告がなされるようになってきた。日本人を対象にした疫学調査によると，マグネシウムの摂取量が少ない人ほど2型糖尿病の発症リスクが高まるという。マグネシウムはエネルギー代謝やインスリン代謝に関与しており，糖尿病との関連も実験動物で明らかにされている。マグネシウムは，米，小麦，砂糖などを精白・精製する段階で取り除かれてしまう部分に多く含まれている。精白米，食パン，白砂糖ばかりの食生活では，摂取しにくいミネラルのひとつである。マグネシウム不足とならないよう気をつけたい（ちなみに成人男性の推奨量320～370 mg/日に対して，平成23年度調査では平均摂取量256 mg/日であった）。

アパタイトにすることで虫歯を防ぐ効果をもつ。また，歯の再石灰化の促進や歯垢内の殺菌作用ももつ。骨の脱ミネラルを抑制するはたらきもある。フッ素の過剰症は，慢性中毒症である斑状歯である。

3. ほかの栄養素との関係

（1）ビタミンCと鉄吸収

植物性食品や乳製品の鉄は非ヘム鉄で，吸収されにくい3価鉄として存在する。還元作用をもつビタミンCと一緒に摂取することにより，3価鉄を2価に還元し，吸収されやすい形となる。

（2）ビタミンDとカルシウム吸収

カルシウムが腸管から能動輸送で吸収される際，活性型ビタミンDが必要とされる。活性型ビタミンDは，ビタミンDが肝臓と腎臓で水酸化されたものである。そのため，カルシウムの吸収をスムーズに行うためには，ビタミンDの摂取が必要となる。ビタミンDは食事として摂取するほか，紫外線を浴びることによって皮膚でも合成される。

（3）ビタミンKとカルシウム

カルシウムが骨に沈着する際に必要なたんぱく質，オステオカルシンは，ビタミンK依存性である。それゆえ，ビタミンKは，カルシウムが骨形成に利用されるために必要である。

演習課題

❶ 各ミネラルの欠乏症，過剰症についてまとめなさい。

❷ カルシウムの代謝調節機構についてまとめなさい。

❸ ヘム鉄と非ヘム鉄の吸収について，ビタミンCやほかの栄養素との関連も含めまとめなさい。

引用・参考文献

1）H. Karppanen, R. Pennanen, L. Passinen : Minerals, coronary heart disease and sudden coronary death. Advances in Cardiology ; 25 : 9 -24, 1978

・五十嵐脩，江指隆年：ビタミン・ミネラルの科学，朝倉書店，2011
・「日本人の食事摂取基準（2015年版）」策定検討会：「日本人の食事摂取基準（2015年版）」策定検討会報告書，厚生労働省，2014
・木村修一，小林修平翻訳監修：最新栄養学 第9版，建帛社，2007
・糸川嘉則編：ミネラルの事典，朝倉書店，2003

第10章 水・電解質の栄養的意義

生体内の水分は代謝反応や物質輸送を担うほか，体温調節の役割も果たすなど，体内の恒常性（ホメオスタシス（homeostasis））に関与している。本章では，その背景となる細胞外液と細胞内液の浸透圧およびpH調節機構について，さらに酸塩基平衡に関与する電解質の状態と機能について学習する。

1. 水の出納

（1）体液の分布

私たちの身体は約60種類に及ぶ元素からなり立っており，そのうち酸素（O）・炭素（C）・水素（H）・窒素（N）の４元素が95％以上を占めている。これは，身体の約60％が水分（H_2O）で，約35％が脂質，たんぱく質，糖質などの有機物（C, H, O, N）でつくられているためである[1)]（図10－1）。

体重に占める水分の割合は成人では約60％であるが，小児では一般に水分の割合が多く，高齢者は少ない（図10－2）。

体水分は細胞内液に約2/3，残りは細胞外液に含まれる。細胞外液はさらに毛細血管を介して血漿（けっしょう）と細胞間液（間質液）に分けられる[2)]（表10－1）。

水は体内において最も出入りの多い物質である。溶媒として細胞内の主要な反応の場となり，物質輸送媒体として消化・循環を担い，体温調節の役割も担う。

（2）体水分の出納

1）代　謝　水

熱量素が体内で酸化（燃焼）されて生じる水を代謝水という。代謝水はエネルギー代謝において脱水素を受けた水素がシトクロム酸化酵素で酸素と結合して生じるもので各熱量素1gにつき，脂質が1.07 mL，糖質が0.60 mL，たんぱく質が0.41 mL発生する。脂質は水素含有量が多いため，代謝水の産生量が多くなる。

2）不可避尿，不感蒸泄

体内から失われる水分として，尿・糞便に含まれる水分，皮膚や呼気から水蒸気として失われる水分がある（表10－2）。

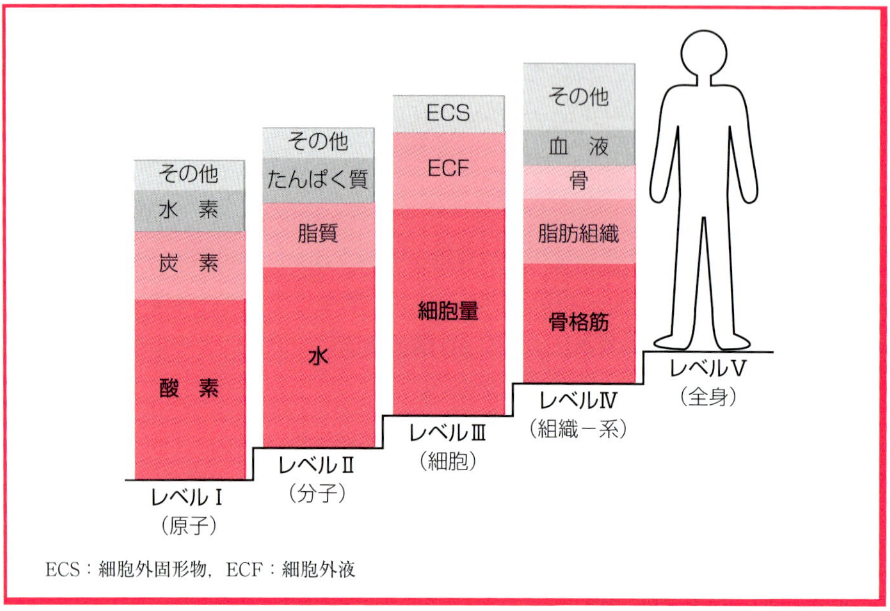

図10-1 ヒトの身体組成の5－レベル・モデル

出典）F. A. Roche. et al（小宮秀一監訳）：身体組成分析の多成分分子レベル・モデル，身体組成研究の基礎と応用，大修館書店，p.140，2001より一部改変

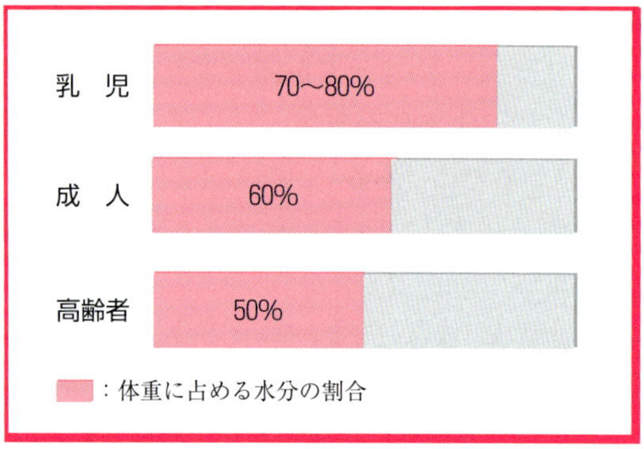

図10-2 体水分率の変化

出典）御手洗玄洋：細胞外液と細胞内液：間質液と浮腫，ガイトン生理学 原著第11版，エルゼビア・ジャパン，p.305，2013および戸谷誠之，伊藤節子，渡邊令子：新生児期・乳児期，応用栄養学 改訂第4版，南江堂，p.118，2012および中野昭一編：性別・加齢による変動，スポーツ医科学，杏林書院，p.459，1999をもとに筆者作成

1日の尿量は摂取した水分量に影響されるが，成人では約1,500 mLである。そのうち400～500 mLは不可避尿といい，尿素など生成した老廃物を排泄するために必要な尿である。残りの尿は可避尿（随意尿）とよぶ。また，消化管内ではさまざまな消化液が分泌されており，1日の総量は6,000～8,000 mLに及ぶ。その大部分は小腸と大腸で回収され，糞便中には約100 mLが含まれる。

体水分は皮膚や呼気から絶えず水蒸気として失われる。これを不感蒸泄（じょうせつ）（不感蒸散）といい，皮膚性不感蒸泄と呼吸性不感蒸泄がある。皮膚性不感蒸泄で約

表10-1　体水分の分布

体重に対する割合（%）			
体　液	成人男子	成人女子	幼　児
細胞内液	45	40	48
細胞外液	15	14	29
細胞間液（脳脊髄液ほか）	11	10	24
血漿	4.5	4	5.5

出典）香川靖雄，野澤義則：図説 医科学―電解質代謝，南山堂，p.197，2001より筆者改変

表10-2　1日の水分収支

水分摂取量（mL）		水分損失量（mL）	
飲料	1,200	尿	1,500
食物	1,000	糞便	100
代謝水	300	不感蒸泄	900
計	2,500	計	2,500

出典）平田耕造，井上芳光，近藤徳彦編著：体温―運動時の体温調節システムとそれを修飾する要因，ナップ，p.130，2002より筆者作表

500 mL，呼吸性不感蒸泄では約300 mLが失われる。体温上昇時には不感蒸泄量は増加する。また，皮膚から水分が蒸発するときの気化熱によって体温が放散され，体温上昇が抑制される。発汗も皮膚から水分を失う現象であるが，電解質が含まれる点において不感蒸泄とは区別している。

（3）水分必要量

健常者では食事や水分摂取によって供給される水分量と，体内から失われる水分量が平衡を保っているため，体内総水分量は一定に保たれている。水分必要量は損失を補う水分量であり，不可避尿量，不感蒸泄と発汗に伴う水分損失量が相当する。発汗量は気温・湿度などの環境条件，筋活動量に大きく影響されるほか，体格や性差も影響する。暑熱期のスポーツ活動では発汗量が1時間で1L以上にも及ぶため，運動後のみならず1日を通じて水分補給を十分に行う必要がある。

暑熱期の水分補給
暑熱期や運動によって上昇した体温は発汗によって調節される。したがって，十分に水分を摂ることが望ましい。また，気温や湿度が高い季節では，常温より低めの水温の水分摂取が望ましい。摂取する水温は5～15℃が目安とされている。

（4）体水分調節の異常

1）脱　　水

体内水分量が減少し浸透圧の恒常性が維持できなくなった状態を脱水という。運動時には産熱により体温が上昇するため，発汗により熱を放散して体温を調節する。また呼吸数の増加に伴い，呼気からの水分損失も増加する。運動前後の体重差の多くは水分損失によることが多く，元体重の2%以上の減少では疲労が生じやすくなる（図10-3）。また脱水の進行は循環機能の低下や高体温などの熱中症の症状

図10-4　生体のpH

出典）日本静脈経腸栄養学会・NSTプロジェクト実行委員会編：やさしく学ぶための輸液・栄養の第一歩，大塚製薬，p.251，2001より筆者改変

体内では大量の酸が産生する。その大部分を占める二酸化炭素（CO_2）は呼吸により肺から排泄される。気体にならない硫酸（H_2SO_4），H_3PO_4，アンモニウム塩は40～80 mEq/日生成し，腎臓から排泄される。

1）細胞内液の緩衝系

細胞内の酸塩基調節には3つの系があり，調節には2～4時間程度かかる。

a．リン酸系の緩衝作用　細胞内液中には有機リン酸が多く，細胞内液の緩衝系として有効である。下式のような反応を生じる。

$$\text{リン酸二水素イオン}\ H_2PO_4^- \Leftrightarrow HPO_4^{2-} + H^+$$

この緩衝系は細胞外液中にも存在するが，血中濃度が低いため，炭酸－重炭酸緩衝系に比べ有効性が低い。

b．たんぱく質の緩衝作用　たんぱく質は酸として解離するアミノ基（$-NH_2$）と塩基として解離するカルボキシル基（$-COOH$）を有しこれらが調節機能をもつ。

c．ヘモグロビン系の緩衝作用　赤血球内で行われる酸素と二酸化炭素の交換に伴う，HCO_3^-とCl^-の交換による調節である。

2）細胞外液の緩衝系

炭酸－重炭酸緩衝系が重要な役割を果たす。

$$H_2CO_3 \Leftrightarrow HCO_3^- + H^+$$

この系において，血液pHを7.4に保つには血漿中の重炭酸濃度（HCO_3^-）と，溶解した二酸化炭素濃度（H_2CO_3の濃度に相当）の比が20：1であればよい。HCO_3^-は腎臓で，H_2CO_3は呼吸によって調節される。この調節機能は比較的短時間（即時～数時間内）で発揮される。

3）肺の緩衝系

呼吸による二酸化炭素排泄により，HCO_3/H_2CO_3の比が20に調節される（呼吸性の代償作用）。ケトン体などの酸が体内に蓄積したり，塩基が異常に失われたりすると血液pH が低下し，**代謝性アシドーシス**になる。この状態は深く速い呼吸を行うと体内HCO_3^-が減少して解消する。一方，**代謝性アルカローシス**は嘔吐などに

代謝性アシドーシス
栄養素の代謝の結果生じた酸によって酸塩基状態が酸性側に傾いた状態。

代謝性アルカローシス
胃酸の喪失や尿細管障害によりHイオンの排泄が減少して酸液状態が塩基に傾いた状態。

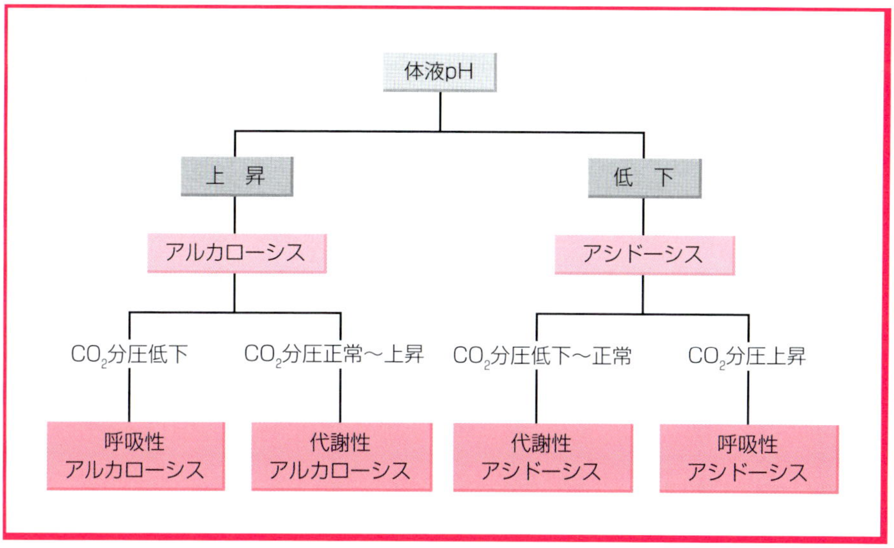

図10-5　酸塩基平衡の異常

出典）日本静脈経腸栄養学会・NSTプロジェクト実行委員会編：やさしく学ぶための輸液・栄養の第一歩，大塚製薬，p.256，2001より筆者改変

よる酸排泄増加によって生じる。**呼吸性アシドーシス**は呼吸数の減少により二酸化炭素が体内に蓄積して発生する。また，過呼吸などの過換気によって二酸化炭素が異常に失われると**呼吸性アルカローシス**になる。pHを7.4に調節する機能は呼吸数の変化により10～20分ほどで発揮される。

4）腎臓の緩衝系

塩基の再吸収と再生，および酸の排出が行われる。HCO_3^-は再吸収されるナトリウムと反応し$NaHCO_3$として血管内に取り込まれる。また，酸が排泄されるときにHCO_3^-が再生されるため，これを利用してさらに塩基の再吸収が行われる。これらの反応には数時間～数日を要するが，最終的な酸塩基調節系として重要である。

これらの調節作用により酸塩基平衡は正常に維持される。図10－5に酸塩基平衡の異常の背景を示す。

呼吸性アシドーシス
換気障害などにより炭酸ガスの排出が不良となって，血中の炭酸ガス分圧が上昇した状態。

呼吸性アルカローシス
心理的ストレスや運動時などに生じる過呼吸によって血中の炭酸ガス分圧が低下した状態

（2）高血圧とナトリウム・カリウム

1）血圧調節に関与する電解質

血圧は血管内の血液の流圧であり，動脈側で高く，静脈側で低い。収縮期血圧は血液が大動脈に押し出されて血管が最も緊張する際の圧力である。一方，拡張期血圧は動脈中の血液量が最少となり血管の緊張が最も少なくなるときの流圧である。血圧は心拍出量×末梢血管抵抗により決定される。血液量には浸透圧が関与し，調節には細胞外液のNa^+や細胞内液のK^+が影響する。血圧上昇時にはNa^+排出量が増加し，血圧低下時には排泄量は減少する。また，アルドステロン，バソプレシンなどのホルモンは腎臓の集合管における水再吸収の制御，Na^+再吸収，K^+の排出増加に作用する。

2）高血圧と食塩摂取

高血圧の原因には個人の遺伝的素因や環境因子があげられるが，日本人の場合は食塩摂取量が大きく関与する。平成25年国民健康・栄養調査によれば1日食塩摂取量は20歳以上の男性で11.1 g，女性で9.4 gであった。降圧，心血管合併症の予防には6.0 g未満の減塩が勧められている。また，カリウムには尿排泄の促進，交感神経系の抑制作用があり，高血圧予防の観点から18歳以上の男女には摂取目標量が策定されている。

●食事の水分含有量●

暑熱下では体温の上昇に伴って発汗量が増え，体表面から熱放散が促進される。発汗によって失われた水分は飲料だけではなく食事からも補給できるので工夫したい。食事から補給できる水分は献立の組み方に大きく影響される。学生が演習などで作成した献立をみると，「主食＋主菜＋副菜＋汁物＋くだもの」で水分量は650～850 g/1,000 kcalであった。また，くだもの（約100 g）から50～70 g，汁物から150～160 gの水分を摂っていた。暑熱時には食欲が低下しやすい。欠食は栄養素だけではなく，水分摂取量も不足させ，脱水を引き起こす原因となる。夏の献立には果汁や牛乳，くだものを加えたり，のどごしのよい汁物やゼリー類などのデザートをメニューに入れるなどの工夫によって食事からの水分補給量を増やすようにする。

演習課題

❶ 成人における体液の区分と存在割合を述べなさい。

❷ 細胞外液と細胞内液に含まれる電解質量の違いを整理しなさい。

❸「代謝水」「不可避尿」について説明しなさい。

❹ 不感蒸泄と発汗の違いについて説明しなさい。

引用・参考文献

1）F. A. Roche, *et al.*（小宮秀一監訳）：身体組成分析の多成分分子レベル・モデル，身体組成研究の基礎と応用，大修館書店，p.140, 2001
2）香川靖雄，野澤義則：図説 医化学―電解質代謝，南山堂，p.197，2001

・平田耕造，井上芳光，近藤徳彦編著：体温―運動時の体温調節システムとそれを修飾する要因，ナップ，2002
・川原　貴他編：スポーツ活動中の熱中症予防ガイドブック，日本体育協会，2013
・日本静脈経腸栄養学会・NSTプロジェクト実行委員会編：やさしく学ぶための輸液・栄養の第一歩，大塚製薬，2001
・真島英信：第18版 生理学，文光堂，1990
・北岡建樹：水・電解質の知識 楽しくイラストで学ぶ 改訂第2版，南山堂，2012

第11章 エネルギー代謝の概念

エネルギー源となる栄養素には糖質，脂質，たんぱく質があり，アルコールや酪酸もエネルギー物質を含む。これらの物質が体内で酸化を受けて小分子へ分解されるとき，大量のエネルギーが発生する。このように生体内で高分子物質が分解されてエネルギーに変換していくことを，エネルギー代謝という。エネルギー摂取量と消費量の収支は体重や体組成の変化につながり，かつ栄養状態を表すものである。本章ではエネルギー代謝のしくみと概念，消費量の評価方法を学習する。

1. エネルギー代謝の概念

生体は太陽エネルギーをとらえて高エネルギー物質を含む栄養物を生成する。その栄養物を分解すると化学エネルギーが得られる。

光合成細菌や植物などの独立栄養生物は大気中の二酸化炭素を単一炭素源として利用することができ，二酸化炭素から自らに必要なすべての炭素化合物をつくることができる。一方，ヒトをはじめとする動物の細胞や多くの微生物などの従属栄養生物は，環境中の二酸化炭素を利用できず，グルコースのような有機化合物分子を取り込み，環境中の炭素を得る。

独立栄養生物は光合成を行い，エネルギーは太陽光から獲得するが，従属栄養生物は独立栄養生物がつくった有機栄養分子を分解してエネルギーを獲得し，発生した二酸化炭素を環境中に戻す。

従属栄養生物は化学エネルギーを図11-1のように体内で各エネルギーに変換して利用する。エネルギーの単位はジュール（J：joule）であるが，栄養学ではキロカロリー（kcal）が使用されている。1 kcal = 4.18 kJ である。

（1）物理的燃焼値

食品に含まれるエネルギー量は，**ボンブカロリーメータ**（ボンブ熱量計）で直接燃焼して測定できる。このように測定したエネルギー量を**物理的燃焼値**（ルブナー（Rubner）指数）といい，糖質4.10 kcal/g，脂質9.40 kcal/g，たんぱく質5.65 kcal/gである。

ボンブカロリーメータ
重量を測った食品をボンブカロリーメータに入れて密封し，高圧酸素を加えて電流で食品を加熱すると一瞬で燃焼し，熱エネルギー，灰，二酸化炭素，水などが生成される。このとき容器の外側の水温が上昇するため，その上昇度に水の容積をかければ熱エネルギーを算出することができる。

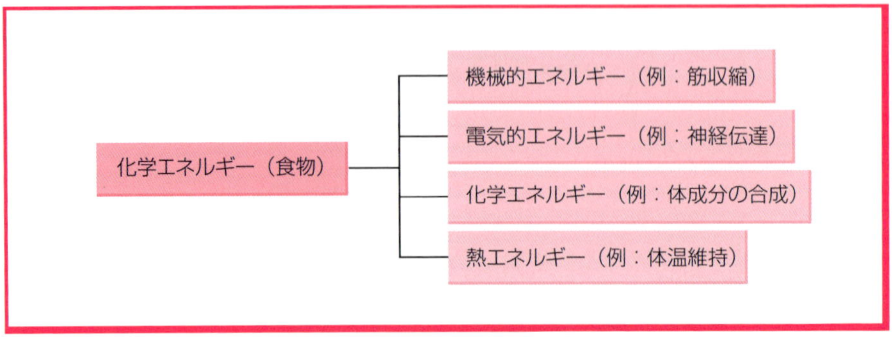

図11-1　生体のエネルギー変換

出典）林　淳三他：エネルギー代謝，N ブックス 改訂 基礎栄養学 第２版，建帛社，p.139，2012，L. N. David, M. C. Michael（山科郁男監修）：レーニンジャーの新生化学 上，廣川書店，pp.619-625 を参考に筆者作成

（2）生理的燃焼値（生体利用エネルギー量）

食品の物理的燃焼値において，消化吸収率と生体で利用されなかったエネルギー量を考慮したものを**生理的燃焼値**（**アトウォーター（Atwater）係数**）という。生理的燃焼値は生体で利用される実質的なエネルギー量であり，およその値は糖質 4 kcal/g，脂質 9 kcal/g，たんぱく質 4 kcal/g である。厳密には食品によって若干異なるため，「日本食品標準成分表」に記載されている主要な食品のエネルギー値は，「日本人における利用エネルギー測定調査」および国際連合の「FAO/WHO 合同特別専門委員会」の報告をもとに主要な食品のエネルギー換算係数を用いて算出されている。

なお，たんぱく質の物理的燃焼値と生理的燃焼値には糖質，脂質と比べて差がみられる。これはボンブカロリーメータで完全燃焼させると水と二酸化炭素，二酸化窒素などが生成されるが，生体内では不完全燃焼による尿素や尿酸，クレアチンなどの窒素化合物がエネルギーを残したまま最終産物として排泄されるためである。

2. エネルギー消費量

エネルギー消費量は，体重 60 kg 程度の標準的な日本人の体格をもとに試算すると表11-1のように構成される。最も大きな成分は基礎代謝量であり，次いで家事労働などの運動以外の身体活動，**食事誘発性体熱産生**（DIT：diet induced thermogenesis），運動の順になる。

（1）基礎代謝と除脂肪体重

1）基 礎 代 謝

エネルギー代謝は身体活動や食事，心理的負荷などさまざまな影響を受けて変動

表11-1　総エネルギー消費量の内訳

成　分	割合（%）	個人差（kcal/日）
基礎代謝量	60	± 100
食事誘発性体熱産生	10	± 50
運　動	0 ～ 10	± 50 ～ 100
運動以外の身体活動	20 ～ 30	± 200 ～ 300

出典）田中茂穂：間接熱量測定法による１日のエネルギー消費量の評価，体力科学；55：527-534，2006

する。これらの影響を除いて脳，心肺，肝臓や消化器官，ホルモン分泌や骨格筋の微小な収縮などを保持するために生理的に必要なエネルギー代謝を基礎代謝（BM：basal metabolism）といい，そのエネルギー消費量を**基礎代謝量**（BMR：basal metabolic rate）という（表11-２）。

a．測定条件　基礎代謝量の測定条件としては以下のものがあげられる。

①午前中（できれば早朝。食後12～14時間経過している）

②快適な室温（20～25℃）

③正常体温

④覚醒かつ安静・仰臥（仰向け）状態

⑤精神的に安定している状態

b．基礎代謝に影響する要因　基礎代謝に影響する要因には以下のものがあげられる。

・年齢：基礎代謝基準値（kcal/kg/ 日）では若年者ほど基礎代謝量は高い。発育・

表11-2　基礎代謝量

性　別	男　性			女　性		
年　齢	基礎代謝基準値（kcal/kg体重/日）	参照体重（kg）	基礎代謝量（kcal/日）	基礎代謝基準値（kcal/kg体重/日）	参照体重（kg）	基礎代謝量（kcal/日）
1～2（歳）	61.0	11.5	700	59.7	11.0	660
3～5（歳）	54.8	16.5	900	52.2	16.1	840
6～7（歳）	44.3	22.2	980	41.9	21.9	920
8～9（歳）	40.8	28.0	1,140	38.3	27.4	1,050
10～11（歳）	37.4	35.6	1,330	34.8	36.3	1,260
12～14（歳）	31.0	49.0	1,520	29.6	47.5	1,410
15～17（歳）	27.0	59.7	1,610	25.3	51.9	1,310
18～29（歳）	24.0	63.2	1,520	22.1	50.0	1,110
30～49（歳）	22.3	68.5	1,530	21.7	53.1	1,150
50～69（歳）	21.5	65.3	1,400	20.7	53.0	1,100
70以上（歳）	21.5	60.0	1,290	20.7	49.5	1,020

出典）「日本人の食事摂取基準（2015年版）」策定検討会：「日本人の食事摂取基準（2015年版）」策定検討会報告書，厚生労働省，p.66，2014

発達に伴って増加するが，加齢による活性組織量の減少によって減退する。
- 性別：同年齢では女性より男性のほうが高い。除脂肪体重当たりの基礎代謝量では性差は小さくなる。しかし，脂肪組織にも代謝活性があることから，除脂肪量の違いのみで判断することは困難である。
- 体格：体熱の放射は体表面積に比例する。そのため，同体重でも身長が高くやせた人のほうが身長が低く太っている人より体表面積が大きく，基礎代謝量も高くなる。
- 体温：体温が１℃上昇すると，基礎代謝量は約14％上昇する。
- ホルモン：甲状腺機能が亢進すると甲状腺ホルモンであるトリヨードチロニン（T_3），チロキシン（T_4）の分泌が亢進し，基礎代謝量が増加する。また，機能低下では代謝が低下する。女性の月経周期に伴い，月経開始直前にはやや増加し，期間中にはやや低下する。
- 栄養：節食や絶食は基礎代謝量を低下させる。また，長期的にエネルギーバランスがマイナスになると活性組織量が減少し，基礎代謝量は低下する。
- 妊娠：特に妊娠後期（妊娠28週以降）に基礎代謝量は増加する。
- 季節・気温：夏のほうが冬より基礎代謝量が低下する。高温環境では熱産生が減少し，低温環境では体温保持のため熱産生量が増加するためである。

（2）安静時代謝量

座位安静時のエネルギー消費量である。食事や室内環境などの測定条件は必ずしも規定されていない。座位状態の骨格筋の緊張によるエネルギー代謝量の増加や食事誘発性体熱産生の影響を受けることもあるため，基礎代謝量の約10％増加すると考えられている。また，欧米では基礎代謝量ではなく安静時代謝量を用いる。

（3）睡眠時代謝量

睡眠時代謝は，生命活動の中で最も低いレベルの代謝である。睡眠中は生理的機能が非常に低いレベルにあるか，ほぼ停止した状態にある。また，各組織は副交感神経の支配下にあり，心臓の拍動数は減少し，血管は拡張していることなどから，基礎代謝量に比べて約10％低下する。一方，現代は深夜まで生活活動が活発化しており睡眠時代謝中のDIT反応などもみられることから，基礎代謝に比べて約10％低下する必要性を問う声もある。

（4）活動時代謝量

日常生活におけるさまざまな生活活動や，各種スポーツ活動によって亢進されるエネルギー代謝を活動時代謝量という。１日のエネルギー消費量のうち，基礎代謝量の次に多くを占める活動は運動以外の身体活動である。これには姿勢の保持，掃除や洗濯を含む家事，買い物や通勤などにおける歩行，趣味などの余暇活動，仕事中の動作など低～中等度強度を中心にさまざまな身体活動が含まれる。標準的な体格であれば，200～300 kcalに及ぶ。

(5) 活動強度の指数

1) メッツ (METs)

安静時代謝量を1メット（MET）としたとき，その活動が安静時代謝量の何倍の運動強度に当たるかを示す指数がメッツであり，下式で算出される。

メッツ＝活動時総代謝量／安静時代謝量

また，1メッツで約3.5 mL/kg/分の酸素消費量，および1.05 kcal/kg/時のエネルギー消費量に相当する。表11-3に各活動時におけるメッツを示す。

活動時のエネルギー消費量の算出例を以下に示す。

<計算例>

体重50 kgの女性がウォーキング（4メッツ）を50分間行ったときのエネルギー消費量の算出。

1メッツ当たりのエネルギー消費量（kcal/kg/時）×ウォーキングのメッツ
×運動に要した時間（時）×体重（kg）
=1.05×4メッツ×（50分/60分）時間×50 kg＝175 kcal

なお，「健康づくりのための身体活動基準 2013」からエネルギー消費量計算の煩雑さをなくすために，1.05の係数を用いず，メッツと運動の所要時間（時）および体重の積としている。

表11-3　身体活動時のメッツ

メッツ	生活活動の例	運動の例
3.0未満	立位（会話，電話，読書），皿洗い，ゆっくりした歩行，子どもと遊ぶ（座位・立位），料理や食材の準備（座位・立位）	ヨガ，ラジオ体操（座位）
3.0	歩行（67 m/分），犬の散歩	ボーリング，バレーボール，ピラティス
3.5	歩行（平地，75～85 m/分），階段を下りる	自体重を使った軽い筋力トレーニング，ゴルフ（カート利用），体操（家で）
4.0	自転車に乗る，階段をゆっくり上る，洗濯物を干す	卓球，パワーヨガ，ラジオ体操第1
4.5	耕作，家の修繕	水中歩行
5.0	動物と遊ぶ（活発に）	かなり速歩，野球，スクワット，バレエ
6.0	芝生や庭の手入れ，雪かき	水泳（のんびり泳ぐ），バスケットボール
7.0	大工仕事（重労働）	ジョギング，サッカー，スキー，スケート
8.0	運搬（重い負荷）	自転車（ほどほどの労力），腕立て伏せ
9.0	階段を速く上る（8.8）	クロスカントリースキー，ランニング

出典）B. E. Ainsworth, W. L. Haskell, M. C. Whitt. et al : Compendium of Physical Activities : An update of activity codes and MET intensitiesおよび厚生労働省：健康づくりのための身体活動基準 2013より抜粋

表11-4　年齢階級別にみた身体活動レベルの群分け（男女共通）

身体活動レベル	レベルⅠ（低い）	レベルⅡ（ふつう）	レベルⅢ（高い）
1～2(歳)	−	1.35	−
3～5(歳)	−	1.45	−
6～7(歳)	1.35	1.55	1.75
8～9(歳)	1.40	1.60	1.80
10～11(歳)	1.45	1.65	1.85
12～14(歳)	1.50	1.70	1.90
15～17(歳)	1.55	1.75	1.95
18～29(歳)	1.50	1.75	2.00
30～49(歳)	1.50	1.75	2.00
50～69(歳)	1.50	1.75	2.00
70以上(歳)	1.45	1.70	1.95

出典)「日本人の食事摂取基準（2015年版）」策定検討会：「日本人の食事摂取基準（2015年版）」策定検討会報告書，厚生労働省，p.69，2014

表11-5　身体活動レベル別にみた活動内容と活動時間の代表例

身体活動レベル*1	低い（Ⅰ）	ふつう（Ⅱ）	高い（Ⅲ）
	1.50（1.40～1.60）	1.75（1.60～1.90）	2.00（1.90～2.20）
日常生活の内容*2	生活の大部分が座位で，静的な活動が中心の場合	座位中心の仕事だが，職場内での移動や立位での作業・接客等，あるいは通勤・買い物・家事，軽いスポーツ等のいずれかを含む場合	移動や立位の多い仕事への従事者，あるいは，スポーツ等余暇における活発な運動習慣を持っている場合
中程度の強度（3.0～5.9メッツ）の身体活動の1日当たりの合計時間（時間/日）*3	1.65	2.06	2.53
仕事での1日当たりの合計歩行時間（時間/日）*3	0.25	0.54	1.00

＊1：代表値。（　）内はおよその範囲。
＊2：Black, *et al.*, Ishikawa-Takata, *et al.* を参考に，身体活動レベル（PAL）に及ぼす職業の影響が大きいことを考慮して作成。
＊3：Ishikawa-Takata, *et al.* による。
出典)「日本人の食事摂取基準（2015年版）」策定検討会：「日本人の食事摂取基準（2015年版）」策定検討会報告書，厚生労働省，p.67，2014

「日本人の食事摂取基準［2010年版］」から身体活動強度の指数にはメッツが用いられ「健康づくりのための運動基準 2006」と同様の考え方となった。これまで用いられた**エネルギー代謝率**（RMR：relative metabolic rate），**アクティビティファクター**（Af：activity factor）の算出方法，およびメッツへの換算は下式による。

RMR ＝(活動時の総代謝量－安静時代謝量）／基礎代謝量
＝Af－1.1
＝メッツ×1.1－1.1
Af ＝活動時の総代謝量／基礎代謝量
＝RMR＋1.1
＝メッツ×1.1

エネルギー代謝率（RMR）
ある活動によって基礎代謝より増加したエネルギー消費量（活動による増加分）が基礎代謝量の何倍に当たるかを表した指数。わが国独自の指数。

アクティビティファクター（Af）
ある活動時の総エネルギー消費量が基礎代謝量の何倍に当たるかを表した指数。「第6次日本人の栄養所要量 食事摂取基準」において採用された。

1.1
絶食時の座位安静時代謝量は仰臥位で測定される基礎代謝量よりおよそ10％大きく，メッツ値×1.1≒Afという関係式が成り立つため1.1となる[1]。

2）身体活動レベル

身体活動レベル（PAL：physical activity level）は，１日のエネルギー消費量を基礎代謝量で除した値である。「日本人の食事摂取基準（2015年版）」では「低い（Ⅰ；1.40～1.60）」「ふつう（Ⅱ；1.60～1.90）」「高い（Ⅲ；1.90～2.20）」の３つに区分されている（表11-４，５）。

(6) 食事誘発性体熱産生

食物を摂取すると，栄養素の消化・吸収や輸送によってエネルギー消費量が亢進する。これを食事誘発性体熱産生（DIT）または特異動的作用（SDA：specific dynamic action）という。１日のエネルギー消費量の約10％を占めるとされている。以前は基礎代謝量にDITを加えて算出していたが，総エネルギー消費量と比例関係にあることから，活動時のエネルギー消費量に含めることになった。

3. 臓器別エネルギー代謝

基礎代謝時に必要とされる身体の各器官のエネルギー消費量の割合は図11-２のようになる。一方，臓器別にエネルギー消費量をみると腎臓の代謝レベルが最も高く，次いで心臓，膵臓，肝臓などの内臓諸器官が骨格筋よりはるかに高い。これは基礎代謝条件，すなわち身体が休息している状態であっても内臓は生命維持活動のために活発にはたらいていることを示している。

(1) 筋　肉

骨格筋の機能維持に必要とされるエネルギー量は，全代謝の約40％を占める。重量当たりのエネルギー消費量は他臓器より低いが，総重量が多いため割合が大きくなる。また，運動時には活発な収縮が行われるため，安静時よりエネルギー消費量ははるかに多くなる。

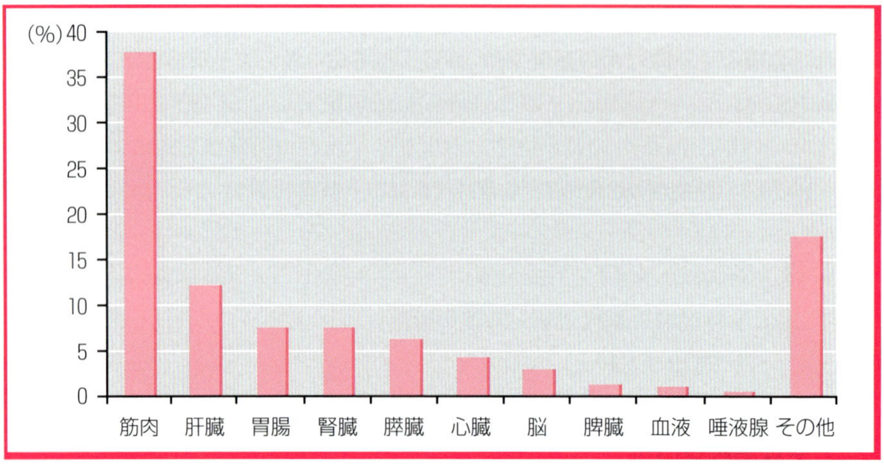

図11-2　基礎代謝量に占める身体の各器官のエネルギー消費量の割合
出典）戸谷誠之他：栄養・健康科学シリーズ 栄養学各論 改訂 第2版，南江堂，1996より筆者作成

(2) 肝　　臓

生命維持のための基本的な機能を担う内臓器官であり，単位重量当たりのエネルギー消費量が大きい。また，肝細胞がエネルギー基質として利用できるのはグルコース，脂肪酸，アミノ酸，アルコールである。

(3) 脂肪組織

成人の場合，脂肪組織は体重の20%前後を占めるがエネルギー消費量は小さい。

(4) 脳

脳のエネルギー消費量は約300 kcal/日であり，血中グルコースを唯一のエネルギー源とする。脂質は血液脳関門を通過できないため利用されない。また，脳は貯蔵型エネルギーを有していないため，随時エネルギー補給が必要となる。

4. エネルギー代謝の測定法

エネルギー消費量の測定にはいくつかの方法がある。いずれもそれらの精確度や特徴をふまえて利用する必要がある。

(1) 直接法と間接法

1) 直　接　法

消費されたエネルギーは熱となって放散されるため，その熱量を直接測定することによって消費量を知る方法である。代表的な直接法の測定機器であるアトウォーター・ローサ・ベネディクト・ヒューマン・カロリーメーター（Atwater-Rosa-

Benedict human calorimeter）の場合，測定室内の被験者が放散する熱を室内に張り巡らされた管を流れる水の温度から測定する。また，室内で発生した水蒸気量から呼気などの水蒸気の気化熱を測定するとともに，体温変化も考慮してエネルギー消費量を測定する。

装置が大がかりで活動内容も限定されるため，最近ではほとんど使用されていない。

2）間　接　法

食物から取り込んだ熱量素が酸素を消費し，二酸化炭素を産生する。これらの作用に基づいて，酸素摂取量と二酸化炭素産生量，および尿中窒素量が正確に得られれば，１％以下の誤差でエネルギー消費量が推定できる。

最もよく利用されるWeirの式は以下のとおりである。

①エネルギー消費量（kcal/日）=3.941 × O_2摂取量（mL/分）
+ 1.106 × CO_2産生量（mL/分）
− 2.17 ×尿素窒素排泄量（g/分）× 1.44

また，たんぱく質がエネルギー源として消費される割合を12.5％と仮定すると，①式は以下のようになる。

②エネルギー消費量（kcal）= 3.9 × O_2摂取量 + 1.1 × CO_2産生量

たんぱく質の占める割合が20％を大きくこえるような極端に偏った食事であったり，激しい運動中に限定したりしなければ，尿中窒素排泄量を考慮しないことによる誤差の影響は１％未満であり，呼気分析だけでも十分正確に測定できる。

また，酸素摂取量と二酸化炭素排出量の比率からエネルギー基質の評価が可能である。

（2）呼　吸　商

体内で熱量素（糖質，脂質，たんぱく質）の酸化分解のために消費した酸素の体積と，その結果生成した二酸化炭素の体積比を呼吸商（RQ：respiratory quotient）という。

RQ = CO_2産生量/O_2消費量

各熱量素は構成元素が異なるため，各呼吸商は下記のように異なった値を示す。

糖質（グルコース）：$C_6H_{12}O_6 + 6O_2 \rightarrow 6CO_2 + 6H_2O$　⇒　RQ 1.00

脂質（トリパルミチン酸）：$2C_{51}H_{98}O_6 + 145O_2 \rightarrow 102CO_2 + 98H_2O$
⇒　RQ 0.703

糖質，脂質は完全に燃焼して二酸化炭素と水（代謝水）になるが，たんぱく質はクレアチニン，クレアチン，尿素などが未分解のまま尿中に排泄される。したがって，たんぱく質の燃焼を求めるには尿中に排泄される窒素量を測定し，尿中窒素１gはたんぱく質中の16％に当たるので，尿中窒素量に100％/16％ = 6.25を乗じれば，体内で燃焼したたんぱく質量になる。したがって，たんぱく質RQは下式となる。

尿中窒素１gのとき　RQ＝CO_2生成量4.754 L /O_2消費量5.923 L
＝0.803

一方，たんぱく質を除いた糖質と脂質の呼吸商を，**非たんぱく質呼吸商**（NPRQ：nonprotein respiratory quotient）という。尿中窒素排泄量からたんぱく質の燃焼による酸素消費量と二酸化炭素排出量を求め，それらを全酸素消費量と全二酸化炭素排出量から除いて算出する（表11-６）。

$$\text{NPRQ（非たんぱく質呼吸商）} = \frac{CO_2\text{排出量} - （\text{尿中窒素排泄量} \times 4.75）}{\text{全}O_2\text{消費量} - （\text{尿中窒素排泄量} \times 5.92）}$$

NPRQから，体内で消費された糖質と脂質の燃焼割合と酸素１Lに対する発生熱量を求めることができる。

（３）呼気ガス分析

一定時間内に体内に取り込まれ消費された酸素量と，呼気（吐き出した息）に含まれる二酸化炭素排出量を測定すれば，エネルギー消費量を算出することができる（図11-３）。

ガスマスクを装着して一定時間内の呼気を採取して容量を測定する（図11-３）。同時に，大気中の酸素濃度20.95％，二酸化炭素濃度0.04％と呼気中の各濃度を測定すれば，呼気量と濃度差を乗じて酸素消費量および二酸化炭素排出量が算出される。

簡易的ではあるが，酸素消費量１Lは約５kcalの発生熱量に相当することをもとにエネルギー消費量を概算できる。

（４）二重標識水法

安定同位体
自然界で放射線を放出しない同位体のこと。

酸素の**安定同位体**（^{18}O）と水素の安定同位体（^{2}H）で二重に標識された二重標識水（$^{2}H_2O$，$H_2{}^{18}O$）を摂取後，体内の希釈率の違いからエネルギー消費量を推定す

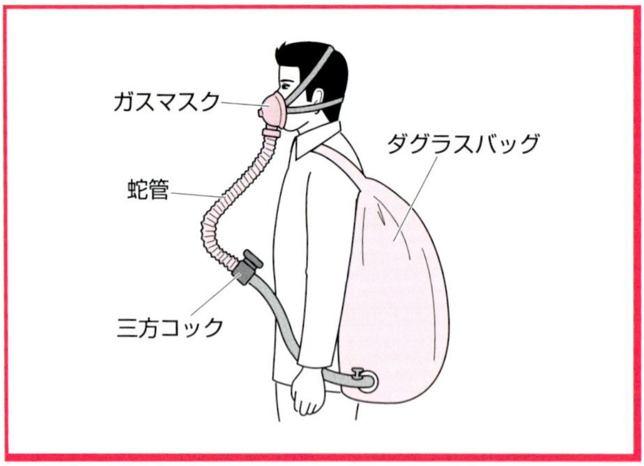

図11-３　呼気採取方法（ダグラスバッグ法）

表11-6　非たんぱく質呼吸商と酸素１L当たりの発生エネルギー量

非たんぱく呼吸商	発生熱量比（%）		酸素１L当たり発生熱量（kcal）
	糖　質	脂　質	
0.707	0	100.0	4.686
0.71	1.10	98.9	4.690
0.72	4.76	95.2	4.702
0.73	8.40	91.6	4.714
0.74	12.0	88.0	4.727
0.75	15.6	84.4	4.739
0.76	19.2	80.8	4.751
0.77	22.8	77.2	4.764
0.78	26.3	73.7	4.776
0.79	29.9	70.1	4.789
0.80	33.4	66.6	4.801
0.81	36.9	63.1	4.813
0.82	40.3	59.7	4.825
0.83	43.8	56.2	4.838
0.84	47.2	52.8	4.850
0.85	50.7	49.3	4.862
0.86	54.1	45.9	4.875
0.87	57.5	42.5	4.887
0.88	60.8	39.2	4.900
0.89	64.2	35.8	4.911
0.90	67.5	32.5	4.924
0.91	70.8	29.2	4.936
0.92	74.1	25.9	4.948
0.93	77.4	22.6	4.961
0.94	80.7	19.3	4.973
0.95	84.0	16.0	4.985
0.96	87.2	12.8	4.998
0.97	90.4	9.58	5.010
0.98	93.6	6.37	5.022
0.99	96.8	3.18	5.039
1.00	100.0	0	5.047

出典）橋本　勲：ネオエスカ　運動・栄養生理学 第２版，同文書院，p.63，2008

る方法を**二重標識水法**（DLW法：double labeled water method）という。^{2}Hは水（H_2O）としてのみ排出され，^{18}Oは水（H_2O）と二酸化炭素（CO_2）の両方で排出される。この安定同位体の体内減少速度の違いから一定期間内に体外に排出された二酸化炭素量を算出し，二酸化炭素１L当たりのエネルギー消費量が測定できる。

この方法は非侵襲的で最も信頼性の高い値が得られるとされており，「日本人の食事摂取基準」の身体活動レベルは，本法による１日エネルギー消費量を実測した基礎代謝量で除して求める。しかし，二重標識水・分析機器ともに非常に高価であり，測定には日数を要する。

●エネルギー消費量と食事量のバランス●

エネルギー摂取量から活動によるエネルギー消費量を差し引いた値は生体維持に使われるエネルギー量であり，近年ではエネルギーアベイラビリティ（energy availability），またはエネルギー有効性と称され，女性アスリートの健康問題との関連が指摘されている[2)]。運動による多大なエネルギー消費量に対し食事が十分に取れないと，このエネルギーアベイラビリティが節約されてエネルギーバランスが保持される。「食べていないのに体重（体格）は変わらない」という状態に一時的に陥るが，体内では代謝やホルモン機能が阻害されやすく，女性の場合には月経不順などの障害が出やすい。アスリートに限らず，極端な食事制限や行き過ぎたダイエットを繰り返すことは本人の自覚より先に健康被害が始まっていることもある。

演習課題

❶ たんぱく質2.0 g，脂質5.0 g，糖質15.0 gを含む食品のエネルギー量を算出しなさい。

❷ 基礎代謝に影響する因子について述べなさい。

❸ エネルギー源として脂質利用の割合が多いと呼吸商が0.7になる理由を述べなさい。

引用・参考文献

1）日本人の食事摂取基準［2010年版］「日本人の食事摂取基準」策定検討会：「日本人の食事摂取基準」策定検討会報告書，厚生労働省，p.53，2009

2）A. Nattiv, A. B. Loucks, M. M. Manore, *et al.* : American College of Sports Medicine position stand. The female athlete triad. Med Sci Sports Exerc ; 39 : 1867-1882, 2007

・香川靖雄：香川靖雄教授のやさしい栄養学 第2版，女子栄養大学出版部，2010
・中西光雄：運動生理学実験，技術書院，1993
・山科郁男監修：レーニンジャーの新生化学 上 第3版，廣川書店，2002
・厚生労働省：健康づくりのための運動基準，2006
・厚生労働省：健康づくりのための身体活動基準2013，2013

資　料

（1）欧文略語一覧

略　号	日本語	英　語
Chl	コレステロール	cholesterol
Chl-E	コレステロールエステル	cholesterol ester
CM	キロミクロン	chylomicron
CM-レムナント	残遺キロミクロン	chylomicron remnant
TG	トリアシルグリセロール	triacylglycerol
PL	リン脂質	phospholipid
LPL	リポたんぱく質リパーゼ	lipoprotein lipase
NEFA	非エステル型脂肪酸	nonesterifide fatty acid
VLDL	超低密度リポたんぱく質	very low density lipoprotein
IDL	中間密度リポたんぱく質	intermediate density lipoprotein
LDL	低密度リポたんぱく質	low density lipoprotein
HDL	高密度リポたんぱく質	high density lipoprotein
HTGL	肝性トリアシルグリセロールリパーゼ	hepatic triacylglycerol lipase
MCT	中鎖脂肪酸トリアシルグリセロール	medium chain triacylglycerol
MCFA	中鎖脂肪酸	medium chain fatty acid
PKA	cAMP依存性たんぱく質キナーゼ	cAMP-dependent protein kinase A
HSL	ホルモン感受性リパーゼ	hormone sensitive lipase
PUFA	多価不飽和脂肪酸	polyunsaturated fatty acid
MUFA	一価不飽和脂肪酸	monounsaturated fatty acid
LCFA	長鎖脂肪酸	long chain fatty acid
AA	アラキドン酸	arachidonic acid
EPA	エイコサペンタエン酸	eicosapentaenoic acid
DHA	ドコサヘキサエン酸	docosahexaenoic acid
PG	プロスタグランジン	prostaglandin
TX	トロンボキサン	thromboxane
LT	ロイコトリエン	leukotriene
ABCA 1	ABCトランスポーターA 1	ATP-Binding Cassette（ABC）transporter A 1
LCAT	レシチン・コレステロールアシル転移酵素	lecithin-cholesterol acyltransferase
SCOT	スクシニル-CoA：アセトアセチルCoA転移酵素	succinyl-CoA : acetoacetyl-CoA transferase
MTP	ミクロゾームトリアシルグリセロール転送たんぱく質	microsome triacylglycerol transfer protein
MCP-1	単球走化性たんぱく質-1	monocyte chemoattractant protein-1
SREBP	コレステロール調節領域結合たんぱく質	sterol regulatory element-binding protein
WAT	白色脂肪組織	white adipose tissue
BAT	褐色脂肪組織	brown adipose tissue
UCP 1	脱共役たんぱく質1	uncoupling protein 1
HMG-CoA	3-ヒドロキシ-3-メチルグルタリルコエンザイムA	3-hydroxy- 3-methylglutaryl coenzyme A

出典）林　淳三編著：Nブックス 改訂 基礎栄養学，建帛社，2010より一部改変

（2）脂溶性ビタミン

ビタミン	化学名（活性型）	主な生理作用	欠乏症	過剰症	主な給源
A	レチノール レチナール レチノイン酸	ロドプシンの成分＝視覚機能（暗順応），上皮組織，細胞増殖・成長促進作用	夜盲症，角膜乾燥症，成長阻害，免疫能の低下	頭痛，皮膚の落屑，筋肉痛 妊婦では胎児奇形のリスク	肝臓，うなぎ，卵黄
プロビタミンA	カロテン	抗酸化作用		過剰症はない	緑黄色野菜
D	カルシフェロール (1,25-$(OH)_2$-D_3)	小腸・腎臓でのカルシウムとリンの吸収促進	骨軟化症，乳幼児ではくる病	高カルシウム血症，腎障害，軟組織の石灰化障害	いわしやさけなどの魚類，きくらげ，乾しいたけ
E	トコフェロール	抗酸化作用，赤血球膜・細胞膜保護	低出生体重児における溶血性貧血，血小板増加症，浮腫	低出生体重児では出血傾向が上昇したという報告がある	種実類，植物油，小麦はいが
K	フィロキノン メナキノン	血液凝固因子の活性化，骨形成の促進	出血傾向，血液凝固遅延，新生児メレナ（消化管出血），特発性乳児ビタミンK欠乏症（頭蓋内出血）		納豆，緑黄色野菜，海藻類 腸内細菌合成

（3）水溶性ビタミン

ビタミン	化学名（活性型）	主な生理作用	欠乏症	過剰症	主な給源
B_1	チアミン (TDP)	エネルギー代謝，特に糖質代謝に重要	脚気，ウェルニッケ-コルサコフ症候群		ぶた肉，豆類，はいが
B_2	リボフラビン (FAD，FMN)	成長促進，酸化還元反応によるエネルギー代謝，脂肪酸代謝，薬物代謝に関与	成長障害，皮膚症状，口角炎など口内外の炎症，脂漏性皮膚炎		肝臓，心臓，脱脂粉乳，イカナゴ，納豆
ナイアシン	ニコチン酸，ニコチンアミド (NAD，NADP)	酸化還元によるエネルギー代謝，脂質代謝に関与	ペラグラ（皮膚症状，下痢，認知症）	消化器系障害，肝臓障害	肝臓，獣鳥肉類，魚類 トリプトファン60 mgからナイアシン1 mg生成
B_6	ピリドキシン (PLP)	たんぱく質・アミノ酸代謝，アミンの生成に関与	口内炎，皮膚炎，神経障害	無感覚神経障害（神経節の神経細胞障害による手足のしびれ，歩行障害）	魚類，肉類，種実類などに広く含有 腸内細菌合成
B_{12}	コバラミン （シアノコバラミン，アデノシルコバラミン，メチルコバラミン）	アミノ酸代謝，核酸代謝に関与 メチル基転移・炭酸固定反応	悪性貧血 （巨赤芽球性貧血）		動物性食品にのみ含有 貝類，魚類，肝臓 腸内細菌合成
葉酸	プテロイルモノグルタミン酸 （テトラヒドロ葉酸：THF）	核酸・アミノ酸代謝に関与 1炭素単位の転移酵素の補酵素	巨赤芽球性貧血，妊娠初期の欠乏により胎児の神経管閉鎖障害（二分脊椎，無脳症）	食事性葉酸による過剰障害はない。プテロイルモノグルタミン酸の大量投与により葉酸の拮抗剤となる	肝臓，緑黄色野菜 腸内細菌合成
パントテン酸	パントテン酸 （補酵素A：CoA）	アシル基転移酵素の補酵素 糖質代謝・脂肪酸活性化	ヒトでは欠乏の報告はない		肝臓，卵黄，魚卵，納豆などすべての食品に含有 腸内細菌合成
ビオチン	ビオチン	カルボキシラーゼの補酵素 炭酸固定反応・転移反応に関与	卵白障害 皮膚炎，舌炎，吐き気など		肝臓，魚介類，らっかせいなど広く含有 腸内細菌合成
C	アスコルビン酸	抗酸化作用 （コラーゲン合成，鉄吸収，コレステロール代謝に有効）	壊血病		新鮮な野菜・果物 ピーマン，レモン，柿

索　引

あ 行

アイソザイム 83
亜鉛 10, 66, 171
悪性貧血 152
アクティビティファクター 191
アシドーシス 47, 93
アシルCoA 56
アシルキャリアーたんぱく質 155
アスコルビン酸 12, 65, 157
アセトアルデヒド脱水素酵素 15
アディポサイトカイン 105
アディポネクチン遺伝子 17
アトウォーター 4
アトウォーター係数 186
アドレナリン 80, 83, 158
アビジン 156
アポたんぱく質 100
アポリポたんぱく質 100
アミノ酸 47, 57
アミノ酸パターン 128
アミノ酸プール 122
アミロース 50
アミロプシン 50
アミロペクチン 50
亜硫酸オキシダーゼ 175
アルコール代謝 15
アルデヒドオキシダーゼ 175
アルドステロン 183
α-アミラーゼ 31, 50
α-グルコシダーゼ 77
α-ケト酸 122
α細胞 35
α-リミットデキストリン 50
アルブミン 120, 163
安静時代謝量 188
安定同位体 194
硫黄 175
イオンチャネル 67
異化作用 119
胃酸 58
胃相 41
一次性能動輸送 68
一次胆汁酸 36, 110
遺伝因子 16
遺伝子 14
イニシエーション 18
胃リパーゼ 34
インスリン 35, 70, 79, 83
ウィルソン病 172
エイコサノイド 107
栄養改善法 12
栄養素 1
栄養不良 2
エキソグリコシダーゼ 50
エキソサイトーシス 70
エキソペプチダーゼ 61
エステル結合 47
エストロゲン 166
江戸患い 6
エネルギー消費量 186
エネルギー出納 25
エネルギー代謝 185
エネルギー代謝率 191
エリクソン 3
エリスロクプレイン 172
エルゴステロール 107
エンテロキナーゼ 36
エンドグリコシダーゼ 50
エンドサイトーシス 64, 68
オーダーメイド医療 15
オリゴ糖 72
オリザニン 5

か 行

壊血病 12, 158
解糖系 89
外分泌腺 35
化学エネルギー 185
化学的消化 40
核酸 166
拡張期血圧 183
可欠アミノ酸 124
過酸化水素 141
過剰症 7
カシン・ベック病 174
加水分解反応 41
ガストリン 32, 43
カタラーゼ 169
脚気 11, 94, 144
褐色脂肪組織 105
活性型ビタミンD 164
活動強度 189
活動時代謝量 188
滑面小胞体 56
可避尿 178
カリウム 168
カルシウム 8, 65, 163
カルシウム結合たんぱく質 139
カルシウムチャネル 164
カルシウムポンプ 164
カルシトニン 164
カルシフェロール 11, 138
カルビンディン 164
カロテノイド 136
環境因子 16
管腔内消化 35
間質液 72
肝性TGリパーゼ 96
間接法 193

肝臓　84
γ－カルボキシグルタミン酸　142
緩和ケア　19
キサンチンオキシダーゼ　175
基質的リン酸化　81
基準たんぱく質　128
基礎代謝量　187
機能鉄　169
共輸送　68
巨赤芽球性貧血　154
キロミクロン　57, 95, 135
筋層　29
緊張性収縮　40
クエン酸　103
クエン酸回路　89
グリコーゲン　39, 84, 132
グリコーゲンシンターゼ　83
グリコーゲンホスホリラーゼ　150
グリセミック・インデックス　88
グリセロール・リン酸シャトル　89
グルカゴン　35, 70, 80, 83
グルコース・アラニン回路　86
グルコース輸送担体　86
グルタチオン　141
グルタチオンペルオキシダーゼ　173
くる病　11, 166
クレアチンリン酸　166
クレチン症　173
クレブス　6
グロブリン　120, 163
クロム　11, 174
クロモデュリン　174
クワシオルコル　132
経細胞経路　66
克山病　11, 174
血圧　168, 183
血液凝固因子　142
血液脳関門　24
血漿　177
欠食　27
血清リポたんぱく質　100
血糖インデックス　88
血糖供給　85
血糖曲線　83
欠乏　135
欠乏症　7
ケト原性アミノ酸　93, 125
ケト原性・糖原性アミノ酸　125
ケトーシス　87
ケトン血症　82
ケトン体　8, 82, 98
ケノデオキシコール酸　36, 110
ゲノム　14
健康寿命　13
健康増進法　12
健康保持　2
原始HDL　108
倹約遺伝子　17
ゴイトロゲン　173
交感神経系　43
高血圧　183
抗酸化ビタミン　137
膠質浸透圧　120
恒常性維持　180
甲状腺腫　173
甲状腺ホルモン　120, 173
抗利尿ホルモン　168
呼気ガス分析　194
呼吸商　82, 193
呼吸性アシドーシス　183
呼吸性アルカローシス　183
鼓腸　75
骨粗鬆症　9, 11, 139, 166
骨軟化症　9, 11, 139, 166
コバラミン　151
固有肝動脈　38
コラーゲン　157
コリ回路　87
コール酸　36, 110
コレシストキニン　43
コレステロール　36, 52, 57
コレステロール-7α-ヒドロキシコレステロール水酸化酵素　110
コレステロール-7α-ヒドロキシラーゼ　158
コレステロールエステラーゼ　36, 57
コロイド膠原浸透圧　120

さ　行

サイトーシス　68
細胞外液　177
細胞間液　177
細胞内液　177
サイロイドホルモン　173
佐伯矩　6
サーカディアンリズム　26
鎖長延長酵素　111
残遺キロミクロン　95
酸塩基平衡　181
酸化的リン酸化　81
ジアシルグリセロール　52
視覚サイクル　137
ジクマロール　142
自己の活性化　36
脂質　8, 47, 52
脂質二重層　66
視床下部　22
シス型　137
シトクロム　169
脂肪酸代謝　103
脂肪酸動員ホルモン　97
シモプロス　111
斜走筋　32
シャトルシステム　81
シュウ酸　164
収縮期血圧　183
縦走筋　32
重炭酸塩　43
重炭酸ナトリウム　35
絨毛　34
主細胞　32

受動輸送　66
受容体　14
ジュール　185
消化管　29
消化器系　29
消化吸収率　77, 128
消化酵素　6
条件反射　42
脂溶性ビタミン　63, 135
上皮細胞　34
小胞体ストレス　107
漿膜　29
正味たんぱく質効率　125
正味たんぱく質利用率　127
静脈栄養　1
初期段階　18
食塩摂取量　9
食事誘発性体熱産生　186, 191
褥瘡　19
食道　32
食物アレルギー　2
食物繊維　72
食欲の調節　12
除脂肪体重　186
女性ホルモン　166
神経興奮の鎮静　8
親水性基　55
新生児メレナ　143
身体活動レベル　191
膵液　50, 55
膵臓　35
膵臓 α 細胞　83
水分収支　179
水分必要量　179
睡眠時代謝量　188
水溶性ビタミン　64, 144
膵リパーゼ　36
スクロース　50
鈴木梅太郎　5
ステロイドホルモン　36, 107
スーパーオキシドジスムターゼ　10, 98, 172
生活習慣病　4, 12, 16
生物価　127
生物学的消化　40
生理的燃焼値　186
セクレチン　43
摂食障害　1
摂食中枢　22
節約遺伝子　17
セルロプラスミン　169, 172
セレン　10, 173
セロトニン　122
選択的透過　72
先天性甲状腺機能低下症　173
増殖・促進段階　18
促進拡散　66
咀嚼　31
疎水性基　55
ソマトスタチン　35

た 行

対向輸送　68
大根ジアスターゼ　6
代謝回転　118
代謝水　177
代謝性アシドーシス　182
代謝性アルカローシス　182
体循環　70
体水分　177
大蠕動　38
大唾液腺　31
耐糖能障害　11
体内総水分量　179
高木兼寛　6
脱共役たんぱく質　18, 105
脱水　179
多量ミネラル　162
胆汁　135
胆汁酸　36, 57, 107
胆汁酸塩　35
胆汁酸ミセル　55
胆汁色素　36
単純拡散　66
炭水化物　7, 46, 49
胆嚢　36
たんぱく質　8, 47, 57
たんぱく質・エネルギー栄養障害　132
たんぱく質効率　125
たんぱく質節約作用　91, 119, 131
チアミン　11, 144
窒素出納　126
中間密度リポたんぱく質　95
中鎖脂肪酸　96
中心乳糜管　35, 70
腸陰窩　34
腸肝循環　57, 110
腸間膜静脈　70
長鎖脂肪酸　96
朝食の欠食　27
腸性肢端皮膚炎　171
腸相　41
超低密度リポたんぱく質　95
腸内環境　74
腸内細菌　38, 72
直接法　192
貯蔵鉄　169
低張性脱水　180
低密度リポたんぱく質　96
デオキシコール酸　110
デザイナーフーズ計画　18
テタニー　9, 166
鉄　10, 65, 169
鉄剤不応性貧血　172
テーラーメイド医療　15
δ 細胞　35
電解質代謝　180
電気泳動　120
電子伝達系　90
デンプン　49
銅　10, 66, 172
糖アルコール　72
同化作用　119
糖原性アミノ酸　91, 125, 132

糖質 7, 46, 49
糖質エネルギー比率 90
糖新生 39, 84, 92
動的状態 118
動的平衡 118
糖尿病 80, 175
特異動的作用 191
トコフェロール 140
トランス型 137
トランスサイレチン 120
トランスフェリン 65, 120, 171
トリアシルグリセロール 52, 104
トリプシノーゲン 60
トリプシン 61
トロンボキサン 114

な 行

ナイアシン 11, 64, 147
内因子 32, 64, 151
内臓脂肪 12
内分泌腺 35
ナトリウム 9, 168
ナトリウム-カルシウムエクスチェンジャー 164
難消化性糖質 72
ニコチン酸 5, 11, 147
二次性能動輸送 68
二次胆汁酸 38, 110
二重標識水法 194
日内リズム 26
二糖類 35
乳酸回路 87
ネガティブ調節因子 14
粘膜 29
脳相 41
能動輸送 67

は 行

パイオニア11号 2
ハイドロキシアパタイト 163
白色脂肪組織 105
バソプレシン 168, 183
発達段階 3
パラトルモン 164
斑状歯 11
パントテン酸 65, 155
非エステル型脂肪酸 95
ビオチン 65, 156
ヒスタミンニューロン 23
ヒスチジン 24
ビタミン 5, 48
ビタミンA 11, 63, 135
ビタミンB_1 11, 64, 93, 144
ビタミンB_2 11, 64, 146
ビタミンB_6 64, 149
ビタミンB_{12} 64, 151
ビタミンC 12, 65, 157
ビタミンD 11, 64, 138
ビタミンD_3 138
ビタミンE 64, 140
ビタミンK 64, 142
ビタミンKサイクル 143
非たんぱく質呼吸商 194
必須アミノ酸 124
必須脂肪酸 111
ヒトゲノム遺伝子 14
非必須アミノ酸 124
非ヘム鉄 65, 170
肥満 23
日和見菌 74
ピリドキシン 149
微量ミネラル 163
ピルビン酸脱水素酵素 7
貧血 10
フィチン酸 164
フィッシャー比 123
フィロキノン 142
フェニルケトン尿症 14
フェリチン 65, 169
不可欠アミノ酸 124
不可避尿 178
不感蒸泄 178
副交感神経系 43
副甲状腺ホルモン 138
複合ミセル 55
浮腫 180
フッ素 11, 175
物理的消化 40
物理的燃焼値 185
プテロイルグルタミン酸 153
不飽和脂肪酸 7
フリーラジカル 141
プレアルブミン 120
プレバイオティクス 76
プログレッション 18
プロスタグランジン 114
プロトポルフィリン 171
プロバイオティクス 75
プロビタミンA 63, 136
プロビタミンD_2 138
プロモーション 18
フローラ 74
プロリン 61
分枝アミノ酸 122
噴門 32
β_3アドレナリン受容体 17
β細胞 35
β酸化 39
β-シトステロール 107
壁細胞 32
ヘテロの変異 15
ペプシノーゲン 59
ペプシン 33, 58
ペプチド結合 47, 57
ペプチド輸送体 63
ヘム鉄 65, 170
ヘモグロビン 169
ヘモクロマトーシス 171
ヘモジデリン 169
ペラグラ 12, 149
ペリリピン 97
ペルオキシソーム 107
ペルオキシソーム増殖活性化受容体遺伝子 17
ペントースリン酸回路 89
補酵素 144

補酵素A　155
ホスホリパーゼA_2　36, 57
ホメオスタシス　1, 180
ホモシステイン　16, 152
ホモの変異　15
ホルモン感受性リパーゼ　97
本態性高血圧　16
ポンプ　68
ボンブカロリーメータ　185

ま　行

マイヤーホフ　6
膜消化　35, 50, 61, 66
マグネシウム　9, 167
マトリックス　89
マラスムス　132
マルトース　50
マンガン　172
満腹中枢　22
ミオグロビン　169
見かけの消化吸収率　77
ミセル化　36
ミトコンドリア　89, 107
ミネラル　48
ミルクアルカリ症候群　166
無機質　48
無条件反射　42
ムチン　32
迷走神経　43
メタロチオネイン　66
メッツ　189
メナキノン　142
メーラー・バーロー病　158
免疫力　75
メンケス病　172
毛細血管　35
モリブデン　174
門脈　38
門脈系　70

や　行

夜食　27
夜盲症　11
有害菌　74
幽門　32
有用菌　74
輸送体　66
油溶化β-カロテン　137
葉酸　16, 65, 153
養生訓　6
ヨウ素　173

ら　行

ラクトース　50
ラボアジエ　4
ランゲルハンス島　35
卵白障害　156
リゾチーム　32
リトコール酸　110
リパーゼ　52
リービッヒ　5
リポカイン　105
リポたんぱく質リパーゼ　95
リボフラビン　11, 64, 146
リン　166
リンゴ酸・アスパラギン酸シャトル　89
リン酸イオン　166
リン脂質　52, 57
輪状ひだ　34
輪走筋　32
リンたんぱく質　167
リンド　5
リンパ管　35
リンパ系　70
ルブナー指数　185
ルミナコイド　76
レジスタントスターチ　77
レシチン・コレステロールアシル転移酵素　100, 108
レセプター　14
レチノイド　136
レチノール　11, 63, 135
レチノール結合たんぱく質　120
レニン・アンギオテンシン・アルドステロン系　168
レニン・アンギオテンシン系　16
レプチンニューロン　23
レムナント受容体　100
ロイコトリエン　114
ローズ　6
ロドプシン　137

A～Z

ABCトランスポーターA-1　108
ACP　155
Af　191
ALB　120
ALDH　15
ATP　166
A細胞　35
BAT　105
BBB　24
BCAA　122
BMR　187
BV　127
B細胞　35
cAMP依存性たんぱく質キナーゼ　97
CCK　43
CoA　155
DIT　186, 191
DLW法　195
DM　80
DNA　166
D細胞　35
EMP経路　89
FAD　11, 64
$FADH_2$　89
FAO　128
FMN　11, 64
GI　88
GLUT2　51
GLUT4　86
GLUT5　51
G細胞　42

HDL受容体 *100*
HMG-CoA還元酵素 *109*
HSL *97*
HTGL *96*
IDL *96*
IF *151*
I細胞 *43*
LCAT *100, 108*
LCFA *96*
LDL *96*
LDL受容体 *100*
LPL *95*
LT *114*
L-カルニチン *105*
MCFA *96*
METs *189*
mRNA *14*
Na^+/K^+-ATPase *68*
NAD *11, 64*
NADH *81, 89*
NADP *11*
NADPH *82, 90*
Na欠乏型脱水 *180*
NB *126*
NEFA *95*
NPR *125*
NPRQ *194*
NPU *127*
PA *120*
PAL *191*
PEM *132*
PER *125*
PFCエネルギー比 *4*
PG *114*
pH *182*
PKA *97*
PPAR γ 遺伝子 *17*
PTH *138*
QOL *3*
RBP *120*
RMR *191*
RQ *193*
SCOT欠損症 *99*
SDA *191*
SGLT1 *51*
SNP *15*
SNPs *15*
SOD *10, 98, 172*
TCA回路 *89*
Tf *120*
TTR *120*
TX *114*
UCP *17*
UCP1 *105*
UNU *129*
VLDL *95*
WAT *105*
Weirの式 *193*
WHO *128*

〔編著者〕　（執筆分担）

木元幸一（きもと こういち）	東京家政大学家政学部教授	第１章１，２-（１）・（５），３
中島　滋（なかじま しげる）	文教大学健康栄養学部教授	第１章２-（２）～（４），第２章，第４章１

〔著　者〕（執筆順）

花井美保（はない みほ）	神奈川工科大学応用バイオ科学部教授	第３章，第９章
向井友花（むかい ゆうか）	神奈川県立保健福祉大学保健福祉学部准教授	第４章２～４
藤田修三（ふじた しゅうぞう）	梅花女子大学食文化学部教授	第４章５，６
中村　強（なかむら つよし）	福岡女子大学国際文理学部教授	第５章，第７章
鈴木和彦（すずき かずひこ）	元くらしき作陽大学食文化学部教授	第６章
林　あつみ（はやし）	東京家政大学家政学部教授	第８章
目加田優子（めかた ゆうこ）	文教大学健康栄養学部准教授	第10章，第11章

カレント
基礎栄養学

2014年（平成26年）４月１日　初版発行
2017年（平成29年）８月10日　第３刷発行

編著者　木元幸一
　　　　中島　滋
発行者　筑紫和男
発行所　株式会社 建帛社 KENPAKUSHA

〒112-0011 東京都文京区千石４丁目２番15号
TEL（03）3944-2611
FAX（03）3946-4377
http://www.kenpakusha.co.jp/

ISBN 978-4-7679-0488-7　C3047　壮光舎印刷／田部井手帳